化学演習シリーズ 7

無機化学演習
大学院入試問題を中心に

中沢　浩 編著
西岡孝訓・篠田哲史・廣津昌和 著
三宅弘之・板崎真澄

東京化学同人

は じ め に

　大学で学ぶ化学のなかで，無機化学はどうも勉強しづらいと感じている方が多いのではないでしょうか．それは無機化学が，周期表に登場するほとんどすべての元素を対象にしており，カバーする範囲が広いのが一因です．しかし，個々の元素の特徴を理解し，そして全体を見渡して大局的に元素を理解することは化学を勉強するうえで非常に大切なことです．また，原子同士が結合をつくることにより分子を形成します．その分子は星の数ほどありますが，それらの性質を統一的に理解することも大切です．周期表中の原子，そしてその組合わせでできる分子を統一的に理解しようとするのが無機化学なのです．

　広い範囲をカバーする無機化学において，何が重要で何を押さえておかなければいけないのでしょうか．そのヒントは，大学院の入学試験問題にあります．学部で勉強した無機化学の大切なところ，理解しておかなければならない部分が問われるのが大学院入試問題だからです．我々はここ数年の間に全国の主だった大学院で出題された無機化学に関する入試問題を集め，分類し，解答を付けた演習書を企画しました．大学で学んだ無機化学を総復習したい方々，そしてこれから大学院を受験される皆さんに本書を提供し，無機化学の本質を理解していただこうと考えたからです．

　本書では無機化学を原子構造，分子構造，固体構造，酸と塩基，酸化と還元，遷移金属の化学に分類して1章から6章としました．そして各章で基礎となる問題を数題選んで例題とし，それについて解答と詳しい解説を付けました．この例題の解答と解説を読んで理解すれば，その章がほぼマスターできるようにアレンジしてあります．本質を理解する助けとなる図，表，そして反応式を多く取入れているのも特徴です．分厚い無機化学のテキストを開かなくても，この例題を解き，そして理解することにより，無機化学のエッセンスが入った引き出しが読者の皆さんの中でできあがることになります．

　次に大切なことは，必要な時に適切な引き出しを開けることができるようにしておくことです．このトレーニングをするために，例題に続いて問題を

いくつか用意しました．この問題を解くことを通して，適切な引き出しの選び方が身につくはずです．スポーツでは基本的な動きをいくつか学んだ後に，その場に適した動きができるように反復練習をします．この反復練習が各章にある問題を解くことです．例題の約3倍の数の問題を用意しました．瞬時に解答への道筋が見えるようになるまで反復練習をして下さい．

　問題を解く場合，その問題が何章にあるかは，それだけで大きなヒントになります．実際の入試の際には出題された問題がどの章に属する問題かを判断するところから始まります．そのトレーニングをするのが7章です．この章には6章までの複数の章にまたがった問題も収録してありますので，7章の問題が楽々と解けるようになれば，大学で学ぶ無機化学は免許皆伝といえます．

　本書では最近の大学院入試問題を取上げていますが，それらには比較的凝った問題が多く見られます．本書では読者が問題を解いて段階的に理解を深めていただけるように，基礎的な内容を問う問題も多く含めました．これらは筆者らが作成しました．また，出版物として文言をある程度統一するために，入試問題文中の用語を一部変更していることをご了解下さい．本書は1章 中沢，2章 西岡，3章 篠田，4章 廣津，5章 三宅，6章 板崎が担当し，7章は全員が関わりました．また，編集および総括は中沢が行いました．

　本書を作成するにあたり，いろいろな方のお世話になりました．特に東京化学同人の橋本純子氏ならびに内藤みどり氏には，企画の段階から校正にいたるまでご尽力いただきました．ここに厚くお礼申しあげます．本書が学部学生，特に大学院進学を目指す学生にとって，無機化学を勉強する際の一助になれば著者一同の喜びです．

　　　2012年8月

　　　　　　　　　　　　　　　　　　　　　　　　　　　中　沢　　浩

目　　次

1章　原子構造 ································· 1
原子スペクトル　　量子数　　電子配置　　有効核電荷　　原子半径
イオン化エネルギー　　電子親和力　　電気陰性度　　ランタノイド

2章　分子構造 ································· 25
Lewis 構造　　酸化数　　分子構造　　VSEPR 則　　分子軌道　　結合次数

3章　固体構造 ································· 47
密　度　　最密充塡構造　　イオン結晶　　格子エネルギー　　バンド構造
X 線回折　　構造因子

4章　酸と塩基 ································· 67
Brønsted 酸・塩基　　Lewis 酸・塩基　　HSAB 則　　酸解離反応　　塩基解離反応
酸・塩基の強さ　　オキソ酸　　pH　　緩衝液　　自己プロトリシス　　放射化学

5章　酸化と還元 ································· 90
Daniell 電池　　Galvani 電池　　Latimer 図　　Frost 図　　電極電位
起電力　　Gibbs エネルギー　　不均化反応　　Nernst 式　　酸化数　　酸化剤
電気分解反応　　酸化還元滴定

6章　遷移金属の化学 ································· 120
d 軌道分裂　　スピン状態　　磁　性　　分光化学系列　　CFSE　　カルボニル配位子
18 電子則　　スピネル型構造　　Jahn-Teller 効果　　水和エンタルピー　　禁制遷移
電荷移動遷移　　錯体の色　　混合原子価　　スピンクロスオーバー　　異性体
構　造　　トランス効果　　光吸収強度　　反応性

7章　総合問題 ································· 147

問題の解答と解説 ································· 155
索　　引 ································· 211

1. 原 子 構 造

キーワード	出題箇所	キーワード	出題箇所
原子スペクトル	例題1，問題8	イオン化エネルギー	例題5，問題5, 12, 14, 15, 16, 18, 20
量子数	例題2，問題1, 2, 7, 18	電子親和力	例題6，問題6, 7, 17, 20
電子配置	例題2，問題3, 4, 7, 9	電気陰性度	例題7，問題19
有効核電荷	例題3，問題10, 11	ランタノイド	問題21
原子半径	例題4，問題12, 13		

[**例題 1・1**] 水素の原子スペクトル線を説明する Rydberg（リュードベリ）の式を示し，その意味するところを述べよ．

[**解答と解説**] 励起された水素原子から，特定の波数（$\tilde{\nu}=1/\lambda$）をもつ光がいくつか放出される．その光を波数順に並べると図1・1のようになる．

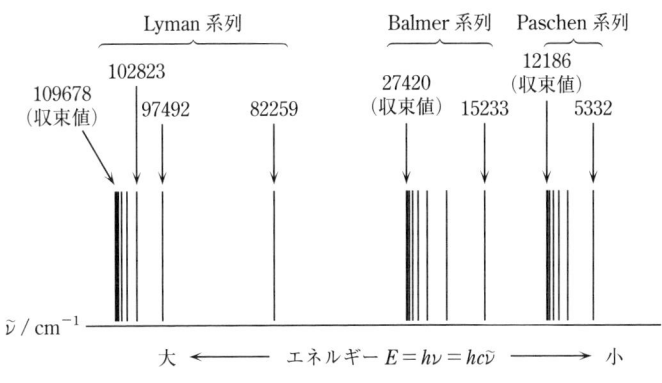

図 1・1 水素の原子スペクトル

スペクトル線はいくつかのグループに分けられ，そのグループのなかではいずれも波数の増加に伴いその間隔は狭くなり，ある値に収束する．各グループはその発見者

にちなんで，Lyman 系列，Balmer 系列，Paschen 系列とよばれている．なぜこのような波数をもつ光が放出されるかについて，Rydberg は次の式を提案した．この式中の R は定数で，Rydberg 定数とよばれている．

$$\tilde{\nu} = R\left(\frac{1}{n^2} - \frac{1}{m^2}\right)$$

$\tilde{\nu}$ は波数で，単位は cm^{-1} = $1/\lambda$ （波長）
$n = 1, 2, 3, \cdots$
$m = n+1, \ n+2, \ n+3, \cdots$
$R = 109678$ cm^{-1} （Rydberg 定数）

この時点では n や m の意味づけは行われなかったが，のちに Niels Bohr がこれらは軌道の主量子数に対応することを明らかにした．Bohr の原子モデル（図 1・2）を用いて水素原子の発光スペクトルを解釈すると以下のようになる．

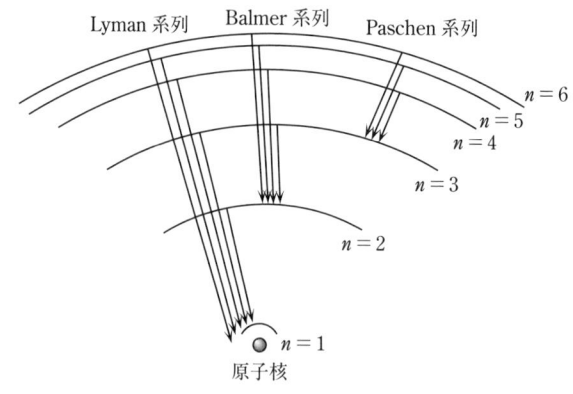

図 1・2 Bohr の原子モデル

つまり，主量子数（n）が 2 以上の軌道から $n=1$ の軌道へ電子が遷移するときに放出するエネルギーが Lyman 系列であり，$n>2$ の軌道から $n=2$ への電子遷移に伴う放出エネルギーが Balmer 系列，また $n>3$ の軌道から $n=3$ への電子遷移に伴う放出エネルギーが Paschen 系列に対応する．

Rydberg の式を用いて放出エネルギーを計算すると以下のようになり，実験値と一致する．

$$\tilde{\nu}(2 \to 1) = 109678(1/1^2 - 1/2^2) = 82259$$
$$\tilde{\nu}(3 \to 1) = 109678(1/1^2 - 1/3^2) = 97492$$
$$\tilde{\nu}(4 \to 1) = 109678(1/1^2 - 1/4^2) = 102823$$
$$\tilde{\nu}(3 \to 2) = 109678(1/2^2 - 1/3^2) = 15233$$

ところで，$n=1$，$m=\infty$ の場合には

1. 原 子 構 造

$$\tilde{\nu}(\infty \to 1) = 109678(1/1^2 - 0) = 109678$$

となるので,Rydberg 定数は $n=\infty$ から $n=1$ への電子遷移により放出される光の波数であることがわかる.この値は水素原子のイオン化エネルギーに対応する.

[例題 1・2] (2009 年度:上智大院理工)
基底状態の原子に関する下表の空欄を埋めて表を完成させよ.零の場合は 0 と記入せよ.

元 素 名	(a)	(b)	(c)	(d)	(e)
元素記号	C		Ti	Sr	Cs
原子番号		16	22	38	
質 量 数	13		48		133
原子核中の中性子数		16		48	78
周期の番号	2				
$l=2$ の軌道上の電子数					
不対電子の数					

[解 答]

元 素 名	(a)	(b)	(c)	(d)	(e)
元素記号	C	S	Ti	Sr	Cs
原子番号	6	16	22	38	55
質 量 数	13	32	48	86	133
原子核中の中性子数	7	16	26	48	78
周期の番号	2	3	4	5	6
$l=2$ の軌道上の電子数	0	0	2	10	20
不対電子の数	2	2	2	0	1

[解 説] 原子は電子,陽子,中性子からできている.陽子と中性子は中心にまとまって存在し,この部分を**原子核**という.そのまわりを電子が取囲んでいる.原子が中性の場合には,陽子数と電子数は等しく,この数字を**原子番号**という.これにより元素が特定される.中性子と陽子が同数の原子もあるが,陽子数以上の中性子をもつ原子も存在する.原子番号は同じでも中性子数が異なるものを**同位体**という.原子核の特

徴は，1) 密度が非常に大きく，そのため，2) 体積が小さく，原子全体の $1/10^{15}$ 程度であり，3) 原子のほぼ全質量がここに集中している．まとめると図1・3のようになる．

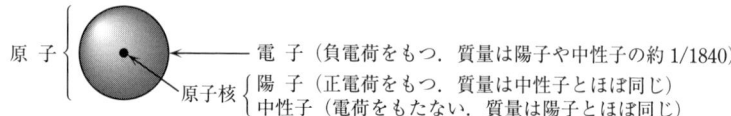

原子番号 ＝ 陽子数 ＝ 電子数
　　化学的性質を決める．
　　原子には原子番号に応じた元素名，元素記号がある．

質量数 ＝ 陽子数 ＋ 中性子数

原子核の特徴
　1) 密度が非常に大きい　　2) 体積は小さく，原子全体の $1/10^{15}$ 程度
　3) 原子のほぼ全質量が集中

図1・3　原子の様子

　原子の性質は，その原子の電子構造に由来する．電子構造とは，中心原子核まわりの電子の数とその電子の分布の仕方のことである．電子の性質は以下の四つの量子数で決められる．

主量子数 n：軌道の広がりを決める．つまり，その電子のもつエネルギーを決める．
　$n = 1, 2, 3, \cdots$

方位量子数（軌道角運動量量子数）l：軌道の形を決める．　$l = 0, 1, 2, \cdots, n-1$
　$l = 0$ の軌道をs軌道，$l = 1$ をp軌道，$l = 2$ をd軌道，$l = 3$ をf軌道とよぶ．

磁気量子数 m_l：軌道の方向を決める．　$m_l = -l, -(l-1), -(l-2), \cdots, 0, \cdots,$
　$(l-1), l$

スピン量子数 m_s：電子スピンの向きを決める．　$m_s = -\frac{1}{2}$ か $+\frac{1}{2}$ のいずれかの値．
　一般的な表現ではわかりにくいので，表1・1に量子数と軌道の関係をまとめる．
　軌道に電子を詰めていく場合，エネルギーの低い軌道から先に電子が詰まっていく．主量子数が小さいものほど軌道のエネルギーは低い．同じ主量子数の場合は方位量子数の小さいものほどエネルギーが低い．原子は球対称であるので，原子1個を考える場合は方向性は問題にならないため，磁気量子数が同じ軌道は同じエネルギーをもつ（縮重している）．軌道のエネルギー準位で注意すべき点がある．たとえば4s軌道は3d軌道よりもエネルギーが低い．この関係をわかりやすくしたのが図1・4であり，矢印の順に軌道は上昇していく．

1. 原子構造

表 1・1 量子数と軌道の関係

殻	n (主量子数)	l (方位量子数)	m_l (磁気量子数)	軌道の名称	軌道の形
K	1	0	0	1s	○
L	2	0	0	2s	○
		1	$\begin{cases}-1\\0\\1\end{cases}$	2p	
M	3	0	0	3s	○
		1	$\begin{cases}-1\\0\\1\end{cases}$	3p	
		2	$\begin{cases}-2\\-1\\0\\1\\2\end{cases}$	3d	

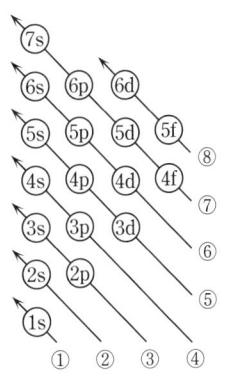

図 1・4 軌道のエネルギー順序. ①〜⑧の番号順にエネルギーは上昇. 同一番号中では矢印方向順にエネルギーは上昇.

以上をふまえて，空欄を埋めると以下のようになる.

(a) は炭素なので,
  ・原子番号は 6
  ・中性子数＝質量数－陽子数（原子番号）＝ 13 － 6 ＝ 7

- 電子は 6 個で，詰まり方は $1s^2 2s^2 2p^2$ となる．$l=2$ は d 軌道のことなので，電子は詰まっていないため 0
- 2p 軌道は三重に縮重していて 2 個の 2p 電子は別々の軌道に入るので，不対電子数は 2 となる．

以下同様に考える．注意点のみを示す．
- Ti の電子配置は $1s^2 2s^2 2p^6 3s^2 3p^6 4s^2 3d^2$ となるので，$l=2$（d 軌道）の電子数は 2 となり，また不対電子数も 2 となる．
- Sr の電子配置は $1s^2 2s^2 2p^6 3s^2 3p^6 4s^2 3d^{10} 4p^6 5s^2$ となる．
- Cs の電子配置は $1s^2 2s^2 2p^6 3s^2 3p^6 4s^2 3d^{10} 4p^6 5s^2 4d^{10} 5p^6 6s^1$ となる．

[例題 1・3]（2009 年度：名古屋大院工）
He（核電荷 $Z=2$）原子の中の 2 個の電子は最もエネルギーの低い 1s 軌道に逆スピン状態で入る（(a)四つの量子数がすべて同じ組となる二つの電子はない）．この 2 個の電子はともに原子核の正電荷から静電引力を受けるが，同時に相互の間には電子間反発がある．別の見方をすると，1 個の電子はその負電荷によって核電荷を遮蔽し，もう一方の電子が受ける有効核電荷 Z^* を 2 より小さくする．このとき，(b)一般の原子における Z^* の概算値は次の ①〜⑤ の規則に基づき $Z^* = Z - S$ で表される（S は遮蔽定数）．

① 軌道を [1s][2s,2p][3s,3p][3d][4s,4p][4d][4f][5s,5p] のように分類し，注目している電子が属しているグループよりも外側にある電子の遮蔽は無視する．
② 注目している電子が属するグループ内の他の各電子は 0.35 だけ S に寄与する（1s は 0.30）．
③ 主量子数 n が 2 以上の場合，$n-1$ のグループの各電子は 0.85 の寄与をする．
④ 主量子数 n が 3 以上の場合，$n-2$ とそれ以下のグループの各電子の寄与は 1 とする．
⑤ 注目している電子が [nd] や [nf] の場合，③ と ④ は成立せず，その前の各電子すべて 1 の寄与をする．

1) 下線部(a)について，主量子数以外の量子数を日本語の名称ですべて書け．
2) 下線部(a)の原理は 1925 年に提唱された．この原理の名称を書け．
3) 下線部(b)の規則の名称を書け．
4) Zn（$Z=30$）原子の 4s, 3d 電子が受ける有効核電荷 Z^* をそれぞれ求めよ．計算過程も示せ．

[解答] 1) 方位量子数（軌道角運動量量子数），磁気量子数，スピン量子数
2) Pauli（パウリ）の排他原理
3) Slater（スレーター）の規則
4) 4s 電子の有効核電荷：$Z^* = 30 - (0.35 \times 1 + 0.85 \times 18 + 1 \times 10) = 4.35$
3d 電子の有効核電荷：$Z^* = 30 - (0.35 \times 9 + 1 \times 18) = 8.85$

[解説] 中性原子中では，電子数と陽子数は等しい．しかし，外側にいる電子ほど実質的に感じる正電荷は減少する．これは内側にいる電子との反発による．これを遮蔽効果という．複数の電子が存在する場合には必ず遮蔽効果があるので，遮蔽効果も加味した実質的に感じる原子核の正電荷を議論することが重要となる．この実質的な核電荷を**有効核電荷**といい，Z^*で表す．

Zn の電子配置をグループ別に書くと $[1s^2][2s^2, 2p^6][3s^2, 3p^6][3d^{10}][4s^2]$ となる．

i) 4s 電子の有効核電荷：$Z^* = 30 - (0.35 \times 1 + 0.85 \times 18 + 1 \times 10) = 4.35$
②により，もう一方の 4s 電子から 0.35×1 の遮蔽を受ける．③により 0.85 の遮蔽を受けるのは主量子数 3 の電子すべてなので，0.85×18 の遮蔽を受ける．④により主量子数が 2 と 1 の電子による遮蔽は 1×10 となる．

ii) 3d 電子の有効核電荷：$Z^* = 30 - (0.35 \times 9 + 1 \times 18) = 8.85$
①により，4s 電子からは遮蔽を受けない．②により，0.35 の遮蔽を受ける電子は 9個であるので 0.35×9 の遮蔽を受ける．問題にしているのが 3d 電子なので，⑤により 3d 電子より内側のグループの電子すべてから 1 の遮蔽を受けるので，その遮蔽は 1×18 となる．

[例題 1・4] 原子の半径に関する以下の問いに答えよ．
1) 金属結合半径，共有結合半径，原子半径，イオン半径は何を意味するか．答えよ．
2) 一般的に，ある原子の原子半径，陽イオン半径，陰イオン半径の大小関係について述べよ．
3) 周期表の 1 族元素を上から下に行くと，原子半径はどのように変化するか．
4) 周期表の第 2 周期を左から右へ行くと，原子半径はどのように変化するか．
5) 表 1・2 には 4 族から 12 族の金属結合半径を示す．第 5 周期元素の値は第 4 周期元素の値よりも大きいが，第 6 周期元素の値は第 5 周期元素の値とほぼ同じである．この理由について述べよ．

表 1・2 金属結合半径/Å

	4族	5族	6族	7族	8族	9族	10族	11族	12族
第4周期	Ti 1.47	V 1.35	Cr 1.29	Mn 1.37	Fe 1.26	Co 1.25	Ni 1.25	Cu 1.28	Zn 1.37
第5周期	Zr 1.60	Nb 1.47	Mo 1.40	Tc 1.35	Ru 1.34	Rh 1.34	Pd 1.37	Ag 1.44	Cd 1.52
第6周期	Hf 1.59	Ta 1.47	W 1.41	Re 1.37	Os 1.35	Ir 1.36	Pt 1.36	Au 1.44	Hg 1.55

[解答] 1) 金属結合半径は単体金属固体中での隣り合う金属間距離の半分の距離であり，共有結合半径は同じ原子が共有単結合している分子中での原子間距離の半分の距離のことである．前者はおもに金属について，後者はおもに非金属について用いられる．金属結合半径と共有結合半径をまとめて原子半径という．イオン半径とは隣り合う陽イオンと陰イオンとの距離をおのおののイオンに振り分けて得られる半径のことである．

2) 一般的には，陽イオン半径＜原子半径＜陰イオン半径　となる．

3) 原子半径は増加する．

4) 原子半径は減少する．

5) この表の第4周期は3d軌道の，第5周期は4d軌道の，また第6周期は5d軌道の電子が詰まっていく段階の原子である．第6周期の5d軌道が詰まる前に，4f軌道に電子が詰まる（図1・4参照）．4f軌道は特に遮蔽効果が小さい軌道なので，その外側にある5d軌道および6s軌道の電子は大きな有効核電荷を感じることになり，そのため原子核にかなりの程度引きつけられ，原子半径は予想以上に小さくなる．

[解説] 1) イオン半径とは隣り合う陽イオンと陰イオンとの距離をおのおののイオンに振り分けて得られる半径のことであるが，問題はどのように振り分けるかである．いくつか方法はあるが，普通は O^{2-} の半径を 1.40 Å として，この値を基にして順次イオン半径を決めていく．たとえば Mg^{2+} のイオン半径は MgO 中の Mg と O の距離から 1.40 Å を引いて求める．

2) 原子は同数の陽子と電子をもっている．これにさらに電子が加わり陰イオンになると，電子どうしの反発が増大（最外殻電子の有効核電荷が減少）するので，イオンの半径は増大する．逆に電子が取去られて陽イオンになると，残った電子は原子核の正電荷を強く感じ，原子核により引きつけられるので，イオンの半径は減少する．よって，陽イオン半径＜原子半径＜陰イオン半径　となる．

3) 1族元素の最外殻電子は，Liでは2s軌道に，Naでは3s軌道に，Kでは4s軌道にというように，s軌道に収容されている．主量子数が大きくなるとその軌道は大きくなるので，原子半径も大きくなる．この傾向は1族元素に限らず，一般的にみられる傾向である．

4) 同一周期を右に行くに従い，有効核電荷は増大するので，電子は中心に引きつけられる．そのため原子半径は減少する．

5) ランタノイドとは，周期表の3族第6周期に位置する15個の原子であり，4f軌道に電子が詰まっていく原子である．先に述べたように4f軌道は遮蔽効果が小さいので，原子番号が増加するにつれて（4f軌道に電子が入っていくにつれて）それより外側の軌道の電子は大きな有効核電荷を受けるようになり，原子半径は小さくなる．この現象を**ランタノイド収縮**という．周期表3族第7周期に位置する15個の原子はアクチノイドとよばれ，5f軌道が詰まっていく原子である．同様の理由により原子番号の増加につれて原子半径が小さくなり，これを**アクチノイド収縮**という．

[例題 1・5] （2007年度：東京工業大院理）
図1・5は，原子ア～テまでの第一イオン化エネルギーIEを原子番号Zに対してプロットしたグラフである．以下の問いに答えよ．eVは電子ボルト単位を表す．

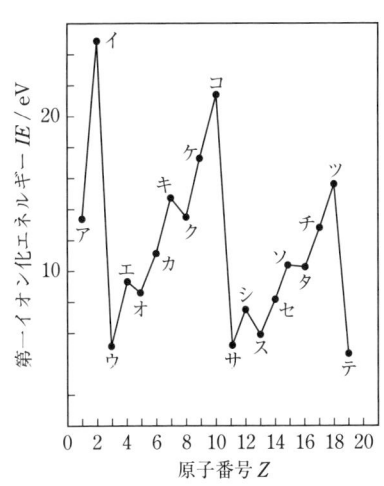

図 1・5

1) 原子**ウ～コ**，および**サ～ツ**の範囲では，Zの増加とともにIEが増加傾向にあるのはなぜか．理由を5行以内で説明せよ．

2) 原子 **イ〜ウ**, **コ〜サ**, および **ツ〜テ** で IE が大幅に減少している理由を, 5行以内で説明せよ.

3) 原子 **エ〜オ**, および **シ〜ス** で, Z の増加とともに IE がやや減少している理由を, 5行以内で説明せよ.

4) 原子 **キ** および **ソ** の電子配置を, 最内殻軌道から順に $1s^2 2s^2 \cdots$ のように書け. ただし p_x, p_y, p_z 軌道を区別せよ.

5) 原子 **キ〜ク** および **ソ〜タ** で Z の増加とともに IE がやや減少している理由を, 5行以内で説明せよ.

6) 気体 (g で表す) のナトリウム原子と気体の塩素原子を考える. 中性の状態の Na(g)+Cl(g) 系と, それぞれがイオン化した状態 $Na^+(g) + Cl^-(g)$ 系とではどちらが安定か. 理由を説明して答えよ. ただし, Cl の電子親和力を 3.61 eV とし, 原子間, イオン間の相互作用は無視できるものとする.

7) 金属ナトリウムの Na 原子から電子を取除くのに必要なエネルギー (= 仕事関数) は 2.75 eV であり, Na 原子の IE よりかなり小さい. この理由を Coulomb (クーロン) ポテンシャルの観点から 5 行以内で説明せよ.

[解答] 1) **ウ〜コ**は周期表で第 2 周期に位置する元素であり, いずれも主量子数 2 をもつ. この場合には周期表で右に行くに従い (Z の増加とともに), 有効核電荷が増加するので, 電子を取去りにくくなる. したがって, IE は増加する傾向が見られる.

2) いずれの場合も, 主量子数が 1 増加する. **イ**より**ウ**, **コ**より**サ**, **ツ**より**テ**の方が取去る電子は高いエネルギー準位にあるので, IE は大幅に減少することになる.

3) 電子配置を見てみると, **エ**は $1s^2 2s^2$, **オ**は $1s^2 2s^2 2p^1$ となる. 2s 軌道よりも 2p 軌道の方がエネルギー準位は少し高いので, **オ**の IE は少し減少する. **シ**と**ス**についても同様で, 3s 軌道よりも 3p 軌道の方がエネルギーが高いので**ス**の IE は少し減少する.

4) **キ**の電子配置 $1s^2 2s^2 2p_x^1 2p_y^1 2p_z^1$ **ソ**の電子配置 $1s^2 2s^2 2p^6 3s^2 3p_x^1 3p_y^1 3p_z^1$

5) **キ**では 2p 軌道に電子が一つずつ入っている状態にある. **ク**はさらに 1 電子多い状態であるので 2p 軌道の一つに 2 電子が入ることになり, 電子間反発が生じる. そのため**ク**の IE は, **キ**の IE に比べてやや減少する. **タ**も同様に一つの 3p 軌道に 2 電子が入るので電子間反発が生じ, IE はやや減少する.

6) Na を Na^+ にするには, 図 1・5 より約 5 eV が必要であることがわかる. これに対して Cl の電子親和力は 3.61 eV なので, Cl を Cl^- にすると 3.61 eV のエネルギーが放出されるが 5 eV には足りない. イオン間相互作用は無視するので, 結局 Na(g)+Cl(g) の系の方が安定となる.

7) 金属ナトリウムでは無数の 3s 軌道からなるエネルギーバンドが形成され, そこ

に 3s 電子が収容されて，自由電子として振舞う．このバンドには無数の電子が存在するので，Coulomb ポテンシャルの観点から大きな電子間反発があり，そのため Na の *IE* よりも小さいエネルギーで電子を取去ることができる．

[解説]　**イオン化エネルギー** (*IE*) とは，基底状態にある気体状原子から真空中で電子1個を取除いて陽イオンにするのに必要なエネルギーのことである．つまり陽イオン化の反応に必要なエネルギーのことである．電子を加えて陰イオン化するときのエネルギーは**電子親和力**とよばれる（後述）．

中性原子 E から1電子を取去るときのエネルギーを第一イオン化エネルギー，E^+ からもう1電子を取去るときのエネルギーを第二イオン化エネルギーという．

$$E(g) \longrightarrow E^+(g) + e^- \quad \text{（第一イオン化エネルギー）}$$
$$E^+(g) \longrightarrow E^{2+}(g) + e^- \quad \text{（第二イオン化エネルギー）}$$

いずれも電子を取去るのにはエネルギーが必要となるので，この反応は吸熱反応となる．一般的に第一イオン化エネルギーよりも第二イオン化エネルギーの方が大きい．

イオン化エネルギー (*IE*) を軌道と関連づけて考えると以下のようになる．原子から電子を引抜く場合，最も引抜かれやすい電子は，エネルギーの一番高い軌道にある電子である．エネルギーを加えるとこの最高被占軌道にある電子は最低空軌道に移り，さらにエネルギーを加えるとその上の軌道に移る．このようにして電子を無限遠にある軌道に移す（つまり電子を取去る）のに必要なエネルギーが *IE* である（図1·6a）．水素のイオン化エネルギー *IE*(H) = 13.6 eV（1312 kJ mol^{-1}）と炭素のイオン化エネルギー *IE*(C) = 11.3 eV（1086 kJ mol^{-1}）を参考にして，両原子の軌道を描くと図1·6b

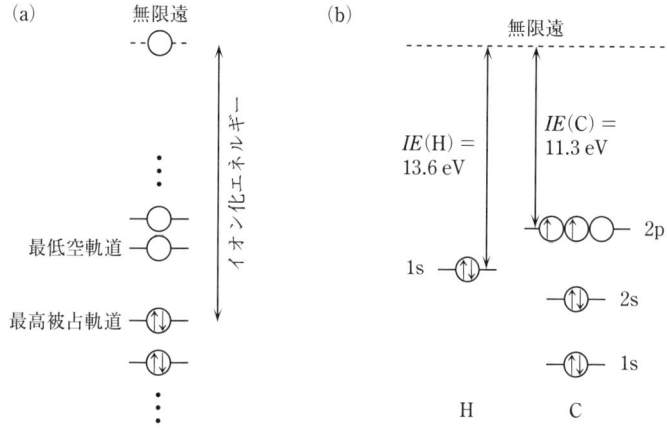

図 1·6　イオン化エネルギーと軌道の関係

のようになる.

　各原子について IE の大きさを考える場合に，以下の点を考慮する必要がある.
1) 最高被占軌道の軌道エネルギー準位が高ければ（主量子数が大きければ，また方位量子数が大きければ）IE は小さくなる．逆に，低ければ IE は大きくなる.
2) 同じ主量子数，方位量子数をもつものどうしを比較する場合は，最高被占軌道の電子に対する有効核電荷が大きいものほど，IE は大きくなる.
3) 同じ軌道に電子が 2 個入ると電子間反発が生じるので，IE は少し小さくなる.

1)の効果は大きいが，2)と3)の効果の比較は微妙である．これをもとに，第1周期から第3周期の元素の IE の傾向を眺めると，図1・7のようになる.

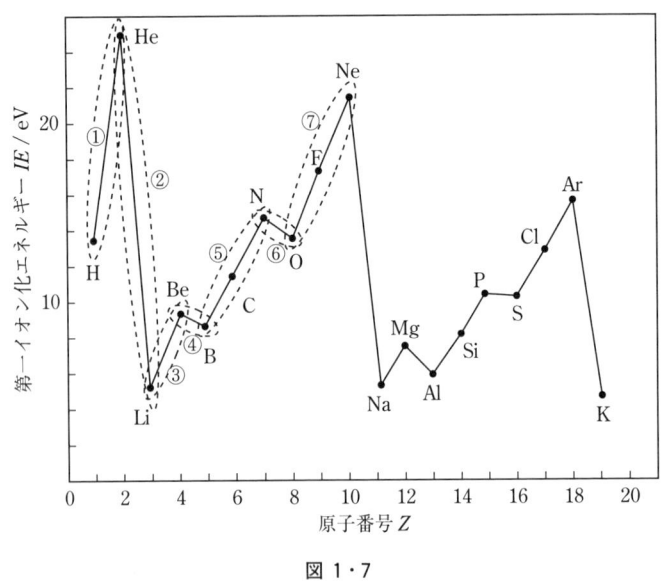

図 1・7

　①について: H も He も，引抜かれる電子の主量子数，方位量子数が同じなので，有効核電荷が決め手となる．$Z^*(\text{H}) = 1$，$Z^*(\text{He}) = 1.7$ なので，$IE(\text{H}) < IE(\text{He})$ となる.

　②について: He からは 1s 電子が，Li からは 2s 電子が引抜かれるので，1)より $IE(\text{He}) > IE(\text{Li})$ となる.

　③について: ①と同じ理由．つまり，Li も Be も引抜かれる電子は 2s 電子．よってこの 2s 電子の Z^* が決め手となる．明らかに $Z^*(\text{Li}) < Z^*(\text{Be})$ なので，$IE(\text{Li}) < IE(\text{Be})$ となる.

　④について: Be からは 2s 電子が，B からは 2p 電子が引抜かれる．2p 軌道の方が

2s 軌道よりもエネルギー準位が高いので，$IE(\mathrm{Be})>IE(\mathrm{B})$ となる．

⑤について：B, C, N いずれも 2p 軌道の電子が引抜かれる．よってこの場合は 2p 電子の Z^* が決め手となる．$Z^*(\mathrm{B})<Z^*(\mathrm{C})<Z^*(\mathrm{N})$ の順であるので，$IE(\mathrm{B})<IE(\mathrm{C})<IE(\mathrm{N})$ となる．

⑥について：N の電子配置は $1s^22s^22p^3$，これに対して O の電子配置は $1s^22s^22p^4$ である．p 軌道は三つなので，O 原子の場合は一つの p 軌道に電子を二つ収容せざるをえなくなる．そのため電子間反発が生じる．この電子間反発が有効核電荷の効果 ($Z^*(\mathrm{N})<Z^*(\mathrm{O})$) を上回るため，結果的に $IE(\mathrm{N})>IE(\mathrm{O})$ となる．

⑦について：O, F, Ne のいずれの原子においても，取除かれる電子は 2p 軌道の電子で，しかもいずれも電子間反発を受けている電子である．したがって，$Z^*(\mathrm{O})<Z^*(\mathrm{F})<Z^*(\mathrm{Ne})$ が原因で $IE(\mathrm{O})<IE(\mathrm{F})<IE(\mathrm{Ne})$ となる．

第 3 周期の元素についての IE の傾向も，同様に説明できる．

[**例題 1・6**] 電子親和力（EA）に関する以下の問いに答えよ．

1) 電子親和力とは何かを説明せよ．
2) 水素の EA は $73\,\mathrm{kJ\,mol^{-1}}$，炭素の EA は $122\,\mathrm{kJ\,mol^{-1}}$ である．この大小関係について考察せよ．
3) 周期表の 1 族元素は，下に行くほど EA が減少している．この理由について説明せよ．
4) 周期表の第 2 周期の元素の EA は図 1・8 の変化を示す．この変化について説明せよ．
5) 周期表の 16 族元素の EA は，$EA(\mathrm{O})<EA(\mathrm{S})>EA(\mathrm{Se})>EA(\mathrm{Te})$ である．S よりも O の EA が小さい理由について述べよ．

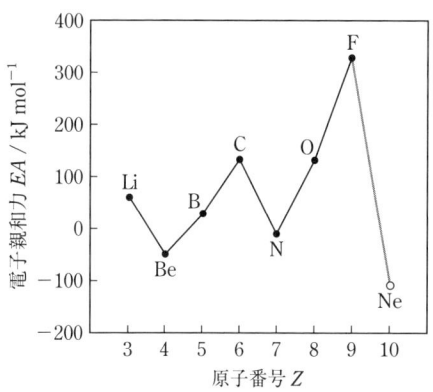

図 1・8

[解答]　1) 電子親和力（*EA*）とは，真空中で気体状の原子に電子を与えて，陰イオンにするときに発生するエネルギーのことである．

2) H 原子の場合は，すでに電子のある軌道（1s 軌道）に電子を入れるので電子間反発が生じるのに対して，C 原子の場合は空の軌道（2p 軌道）に電子を入れるのでそのような電子間反発は生じない．そのため，*EA*(H) は小さく，*EA*(C) は大きな値となる．

3) 周期表の 1 族に位置する原子に電子を与える場合，その電子はすでに 1 電子が入っている s 軌道に入ることになる．周期表で下に行くとその s 軌道の主量子数が増加し，そのためその軌道のエネルギー準位が高くなるので *EA* は減少する．

4) 周期表で第 2 周期にある元素の *EA* の傾向を眺めると図 1・9 のようになる．

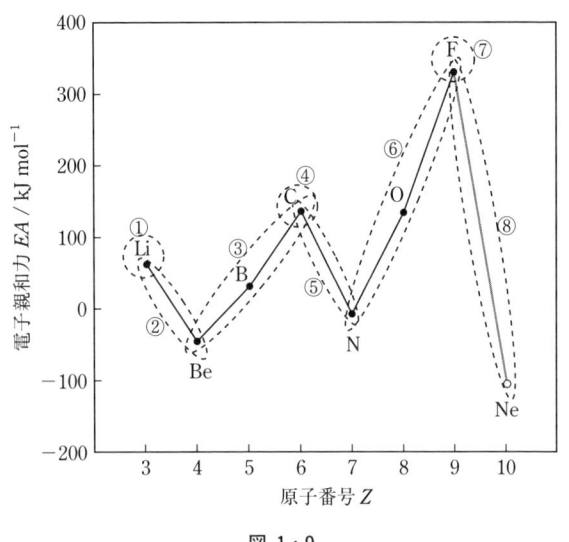

図 1・9

①について：すでに電子の存在する 2s 軌道に電子が入るので，電子間反発は大きいが，2s 軌道のエネルギー準位が比較的低いので *EA* は正の値となる．

②について：2s 軌道よりもエネルギー準位の高い 2p 軌道に電子が入るので *EA* は減少する．

③について：空の 2p 軌道に電子が入っていく段階で，順次 Z^* が増加するので，*EA* も増加していく．

④について：電子が入ると 2p 軌道が半閉殻になるので，その分がさらに安定となる．

⑤について: すでに電子が存在する 2p 軌道に電子が入るので，電子間反発は大きく，EA は減少する．

⑥について: 2p 軌道に電子が入っていく段階で，順次 Z^* が増加するので，EA も増加していく．

⑦について: 電子が入ると 2p 軌道が完全閉殻構造になるので，その分がさらに安定となる．

⑧について: さらにエネルギー準位の高い 3s 軌道に電子が入るので EA は大きく減少する．EA(Ne) は負の値をとるが，正確な値は不明．

5) 16 族元素を周期表で下に下がっていくと，電子を入れる軌道のエネルギーが上昇するので EA は減少する．O と S のところで逆転している理由は原子の大きさにある．O 原子は大きさが比較的小さいので（使える軌道が小さいので），第 3 周期の S 原子に比べて電子が密になる．そこにさらに 1 電子を入れると，すでにある電子と激しく反発することになり，その結果 EA は予想よりも小さくなってしまうためである．

[解説] 1) $E(g) + e^- \longrightarrow E^-(g)$ （電子親和力）

原子中には陽子と電子が同数あるので，原子全体としては電気的に中性であるが，電子による核の遮蔽は不十分であるため，最外殻軌道はある程度の正電荷雰囲気にある．したがって電子親和力は一般には発熱反応（EA>0）である．つまり，EA が大きいほど，その原子は陰イオンになりやすい．

EA と軌道との関係は，IE と軌道との関係ほど単純ではない．電子を与えて陰イオンにする場合，図 1・10 に示すように，無限遠にある電子を最高被占軌道に入れる場合と，最低空軌道に入れる場合がある．導入される電子は，すでに存在する電子と静

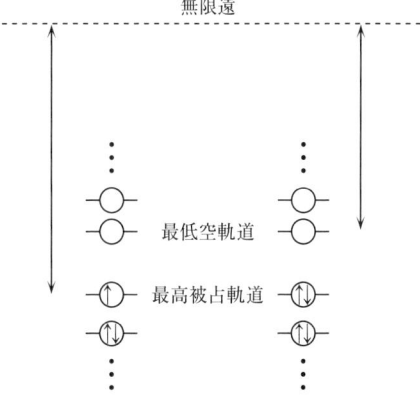

図 1・10 電子親和力と軌道の関係

電反発を起こすので,最高被占軌道あるいは最低空軌道のエネルギー準位がそのまま EA には対応しない.つまり,導入される電子がすでに電子の存在する軌道に入る場合(図1・10の左の場合)と,電子の存在しない軌道に入る場合(図1・10の右の場合)では,電子間反発が大きく異なる.

水素と炭素について,もう少し考えてみる.

2) 水素原子の場合,電子を取去る場合も電子を入れる場合も,どちらも 1s 軌道への電子の出し入れなので,$IE(\mathrm{H}) = EA(\mathrm{H})$ となりそうだが,実際は $IE(\mathrm{H}) = 1312$ kJ mol^{-1},$EA(\mathrm{H}) = 73$ kJ mol^{-1} と大きく異なる.これは電子を入れる場合には電子間反発が大きく効いてくるためである.H に電子を入れる場合は,小さい 1s 軌道に電子が入るので電子間反発は特に大きく異なる(図1・11参照).そのため,$IE(\mathrm{H})$ と $IE(\mathrm{C})$ の大小関係と $EA(\mathrm{H})$ と $EA(\mathrm{C})$ の大小関係が逆転することになる.

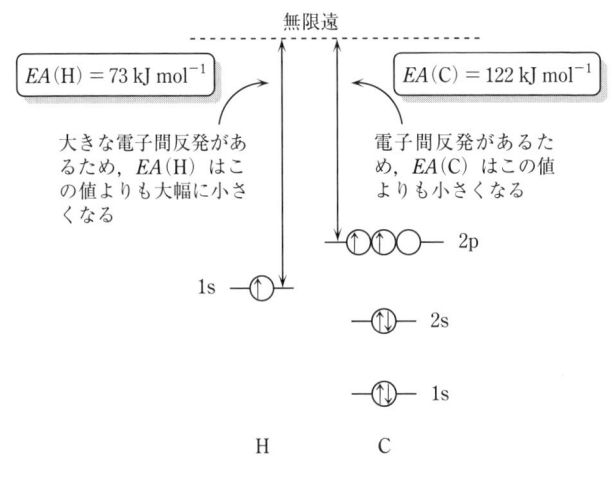

図 1・11 電子親和力に関する概念図

5) 一般的に同じ族を下がっていくと,電子を入れる軌道のエネルギー準位が上昇するので EA は減少する.しかし第2周期と第3周期のところで逆転が見られる.この理由は原子の大きさにある.第2周期の原子は大きさが比較的小さいので(使える軌道が小さいので),第3周期以降の原子に比べて電子が密になる.そこにさらに1電子を入れると,すでにある電子と激しく反発することになり,その結果 EA は予想よりも小さくなってしまう.16族以外でも,第2周期元素の EA は第3周期元素の EA よりも小さくなっている場合が多い.

[例題 1・7] （2010 年度：群馬大院工）
電気陰性度に関する次の問いに答えよ．
1) Mulliken の電気陰性度（χ_M）を定義する式を，対象となる元素のイオン化エネルギー（IE）と電子親和力（EA）を用いて記せ．
2) O, F, Cs, P, Ca を Mulliken の電気陰性度（χ_M）の小さい順に並べよ．

[解答] 1) Mulliken はイオン化エネルギー（IE）と電子親和力（EA）の平均値を電気陰性度（χ_M）と定義した．

$$\chi_M = \frac{IE + EA}{2}$$

2) Cs＜Ca＜P＜O＜F

[解説] **電気陰性度**とは，分子内に存在する原子が，電子をどれだけ自分自身に引きつけるかを表した尺度である．したがって，電気陰性度は孤立した原子の性質ではなく，分子中で他の原子に囲まれて影響を受けたときに示す原子の性質である．この概念は Pauling により提唱された．電気陰性度の決め方にはいくつかの方法がある．

1) Pauling の電気陰性度

分子 A–B の結合エネルギー $E(\mathrm{A–B})$ は，分子 A–A と分子 B–B の結合エネルギー（それぞれ $E(\mathrm{A–A})$ と $E(\mathrm{B–B})$）の平均よりも大きい．この差が各原子の電気陰性度（χ_A, χ_B）の差の二乗であると Pauling は定義した．

$$E(\mathrm{A–B}) - \frac{E(\mathrm{A–A}) + E(\mathrm{B–B})}{2} = 96.5(\chi_A - \chi_B)^2$$

結合エネルギーが kJ mol^{-1}，電気陰性度が eV を用いているため式中には変換係数の 96.5（1 eV = 96.5 kJ mol^{-1}）が入っている．χ は相対値であるので，Pauling は最も電気陰性である F の χ を 3.98 として，他の元素の χ を決めた．

2) Mulliken の電気陰性度

Mulliken はイオン化エネルギー（IE）と電子親和力（EA）の平均値を電気陰性度と定義した．Mulliken の値は Pauling の値とほぼ並行関係にある．

$$\chi_M = \frac{IE + EA}{2}$$

3) Allred-Rochow の電気陰性度

Allred と Rochow は，原子が電子を引きつける力は Z^*/r^2 に比例すると考えた．Z^* は前出の有効核電荷，r は共有結合半径を表す．r を Å 単位で表し，この定義で得られ

る電気陰性度を Pauling の値に近くなるよう係数を決めて，以下の式を提案した．

$$\chi = 0.744 + 0.359 \frac{Z^*}{r^2}$$

電気陰性度に関しては，他にもいくつかの定義があるが，ここでは省略する．

一般に電気陰性度は周期表で同じ周期を右に行くほど増大し，同じ族では上に行くほど増大する．すなわち周期表の右上の元素（18族元素を除けば F）が一番大きい値となり，左下の元素が一番小さい値となる．

問　題

1・1 次の語句について説明せよ．
  1) 原子番号　　2) 主量子数　　3) Pauli（パウリ）の排他原理
1・2 次の軌道に対する主量子数（n）および方位量子数（l）を示せ．
  1) 4s 軌道　　2) 2p 軌道　　3) 3d 軌道
1・3 次の原子の基底状態電子配置を，例にならって記せ．
  例：C の基底状態電子配置　$1s^2 2s^2 2p^2$
  1) N　　2) Si　　3) Cu
1・4 次のような基底状態電子配置を示す元素を示せ．
  1) $1s^2 2s^2 2p^5$　　2) $1s^2 2s^2 2p^6 3s^2 3p^3$　　3) $1s^2 2s^2 2p^6 3s^2 3p^6$
  4) $1s^2 2s^2 2p^6 3s^2 3p^6 3d^6 4s^2$
1・5 イオン化エネルギー（IE）に関する以下の問いに答えよ．
  1) イオン化エネルギーの定義を述べよ．
  2) Li の IE よりも Be の IE の方が大きい．この理由を述べよ．
  3) Be の IE よりも B の IE の方が小さい．この理由を述べよ．
  4) B，C，N と周期表を右に行くに従って IE は増加する．この理由について述べよ．
  5) N よりもさらに右にある O の IE は，N の IE よりも小さい．この理由について述べよ．
1・6 電子親和力（EA）に関する以下の問いに答えよ．
  1) 電子親和力の定義について述べよ．
  2) 以下の組合わせのうち，どちらの EA の方が大きいか．簡単な理由とともに答えよ．　(a) Li と Be　(b) C と N　(c) Cl と Br　(d) Al と Si
1・7 硫黄原子に関する以下の問いに答えよ．
  1) 例にならって，硫黄原子の基底状態電子配置を記せ．

例： C の基底状態電子配置　　$1s^2 2s^2 2p^2$

2) 硫黄原子の最外殻電子の主量子数 (n) と方位量子数 (l) を示せ．
3) 硫黄原子と塩素原子の電子親和力はどちらが大きいか．簡単な理由とともに答えよ．
4) 硫黄原子と酸素原子の電子親和力はどちらが大きいか．簡単な理由とともに答えよ．

1・8（2009 年度：名古屋大院理）
水素原子の発光スペクトルに関する以下の問いに答えよ．
1) 発光スペクトルに，図 1・12 のような Lyman，Balmer，Paschen 系列が観測される理由を述べよ．
2) 図 1・12 中の数字と下記の値を参考に，Rydberg 定数と水素原子（1 mol 当たり）のイオン化エネルギーを答えよ．Planck 定数 6.63×10^{-34} J s，Avogadro 定数 6.02×10^{23} mol^{-1}，光速 3.00×10^{8} m s^{-1}

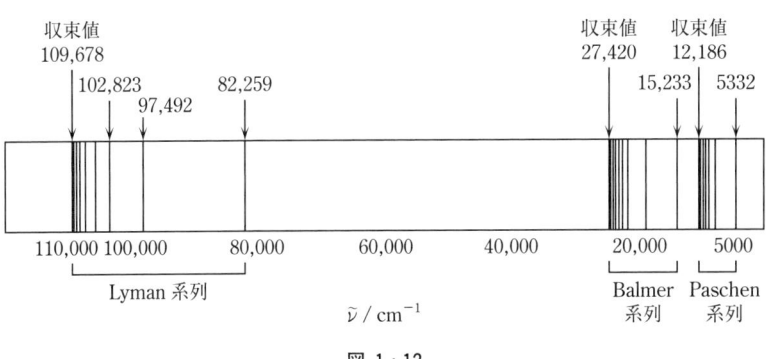

図 1・12

1・9（2008 年度：群馬大院工・一部修正）
次の原子およびイオンについて，基底状態における電子配置を下の例にならって記せ．　　1) F　　2) V　　3) Fe^{3+}　　4) Se　　5) Cd^{2+}　　6) Cr
　　例　　C：[He]$2s^2 2p^2$　　　Si：[Ne]$3s^2 3p^2$

1・10（2006 年度：神戸大院理）
表 1・3 は，いくつかの典型元素について，副殻中の各軌道における有効核電荷の値を示したものである．この表に関する以下の問いに答えよ．
1) 有効核電荷とは何か，説明せよ．
2) 表中の元素ではいずれも，主量子数が大きくなるにつれて有効核電荷の値は小さくなっている．その理由を説明せよ．

3) B, C では，主量子数が同じ 2s, 2p 軌道でも，2s 軌道の方がわずかに有効核電荷が大きい．その理由を，1s, 2s, 2p 軌道の動径分布関数の観点から説明せよ．

表 1・3

	1s 軌道	2s 軌道	2p 軌道
Be	3.685	1.912	
B	4.680	2.576	2.421
C	5.673	3.217	3.136

1・11（2004 年度：九州大院理）
有効核電荷について説明せよ．また，C, N, O, F の元素について有効核電荷と第一イオン化エネルギーの関係を述べよ．

1・12（2009 年度：東京工業大院総合理工）
周期表において同じ族の元素の原子半径（金属結合半径あるいは共有結合半径）は下に行くほど（ア：大きく，小さく）なる．(a)同族の遷移金属元素では，第 5 周期と第 4 周期の原子半径の差は，第 6 周期と第 5 周期の原子半径の差と比べ（イ：大きく，小さく，等しく）なる．また(b)3 族から 12 族および 18 族の元素を除くと，同一周期に属する元素の原子半径は右に行くほど（ウ：大きく，小さく）なる．

第 2，第 3 周期では 13 族，16 族を除けば，同一周期の元素の第一イオン化エネルギーは原子番号が大きくなるにつれて（エ：大きく，小さく）なる．一方，(c)Al は Mg より核電荷が（オ：大きい，小さい，等しい）のにもかかわらず，その第一イオン化エネルギーは Mg のそれより（カ：大きい，小さい）．

1) ア〜カについて，それぞれ適切な語句を選べ．
2) 下線部(a)の現象は何とよばれているか．またこの現象が起こる理由を 3 行以内で説明せよ．
3) 下線部(b)の現象が起こる理由を 3 行以内で説明せよ．
4) 下線部(c)の現象が起こる理由を 3 行以内で説明せよ．

1・13（2010 年度：関西大院理工）
原子やイオンの大きさは 1) 共有結合半径，2) イオン半径，および 3) van der Waals 半径によって示される．これらの半径をそれぞれ説明し，同一原子について大きさの順を理由とともに述べよ．

1・14（2006 年度 北海道大院理，類題：2009 年度 筑波大院数理，2009 年度 早稲田大院先進理工）
図 1・13 に第 2 周期元素の第一イオン化エネルギー（IE_1）を示す．これについて以下

の問いに答えよ．
1) BとOを除けば，LiからNeまで，第一イオン化エネルギーは単調に増加している．この単調増加の理由を説明せよ．
2) BとOの第一イオン化エネルギーは，それぞれ一つ前のBeとNに比べて減少している．BとBe，OとNのそれぞれの場合について，このような傾向を示す理由を述べよ．

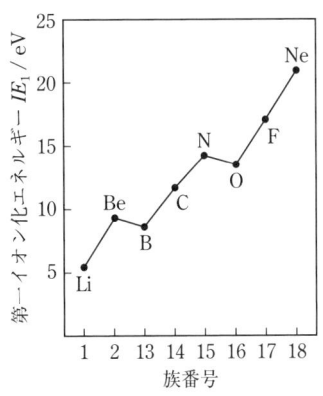

図 1·13 第2周期の典型元素の第一イオン化エネルギー

1·15（2010年度：群馬大院工）
表 1·4 は，第2周期の元素のイオン化エネルギーを示したものである．表中のア～ウにあてはまる元素を，下の元素群から選べ．

［元素群］　Li　　Be　　B　　C

表 1·4

元素	イオン化エネルギー / kJ mol^{-1}			
	第一	第二	第三	第四
ア	801	2426	3660	25018
イ	1086	2352	4619	6223
ウ	513	7297	11809	—

1·16（2009年度：名古屋大院工）
次の文章を読んで問1），2）に答えよ．

22　　　　　　　　　　　　　　1. 原 子 構 造

　原子の第一イオン化エネルギーは，ア 状態にある気体状の原子から イ 中で電子1個を取除いて ウ イオンにするのに必要なエネルギーである．周期表の同じ族の元素においては原子番号が大きくなるに従って，一般に有効核電荷 Z^* は エ するがイオン化エネルギーは オ する．同じ周期の元素においては周期表を右に進むに従い (a)いくつかの例外を除いて Z^* の カ に伴って一般にイオン化エネルギーは キ する．

1) 文中 ア～ウ に入る最も適切な語句を答えよ．また，文中 エ～キ に入る語句を増大または減少のいずれかで答えよ．
2) 下線部(a)にあたる隣り合う二つの元素の組合わせの例を周期表の第2周期の中から示せ．また，その原因を電子配置に基づき60字以内で説明せよ．

1・17（2009年度 広島大院理，類題: 2006年度 北海道大院理）
典型元素の電子親和力は，同族で周期表を下がると小さくなるのが一般的であるが，F は同族の Cl より電子親和力が小さい．以下の問いに答えよ．

1) 下線部分の原因について述べよ．
2) 下線部分の事実は，F の方が Cl より電気陰性度が高いこととどのように関係づけられるかを簡単に述べよ．

1・18（2006年度: 京都大院理）
原子核と電子一つからなる系を水素型原子とよび，このような原子については量子力学に基づいて波動関数の厳密な解が与えられる．水素型原子の軌道のエネルギーは，核に関するパラメーターである ア と，不連続な整数値をとる イ に依存する．

　一般に，軌道のエネルギーは原子のイオン化エネルギーと密接に関係する．表1・5に原子のイオン化エネルギーと電子親和力を示す．ただし電子親和力は電子取得が発熱的に行われた場合に符号を正とする．

1) 空欄 ア，イ にあてはまる適切な語句を答えよ．
2) Be^{3+} のイオン化エネルギーの値を推算せよ．計算の根拠を示し，有効数字3桁まで記せ．
3) 同じ周期ではイオン化エネルギーはおおむね原子番号とともに増加する．その理由を述べよ．
4) 表1・5中の元素には負の電子親和力をもつものがある．その理由を基底状態の電子配置を考慮して述べよ．
5) 第2周期の (a) Be と B，(b) N と O について，イオン化エネルギーが問3)に述べられている傾向に合致しない理由を述べよ．

1. 原 子 構 造

表 1·5 原子の第一イオン化エネルギー (IE_1), 第二イオン化エネルギー (IE_2), 第三イオン化エネルギー (IE_3), および電子親和力 (EA). 単位は電子ボルト (eV)

	H	He	Li	Be	B	C	N	O	F	Ne
IE_1	13.60	24.59	5.39	9.32	8.30	11.26	14.53	13.62	17.42	21.56
IE_2		54.42	75.64							
IE_3			122.5							
EA	0.754	<0	0.618	<0	0.277	1.263	−0.07	1.461	3.399	<0

1·19（2007 年度：同志社大院工）

次の文章を読み，1)～5)の問いにそれぞれ答えよ．

電気陰性度 (χ) にはさまざまな定義が存在する．たとえば Mulliken（マリケン）は，第一イオン化エネルギーと電子親和力の平均値を χ として定義した．

Pauling（ポーリング）は，熱力学データに基づいて次のように χ の尺度を定めた．まず，異なる二つの原子 A−B 間の結合が完全な共有結合であれば，その解離エネルギー H_{AB} は，同種原子間結合（A−A 間, B−B 間）の (a)解離エネルギーの平均値<H>になると仮定した．したがって，平均値<H>と実際の H_{AB} との差 ΔH は，A−B 結合のイオン結合性によって生じたと考え，ΔH（単位 eV）の平方根を A, B 2原子間の χ の差であると定義した．

一方，Allred（オールレッド）と Rochow（ロコウ）は，熱力学データを用いずに，有効核電荷と原子半径の二つの原子パラメーターを用いて (b)χ を決める方法を提案した．

Jaffe（ヤッフェ）らは，式(1·1)に示すように，原子の全エネルギー E が原子の部分電荷 δq の二次関数によってよく表されることに着目し，さらにその勾配が χ に対応すると考えた（式(1·2)）．

$$E(\delta q) = a\delta q + b\delta q^2 \tag{1·1}$$

$$\chi(\delta q) = \frac{\partial E(\delta q)}{\partial \delta q} = a + 2b\delta q \tag{1·2}$$

ただし，a, b は原子固有の定数である．したがって，(c)異種原子間の結合では，互いの χ が等しくなるように部分電荷 δq が生じると考えた．

1) 下に記した二原子分子の解離エネルギー（単位 kJ mol^{-1}）を用いて，H および Cl の Pauling の χ を求めよ．ただし F の χ は 3.98 とする．また，下線部(a) の平均値は相乗平均を用い（正の実数 x, y の相乗平均は $\sqrt{xy}$ である），1 eV = 96.5 kJ mol^{-1} を用いよ．

H−F 565　　H−Cl 431　　H−H 436　　F−F 155　　Cl−Cl 242

2) 1) で求めた Cl の χ は，F の χ よりも小さいが，電子親和力は Cl の方が F よりも大きい．その理由を簡潔に述べよ．
3) 下線部(b)について，有効核電荷が増大した場合，χ はどのように変化するか．理由とともに答えよ．
4) 式(1・1)，(1・2)の定数 a は Mulliken の χ と等しいことを示せ．
5) 下線部(c)について，HCl 分子における H 原子上の部分電荷 δq を求め，HCl 分子のイオン結合性について説明せよ．ただし，H における定数 a, b はそれぞれ 7.17, 6.42, Cl における定数 a, b は 9.38, 5.65 である．

1・20（2006 年度：名古屋大院工）
次の文はそれぞれ何の説明文か答えよ．
1) 基底状態の気体状分子に電子を付加して，気体状陰イオンを形成するのに必要なエネルギー
2) 基底状態の原子から電子 1 個を取去るのに要するエネルギー
3) 1 個の軌道を占有できる電子は 1 個ないし 2 個に限定され，2 個の場合はスピンの向きは逆平行でなくてはならない．
4) 複数の等エネルギー軌道がある場合，電子は別々の軌道を占有し，スピンの向きは平行になる．

1・21（2007 年度：上智大院理工）
ランタノイド（Ln と略す，下表 1・6 参照）は電子配置上，4f 電子が順次満たされていく系列である．原子番号 57 の La の電子配置は [Xe]$5d^16s^2$ で表される．以下の 1)〜4) の問いに答えよ．

表 1・6

原子番号	57	58	59	60	61	62	63	64	65	66	67	68	69	70	71
元素記号	La	Ce	Pr	Nd	Pm	Sm	Eu	Gd	Tb	Dy	Ho	Er	Tm	Yb	Lu

1) ランタノイドのなかで安定同位体が存在しない元素はどれか．元素記号ならびに元素名（日本語もしくは英語）を答えよ．
2) Ln^{3+} のイオン半径は，原子番号が大きくなるに従い連続的に減少する．この現象は一般に何とよばれるか．日本語もしくは英語で答えよ．
3) 問 2) の現象が見られる理由を，Ln^{3+} の電子配置から説明せよ．
4) ランタノイドの安定な酸化状態は通常 +3 であり，多くのランタノイド化合物は Ln^{3+} のイオン性化合物であるが，Ce は Ce^{4+}，Eu は Eu^{2+} としても安定に存在しうる．この理由を説明せよ．

2. 分子構造

キーワード	出題箇所	キーワード	出題箇所
Lewis 構造	例題 1, 問題 1, 2, 15	VSEPR 則	例題 2, 問題 14, 15, 16
酸化数	問題 3	分子軌道	例題 3, 4, 5, 問題 4, 5, 6, 7, 8, 18, 19, 20, 21, 22, 23, 24, 25, 26
分子構造	例題 2, 問題 10, 11, 12, 13, 14, 15, 16, 17, 26	結合次数	例題 3, 問題 9, 18, 19, 22, 24

[例題 2・1] (2009 年度: 群馬大院工)
次の分子およびイオンの Lewis(ルイス) 構造,ならびに各原子上の形式電荷を例にならって記せ. 1) CO   2) CO_3^{2-} 3) BF_4^- 4) IF_5

例: NO_2^- $:\ddot{O}^0-\overset{..}{N}=\ddot{O}^{-1}:$

[解答]

1) $:C^{-1}\equiv O^{+1}:$

2)
$$\begin{array}{c}:\overset{..}{O}{}^0:\\ \parallel\\ :\ddot{O}^{-1}-C-\ddot{O}^{-1}:\end{array}$$

3)
$$\begin{array}{c}:\ddot{F}{}^0:\\ |\\ :\ddot{F}^0-B^{-1}-\ddot{F}{}^0:\\ |\\ :\ddot{F}{}^0:\end{array}$$

4)
$$\begin{array}{cc}:\ddot{F}{}^0: & :\ddot{F}{}^0:\\ \backslash & /\\ :\ddot{F}{}^0-I-\ddot{F}{}^0:\\ / & \backslash \\ :\ddot{F}{}^0: & :\ddot{F}{}^0:\end{array}$$

[解説] 化合物の Lewis 構造式のつくり方を, NO_2^- を例に説明する.

最初に, NO_2^- イオンの骨格構造には, O−N−O と O−O−N が考えられるが, 一般的に対称性の高い構造をとることが多く, 実際には折れ線形の O−N−O 構造をとる.

$$:\ddot{O}-\overset{..}{N}-\ddot{O}:$$

つぎに, 各原子の価電子を単結合, 多重結合, および孤立電子対に振り分ける. 各原子の価電子数は, その元素の族番号の 1 の位の数字になっている. すなわち, 15 族の窒素と 16 族の酸素の価電子数は, それぞれ 5 と 6 である.

形式電荷は, Lewis 構造をつくるときに, 各原子が電子をいくつ得たり失ったりし

26   2. 分 子 構 造

たかを示す尺度であり,（原子の価電子数）−（孤立電子対を形成している電子数）−（着目している原子がつくる結合数）で計算できる．窒素原子と二重結合を形成している酸素原子では,（原子の価電子数 6）−（孤立電子対を形成している電子数 4）−（着目している原子がつくる結合数 2）となり，形式電荷は 0 となる．一方，窒素原子と単結合を形成している酸素原子では,（原子の価電子数 6）−（孤立電子対を形成している電子数 6）−（着目している原子がつくる結合数 1）となり，形式電荷は −1 となる．

$$:\ddot{O}^0=\ddot{N}^0-\ddot{O}^{-1}:$$

最後に，化合物を構成する原子の形式電荷の総和が，化合物の形式電荷に一致することを確認する．通常，各原子はオクテット則を満足するが，周期表の下の方に位置する元素では，オクテット則を超える電子数をとることもある．

1) CO では，C−O 間に三重結合があり，それぞれの原子に孤立電子対を一つずつ割り当てる．炭素原子および酸素原子の価電子数は，それぞれ 4 と 6 であるので，C と O の形式電荷は，それぞれ −1 および +1 となる．

2) CO_3^{2-} では，中心の炭素原子に三つの酸素原子が結合している骨格構造をとり，一つの二重結合と二つの単結合が形成される．C と二重結合している O に二つの孤立電子対をおき，C と単結合している二つの O に，それぞれ三つの孤立電子対をおく．C と二重結合している O の形式電荷は 0，C と単結合している二つの O の形式電荷は −1 である．

3) BF_4^- では，中心のホウ素原子は，四つの単結合でフッ素原子と結合する．B の価電子数は 3 であり，形式電荷は −1 となる．また，四つの F は，それぞれ三つの孤立電子対をもち，形式電荷は 0 である．

4) IF_5 では，中心のヨウ素原子は五つの単結合と一つの孤立電子対をもち，五つのフッ素原子は，それぞれ単結合一つと三つの孤立電子対をもつ．I と F の形式電荷はともに 0 となる．

[例題 2・2]　（類題　2008 年度：群馬大院工）
原子価殻電子対反発（VSEPR）則を用いて，以下の分子の立体構造を孤立電子対を含めて例にならって記せ．　1) H_2O　2) IF_5　3) BCl_3　4) SCl_4　5) XeF_4

例：NH_3

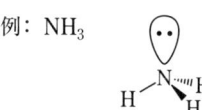

2. 分 子 構 造

[解答]

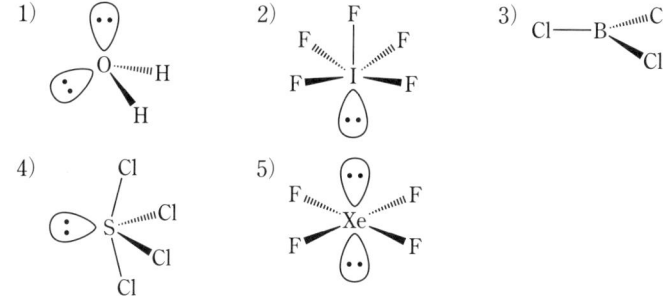

[解説] いくつかの原子が結合して一つの分子が構成され、それぞれの原子の位置関係によりその分子の構造が決まる。それぞれの分子構造はどのようにして決まるのだろうか。

Lewis の考え方によれば、分子中の各原子周りの価電子は、**結合電子対**（bonding pair、以後 bp と略す）か**孤立電子対**（lone pair、以後 lp と略す）のいずれかとなる。これらの電子対の間には互いに電子間反発があるので、この反発が最小になるように、おのおのの電子対は他の電子対からなるべく空間的に離れたところに位置する。中心原子の周りに電子対がいくつあるかによって大枠の立体構造が決まる。結合電子対の数と孤立電子対の数の合計を**占有度**という。

結合電子対(bp)の数 ＋ 孤立電子対(lp)の数 ＝ 占有度

占有度と構造の関係は表 2・1 のとおりとなる。

表 2・1 占有度と構造の関係

占有度	2	3	4	5	6
構造の名称	直線形	平面三角形	四面体形	三方両錐形	八面体形
立体構造	●—	●	●	●	●
結合角（°）	180	120	109.47	90 120 180	90 180

中心原子の周りに二つの電子対を配置させる場合、静電的（立体的）に最も安定となるのは、二つの電子対が中心原子に対して反対側にくる構造（直線構造）である。同様に考えることで、占有度から表 2・1 にあげた構造がだいたい予想できる。占有度

4 の場合は四面体形構造となり，これは防波堤などに使われているテトラポッドの形である．この結合角は，109 度 28 分（≈109.47°）である．占有度 5 から導かれる構造を想像するのは少し難しいかもしれないが，これは三方両錐とよばれており，平面三角形の上下に電子対がある構造である．平面三角形の面内の位置をエクアトリアル位，上下の位置をアキシアル位（あるいはアピカル位）という．エクアトリアル位とアキシアル位では環境が異なるので，その他の構造と比べると特殊な構造であるといえる．

電子対間の反発の大きさの差が，分子の構造に影響する．lp も bp も電子対であるが，二つの原子核の間にある bp と，一方の原子上にある lp では，原子核からの距離が異なり，より近くにある lp の方が他の電子対と強く反発すると考えられる．つまり，lp どうしの反発は bp どうしの反発より大きくなる．電子対間の反発の大きさは次の順序となる．

$$lp と lp \quad > \quad lp と bp \quad > \quad bp と bp$$

占有度と構造の関係，および電子対間の反発の大小により，分子の立体構造が決まるというのが**原子価殻電子対反発（VSEPR）則**である．

与えられた分子の中心原子上に bp と lp がそれぞれいくつ存在するかは，構造を予想する際に重要となる．H_2O 分子の酸素原子には，二つの lp が存在することはよく知られているが，問 2) の IF_5 のヨウ素原子上に lp があるのかないのか，またあるとすればいくつあるのかを判断することは容易ではない．しかし，以下の考え方を利用することで，多くの分子についてその構造が予測できる．

1) H_2O の中心原子は O である．O 上にある孤立電子対（lp）の数は以下のようにして求める．O は 16 族元素であり，価電子数は 6 である（元素の族番号の 1 の位の数字が価電子数となる）．分子式から O には二つの H が結合しているので，6 個の価電子のうち 2 個が結合に使われる．Lewis の考え方によると，価電子は結合電子対か孤立電子対となるので，残りの 4 個の価電子は 2 組の孤立電子対（lp）を形成する．したがって lp の数は 2 となる．よって占有度は 2(bp の数)+2(lp の数)＝4 となり，lp を含めた構造は四面体形となる（図 2・1）．通常，孤立電子対は見えないので，分子の構造を述べる場合は，原子の結合のみに着目し，水分子は折れ線形構造（V 字形構造）となる．

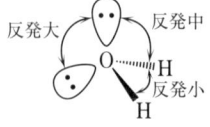

図 2・1

2. 分 子 構 造

VSEPR則を用いると，結合角についてもある程度の予測が可能である．水分子の酸素原子周りは，lpも含め四面体構造となっていて，2対のlpと2対のbpがある．これらの電子対どうしの反発は，lpとlpの間が最も大きく，bpとbpの間が最も小さいため，H-O-H角は正四面体角109.47°よりも小さいことが予測できる．実際に水分子のH-O-H角は104.5°である．このようにVSEPR則を用いると，分子の構造だけでなく，中心原子のまわりの結合角が，ひずみのない構造での角度よりも大きいか小さいかを予測できる．

2) IF_5 の構造を知っている人はあまり多くないかもしれないが，VSEPR則から分子構造が予測できる．この分子はIを中心原子とする分子である．Iは17族の元素なので価電子数は7である．このうち5電子がFとの結合に使われることは分子式から想像できる．したがって，2電子 (7-5) が孤立電子対を形成するのでlpの数は1である．よって占有度は6でlpも含めた構造は八面体形となり，図2・2の構造をとることがわかる．孤立電子対は見えないので，分子構造は四方錐形となる．さらに，lp-bp間の方がbp-bp間よりも反発が大きいので，F-I-Fの角度は，90°よりも小さくなり，この分子の構造は，底面の四つのFが上に少し反り返った四方錐形となる．分子構造だけ見ると，底面にあるFが，上側にあるFに寄っているので奇妙に見えるが，VSEPR則から構造を考えると合理的に理解できる．

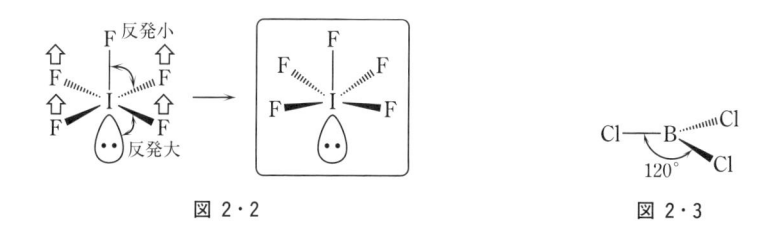

図 2・2

図 2・3

3) BCl_3 は中心原子のBに3個のClが結合した分子である．Bは13族元素なので価電子数は3であり，この3電子がClとの結合に使われるため，孤立電子対はない．よって占有度は3であり，分子構造は平面三角形となる（図2・3）．この分子にはbp-bp間の反発しかないので，Cl-B-Cl角は120°となる．

4) SCl_4 は中心原子のSに4個のClが結合した分子である．Sは16族元素なので価電子数は6であり，このうち4個が結合に使われ，残りの2電子が1対の孤立電子対を形成する．よって占有度は5であり，lpも含めた構造は三方両錐形となるが，lpの占める位置によって2種類の構造が考えられる（図2・4）．一つはlpがアキシアル位を占める構造Iであり，もう一つはlpがエクアトリアル位を占める構造IIである．実際の分子はどちらの構造をとっているかを予測してみよう．この分子内ではlp-bp間

の反発が最も大きい．構造Ⅰでは90°の角度をなすlp-bp間の反発が3箇所あるが，構造Ⅱでは90°の角度をなすlp-bp間の反発が2箇所と120°のlp-bp間の反発が2箇所にある．差し引き，1個の90°でのlp-bp間の反発と，2個の120°でのlp-bp反発のどちらが小さく，安定構造となるかを考えなくてはならない．結論からいうと，構造Ⅱの方が安定である．静電反発は（立体反発も同様であるが）ある程度近づくことで初めて起こる現象であり，120°も離れてしまうと，その効果はほとんど無視できる．構造Ⅱにおいて，lp-bp間の反発が最も大きいので，この分子ではそれを緩和するために，アキシアル位の2個のClが，lpと反対側（図2・4では右側）に少し倒れ込んだ構造となる．このような構造を言葉で表現するのは難しいが，ひずんだ四面体形と表現している教科書もある．

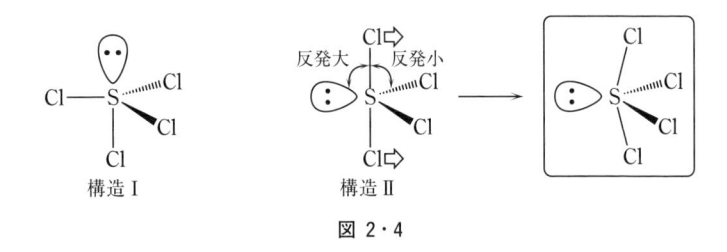

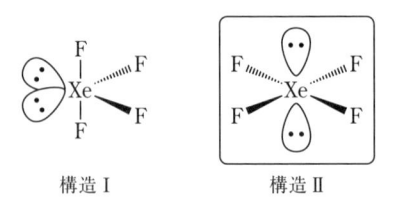

図 2・4

5) XeF_4 は中心原子のXeに4個のFが結合している分子である．通常，希ガス原子は他の原子と結合しないが，この分子は実在する．Xeは18族元素なので，価電子数は8となる．このうち4個がFとの結合に使われ，残りの4電子が2電子ずつ対になり二つの孤立電子対を形成する．したがって占有度は6となり，lpを含めた構造は八面体形となる．この場合も SCl_4 分子同様，二つの構造が考えられる（図2・5）．一つはlpがそれぞれがシス位を占める構造Ⅰであり，もう一つはそれぞれがトランス位を占める構造Ⅱである．最も反発が大きいlp-lp間の角度が構造Ⅰでは90°で見られるのに対して，構造Ⅱでは180°である．したがって構造Ⅱの方が安定であると予測でき，実際にこの分子の構造は平面四角形である．

図 2・5

要点を下記の表にまとめて示す．

	分子	中心原子	結合電子対の数	孤立電子対の数	占有度	孤立電子対を含めた構造	分子の構造
1)	H_2O	O	2	2	4	四面体形	折れ線形 (V字形)
2)	IF_5	I	5	1	6	八面体形	四方錐形
3)	BCl_3	B	3	0	3	平面三角形	平面三角形
4)	SCl_4	S	4	1	5	三方両錐形	ひずんだ四面体形
5)	XeF_4	Xe	4	2	6	八面体形	平面四角形

[**例題 2・3**]　(2007年度：関西学院大院理工)

図 2・6 は Li_2 から F_2 までの等核二原子分子において，2s 軌道と 2p 軌道よりなる分子軌道のエネルギー準位を模式的に示したものである．以下の問いに答えよ．

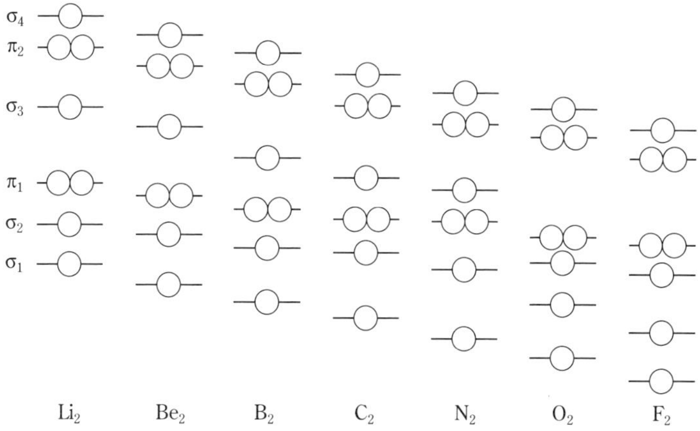

図 2・6

1) 基底状態でこれらの準位を占有する電子を図中に↑または↓の矢印で記入せよ．ただし，↑は上向きのスピンの電子，↓は下向きのスピンの電子を表すものとする．

2) 図 2・7 は N_2 分子について，$\sigma_1 \sim \sigma_4$, π_1, π_2 に対応する分子軌道を実際に計算し，等高線図を書いたものである．それぞれ対応する軌道を $\sigma_1 \sim \sigma_4$, π_1, π_2

の記号で記入せよ．また，これらの分子軌道は，(a) 結合性，(b) 反結合性，(c) 非結合性のうちどれか．

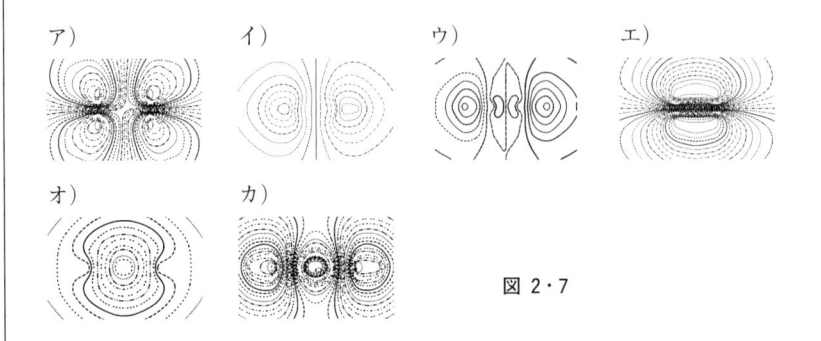

ア）　イ）　ウ）　エ）

オ）　カ）

図 2・7

3) Li_2 から F_2 までの等核二原子分子の結合次数をそれぞれ求めよ．
4) これらの分子のうち安定に存在しないものはどれか．
5) これらの分子のうち結合距離が最大のものはどれか．
6) これらの分子のうち結合距離が最小のものはどれか．
7) これらの分子のうち結合エネルギーが最大のものはどれか．
8) N_2 と N_2^+ イオンでは結合が強いのはどちらか．またその理由を簡潔に説明せよ．
9) O_2 と O_2^+ イオンでは結合が強いのはどちらか．またその理由を簡潔に説明せよ．

[解答]
1)

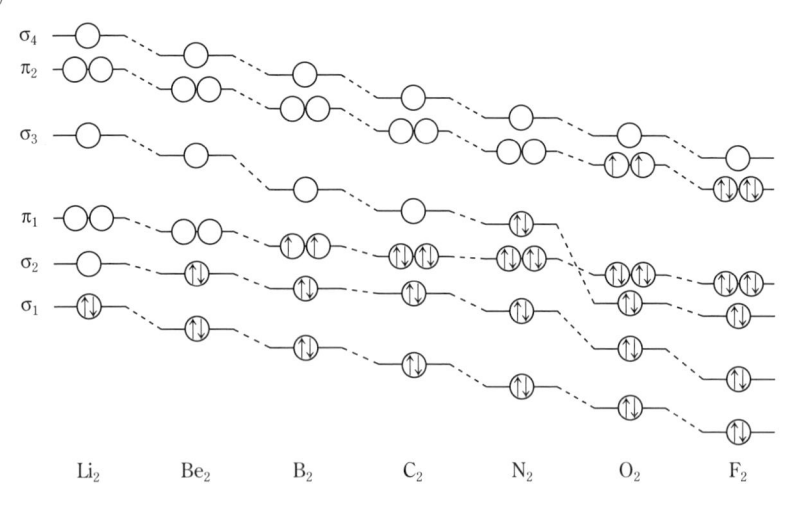

2. 分子構造

2) ア) π_2, b　　イ) σ_2, b　　ウ) σ_4, b　　エ) π_1, a
   オ) σ_1, a　　カ) σ_3, a

3) Li_2: 1　　Be_2: 0　　B_2: 1　　C_2: 2　　N_2: 3　　O_2: 2　　F_2: 1

4) Be_2　　5) Li_2　　6) N_2　　7) N_2

8) N_2. N_2^+ イオンは，N_2 分子の結合性軌道 σ_3 から電子が1個抜けたものなので，結合次数が2.5に小さくなり，結合は弱くなる．

9) O_2^+. O_2^+ イオンは，O_2 分子の反結合性軌道 π_2 から電子が1個抜けたものなので，結合次数が2.5に大きくなり，結合は強くなる．

[**解説**]　二原子分子を，分子軌道理論を用いて定性的に理解してみよう．

　原子や分子中の電子は，軌道に収容される．原子の場合は用いる軌道が s, p, d, f 軌道（原子軌道）に限定されているので，この四つの軌道を理解しておけば事足りるのに対して，分子の場合は個々の分子がそれ独自の軌道（分子軌道）をもつ．つまり分子軌道は星の数ほどあることになり，分子の軌道を正確に理解することは不可能となる．そこで登場したのが**分子軌道理論**である．分子軌道理論では，分子を構成する原子の原子軌道を線形結合させて分子軌道を近似的に表そうという方法である．たとえば A–B 分子の分子軌道 ψ は原子 A の原子軌道（ϕ_A）と原子 B の原子軌道（ϕ_B）の線形結合で以下のように近似的に表すことができるという考え方である．

$$\psi = a\,\phi_A + b\,\phi_B \qquad (a, b \text{ は係数})$$

　まずは同核二原子分子（A–A）の分子軌道を考える（図2・8a）．原子 A の原子軌道（ϕ_A）どうしが分子軌道をつくり，結合性分子軌道 ψ と反結合性分子軌道 ψ^* が生成する．ϕ_A 原子軌道と結合性分子軌道 ψ とのエネルギー差（E_b）が A–A の結合エネルギーに相当する．

　つぎに異核二原子分子（A–B）について考える（図2・8b）．基本的には同核二原子分子の例と同様だが，原子が異なるために用いる原子軌道のエネルギー準位が異な

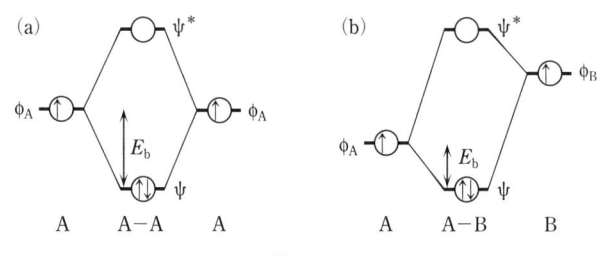

図 2・8

る．生成する分子軌道にはエネルギー準位の近い原子軌道の影響が色濃く反映される．図の場合では，結合性分子軌道（ψ）は ϕ_A の影響を強く受け，反結合性分子軌道（ψ*）は ϕ_B の影響を強く受ける．

原子軌道から分子軌道をつくる場合に，以下の点に注意する必要がある．

① 軌道の対称性が合うものどうしが分子軌道をつくることができる．別のいい方をすると，対称性の合わない軌道どうしで分子軌道をつくることはできない．
② エネルギー準位が近い原子軌道どうしが分子軌道をつくった方が，大きな安定化が得られる．

以上を参考にして，周期表第 2 周期の元素の Li から F までの等核二原子分子の分子軌道について考える．まずは F_2 分子について考える．

F 原子の価電子の電子配置は $2s^2 2p^5$ である．今，F_2 分子の F−F 結合軸を z 軸とすると，一方の F 原子の 2s 軌道と対称性の合うもう一方の F 原子の原子軌道は 2s 軌道と $2p_z$ 軌道である．F 原子の 2s 軌道と 2p 軌道のエネルギー準位差はかなり大きいので，2s 軌道と 2p 軌道がつくる分子軌道の寄与は実質的には無視できることになる．したがって，2s 軌道は相手原子の 2s 軌道との σ 対称性分子軌道のみを考えればよいことになる．$2p_z$ 軌道は相手原子の $2p_z$ 軌道と σ 対称性分子軌道をつくることができる．また，$2p_x$ 軌道と $2p_y$ 軌道は相手原子の $2p_x$ 軌道と $2p_y$ 軌道とそれぞれ π 対称性分子軌

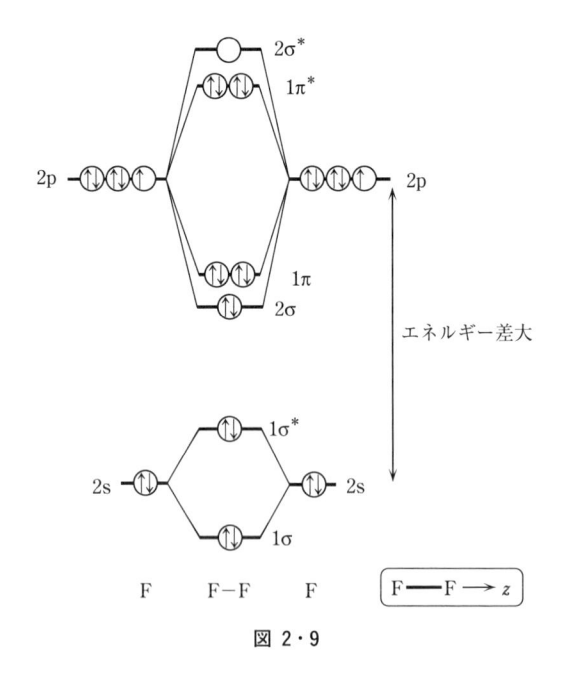

図 2・9

2. 分 子 構 造

道をつくる．この二つの π 対称性分子軌道は同じエネルギー準位にある（縮重している）．上で述べたいずれの場合も，結合性分子軌道ができると，それに対応する反結合性分子軌道ができる．また，π 対称性軌道どうしの重なりは σ 対称性軌道の重なりよりも悪いので，π 対称性分子軌道をつくったときの安定化および不安定化は σ 対称性分子軌道のものより悪くなる．このようにしてできた F_2 分子の分子軌道を図 2・9 に示す．

つぎに Li_2 分子について考える．先にも述べたが，対称性の観点からは，2s 軌道は 2s 軌道とも $2p_z$ 軌道とも分子軌道をつくることができる．F 原子の場合は 2s 軌道と 2p 軌道がエネルギー差が大きかったので 2s 軌道と 2p 軌道の相互作用は無視できたが，Li 原子の場合はエネルギー差は小さいので，この相互作用は無視できなくなる．つまり，2s 軌道は相手原子の 2s 軌道とも，また $2p_z$ 軌道とも相互作用する．その結果できる分子軌道の説明は少々複雑となるので結果だけを図 2・10 に示す．図 2・10(a) が 2s 軌道と $2p_z$ 軌道の相互作用がない場合であるが，これに 2s 軌道と $2p_z$ 軌道の相互作用が加わると 1σ 軌道と 1σ* 軌道が低下し，2σ 軌道と 2σ* 軌道が上昇する．その結果，2σ 軌道と 1π 軌道の準位が逆転する（図 2・10 b）．Li 原子の価電子の電子配置は $2s^1$ であるので，Li_2 の分子軌道の 1σ 軌道に 2 電子が入ることになる．

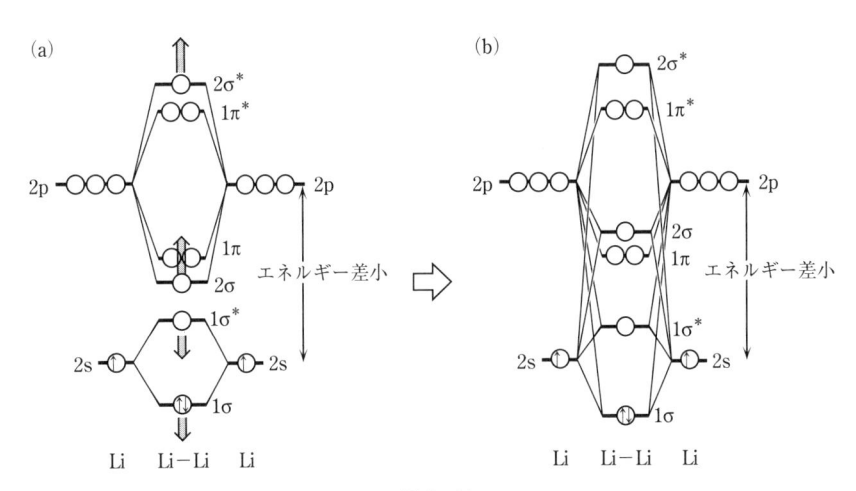

図 2・10

電子が収容された分子軌道が描けると，その分子の結合次数が求められる．結合性分子軌道に電子が入ると系が安定化し結合生成に有利に働く．逆に反結合性分子軌道に電子が入ると系が不安定化し結合生成に不利に働く．**結合次数**は以下の式で求められ

る．これより，F_2 分子の F–F 結合次数は 1，Li_2 分子の Li–Li 結合次数も 1 となる．

$$結合次数 = \frac{結合性分子軌道中の電子数 - 反結合性分子軌道中の電子数}{2}$$

周期表第 2 周期の等核二原子分子の分子軌道に電子を詰めていく場合，2σ 軌道の方が 1π 軌道よりも安定である F_2 型の分子軌道（図 2・11 の四角枠で囲った部分）となるか，2σ 軌道の方が 1π 軌道よりも不安定である Li_2 型の分子軌道となるかは重要である．つまり，2s 軌道と $2p_z$ 軌道のエネルギー差が重要となる．Li から Ne までの 2s 軌道と 2p 軌道のエネルギー変化の様子を図 2・12 に示す．原子番号が大きくなるにつれて 2s 軌道と 2p 軌道のエネルギー差が増大していき，そのため 2s 軌道と 2p 軌道

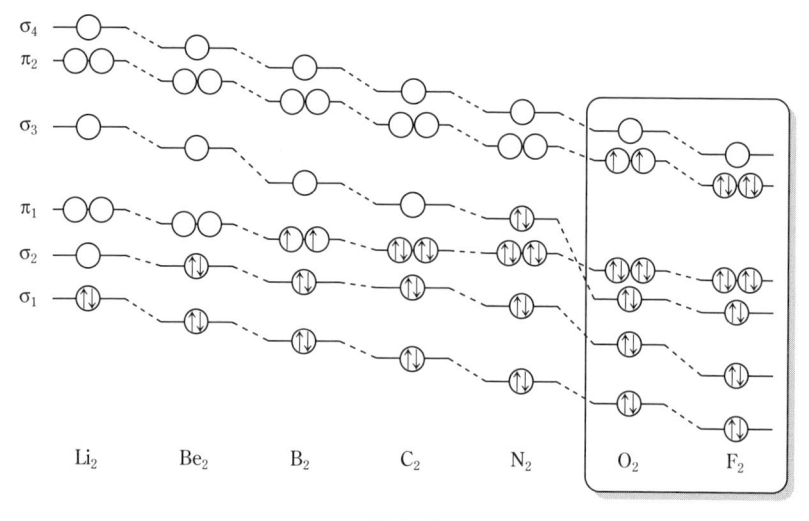

図 2・11

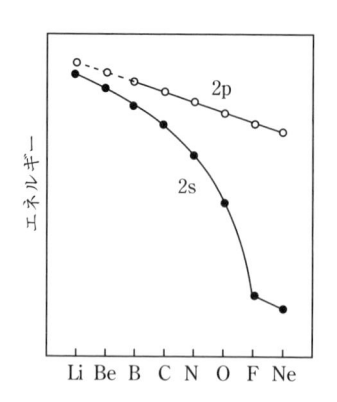

図 2・12

2. 分 子 構 造

の相互作用があまり問題とならなくなる．結果からみると，F_2 型と Li_2 型の境目は N_2 と O_2 の間になる．この点を押さえておくと，周期表第 2 周期の等核二原子分子については統一的に理解できる．

 1) Li 原子は 2s 軌道に 1 電子をもつので，Li_2 の分子軌道には 2 電子が収容される．同様に Be_2 では 4 電子，B_2 では 6 電子というように，電子をエネルギーの安定な軌道から順に入れていく（図 2・11）．

 2) 各分子軌道をつくる分子軌道の組合わせと，それぞれの分子軌道の節面は表 2・2 のとおりである．これらの分子軌道と等高線図のそれぞれの節面の位置が一致することを手がかりにして対応させる．

表 2・2

軌道の相互作用	分子軌道	原子軌道の組	節 面	分子軌道の等高線図
	σ_4 反結合性	$2p_z - 2p_z$		ウ
	π_2 反結合性	$2p_x - 2p_x$ $2p_y - 2p_y$		ア
	σ_3 結合性	$2p_z + 2p_z$		カ
	π_1 結合性	$2p_x + 2p_x$ $2p_y + 2p_y$		エ
	σ_2 反結合性	$2s - 2s$		イ
	σ_1 結合性	$2s + 2s$		オ

 3) Li_2: 1　$(2-0)/2 = 1$　　N_2: 3　$(8-2)/2 = 3$
　　Be_2: 0　$(2-2)/2 = 0$　　O_2: 2　$(8-4)/2 = 2$
　　B_2: 1　$(4-2)/2 = 1$　　F_2: 1　$(8-6)/2 = 1$
　　C_2: 2　$(6-2)/2 = 2$

 4) Be_2: この分子の Be−Be 結合次数は 0 となるので，安定には存在しない．

 5) Li_2: 結合次数が増すと結合距離は短くなる．また周期表で右に行くほど原子半径は小さくなる．以上を考慮すると，単結合をもち周期表の左に位置する Li_2 の結合距離が最大となる．

6) N_2: N_2分子は三重結合をもつので,最小の結合距離となる.

7) N_2: 結合性分子軌道に収容している電子数と反結合性分子軌道に収容している電子数の差が一番大きいため.言い換えると多重結合性が一番大きいため.

8) N_2: N_2^+イオンは,N_2分子の結合性軌道σ_3から電子が1個抜けたものなので,結合次数が2.5に小さくなり,結合は弱くなる.

9) O_2^+: O_2^+イオンは,O_2分子の反結合性軌道π_2から電子が1個抜けたものなので,結合次数が2.5に大きくなり,結合は強くなる.

[例題 2・4] (2010年度:名古屋大院工)
HFの基底状態の分子軌道と電子配置を下図のHとFの間に描き,原子軌道との相関,結合性,反結合性軌道などの種類も示せ.孤立電子対の軌道を丸で囲み,明示せよ.

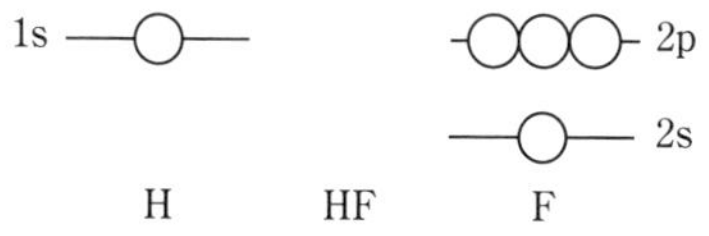

[解 答]

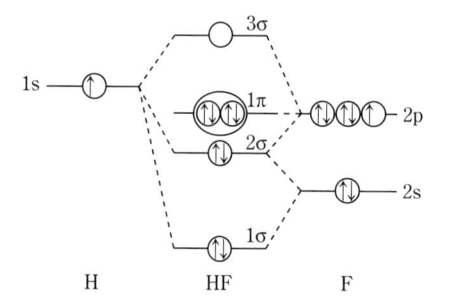

[解 説] HF分子の結合軸をz軸とすると,HFの分子軌道をつくる原子価軌道は,H原子の1s軌道とF原子の2sおよび$2p_z$軌道である.H原子の1s軌道とF原子の2sおよび$2p_z$軌道の相互作用により,HF分子の三つのσ軌道が生じる.このうち1σ軌道は結合性軌道,3σ軌道は反結合性軌道となる.2σ軌道は,H原子の1s軌道とF原子の2s軌道の反結合的な相互作用およびH原子の1s軌道とF原子の$2p_z$軌道の結合的な相互作用により,ほぼ非結合性となる.F原子の$2p_x$および$2p_y$軌道と相互作用できる対称性をもつ原子価軌道がH原子にはないので,これらの軌道は,エネルギー準位に変化がなくそのまま残って,二つの1π軌道となり,これらの軌道に入る電子対が孤立電子対となる.

[例題 2・5] (2007 年度: 大阪大院理)
2 個の水素原子 H と第 2 周期の原子 A からなる三原子分子 AH_2 の分子軌道のエネルギー (ε) は,結合角∠HAH(θ) に対して,図 2・13 のように変化する.分子は yz 平面にあり,各分子軌道を構成する原子軌道を,丸(H の 1s 軌道と A の 2s 軌道)と水滴型の組合わせ(A の 2p 軌道)で表している.影付きと白抜きは,波動関数の符号の違いを示す.分子軌道を,エネルギーの低い順に ϕ_{2s}, ϕ_a, ϕ_b, ϕ_{2p_x} と記す.結合角が 90°の場合,ϕ_a と ϕ_b では,A(2p) と H(1s) が 45°方向から結合的に重なる(ϕ_a では A($2p_y$) と H(1s),ϕ_b では A($2p_z$) と H(1s))のでエネルギー的に近い.結合角 θ が 90°より大きくなると,H(1s) との重なりは,A($2p_y$) は増加し,A($2p_z$) は減少する.このため θ が大きくなるに従い,ϕ_a はエネルギー的に安定化し,ϕ_b は不安定化する.ϕ_b のエネルギー変化は ϕ_a の変化より急激である.次の問いに答えよ.

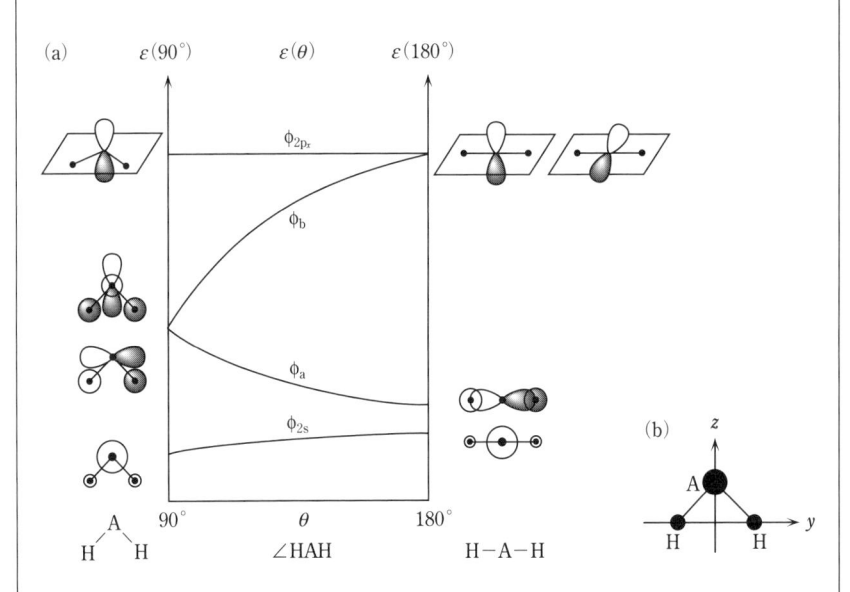

図 2・13 三原子分子の分子軌道の構成とエネルギー (a), および原子配置図 (b)

1) ϕ_{2p_x} 軌道のエネルギーが結合角 θ で変化しない理由を説明せよ.
2) BeH_2 が直線となる理由を図に基づいて説明せよ.
3) H_2O と NH_2 はともに非直線分子であり,結合角は,それぞれ 104.5°,103.4°である.両者の結合角が近い値である理由を図に基づいて説明せよ.

[解 答]

1) ϕ_{2p_x} 軌道では, 折れ曲がった AH_2 の三つの原子を含む平面と原子 A の $2p_x$ 軌道の節面が, 同一平面上にあり, 結合角 $\angle HAH(\theta)$ が変化しても, A の $2p_x$ 軌道と H の 1s 軌道の重なりにまったく変化はない. このため, ϕ_{2p_x} 軌道のエネルギーは結合角 θ に依存しない.

2) BeH_2 分子は, Be 原子から 2 個, また二つの H 原子から 1 個ずつ供給される計 4 個の価電子をもっている. この 4 個の価電子は, 低エネルギー側の二つの分子軌道 ϕ_{2s} と ϕ_a に入るので, 直線形の方が全体のエネルギーが低くなる. このため, BeH_2 分子は直線形となる.

3) H_2O 分子と NH_2 分子の価電子数は, それぞれ 8 個と 7 個である. どちらの分子についても, エネルギーに角度依存性のある三つの分子軌道 ϕ_{2s}, ϕ_a, ϕ_b が満たされ, エネルギーに角度依存性のない ϕ_{2p_x} 軌道に H_2O では 2 個, NH_2 では 1 個の電子が入ることになる. このため, これらの分子の結合角が近い値を示す.

問 題

2・1 窒素分子 N_2 と酸素分子 O_2 の Lewis 構造をそれぞれ記せ.

2・2 オゾン分子 O_3 の共鳴について, 極限構造式の Lewis 構造を記せ.

2・3 次の分子およびイオンを構成する各原子の酸化数を記せ.
 1) S_8 2) SO_2 3) NaI 4) $MgBr_2$ 5) PCl_3 6) ClO_4^-
 7) H_2O_2

2・4 s 軌道と s 軌道, s 軌道と p 軌道, p 軌道と p 軌道のそれぞれの組合わせでできる, 結合性 σ 軌道の重なりの様子を図示せよ.

2・5 p 軌道と d 軌道の組合わせでできる π 結合, および δ 結合の結合性軌道の重なりの様子を図示せよ.

2・6 s 軌道と s 軌道, s 軌道と p 軌道, p 軌道と p 軌道のそれぞれの組合わせでできる, 反結合性 σ 軌道の重なりの様子を図示せよ.

2・7 水素分子 H_2 の分子軌道エネルギー準位図を記せ.

2・8 フッ素分子 F_2 の HOMO (最高被占軌道) および LUMO (最低空軌道) の軌道の相互作用の様子を図示せよ.

2・9 (2009 年度: 名古屋大院工・改)
以下の化合物 1), 2) の共鳴について極限構造式を用いて記せ. また, 両イオンにおける各結合の結合次数を計算せよ.
 1) 硝酸イオン   2) チオシアン酸イオン

2. 分 子 構 造

2・10 (2008年度: 名古屋大院理)
下記の分子 1)〜4) について，(a) 立体構造，(b) 対称要素，(c) 点群（Schoenflies記号）を例にならって記せ．　1) ClF_3　2) $Ni(CO)_4$　3) PF_5　4) SF_4

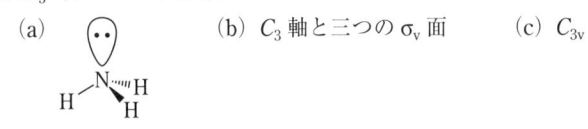

　　例: NH_3（アンモニア分子）
　　　(a) （H-N(:)-H, H の三角錐図）　(b) C_3 軸と三つの σ_v 面　(c) C_{3v}

2・11 (2009年度: 早稲田大院先進理工)
ジボランの構造を答えよ．また，この分子に特徴的な結合について説明せよ．

2・12 (2006年度: 筑波大院数理)
混成軌道に関する以下の問いに答えよ．
1) アセチレンは，炭素原子間に三重結合をもち，H−C−C 角が 180°の直線分子である．このアセチレンの分子構造は，混成原子軌道の概念を導入するとうまく説明できる．炭素原子の電子配置や原子軌道の重なりを示しながら，アセチレンの分子構造を説明せよ．
2) 六フッ化硫黄（SF_6）は八面体構造をとる．硫黄の混成軌道形成から，八面体形六フッ化硫黄の分子構造を説明せよ．また，六フッ化酸素が存在しない理由を述べよ．

2・13 (2008年度: 広島大院理)
アミノボラン $H_2NB(CH_3)_2$ は気体状態では単量体と二量体の平衡にあることが知られている．以下の問 1)〜4) に答えよ．
1) この分子の単量体の構造を，N と B がともにオクテット則を満たすように，また，B と N まわりの立体構造（混成）とそれらがもつ形式電荷が明確になるように，図示せよ．
2) この単量体と完全に等電子である，つまり全電子数や全原子数が同じである分子で，存在可能なこれ以外のものを一つあげて，その構造を 1) と同じように図示せよ．
3) 考えられる $H_2NB(CH_3)_2$ の二量体の構造を，1) と同じように図示せよ．
4) この分子と関連した化合物に F_2B-BF_2 がある．F_2B-BF_2 の分子構造を 1) と同じように図示し，F_2B-BF_2 と完全に等電子であり，存在可能なこれ以外の化合物（イオンを含む）を一つあげてその構造を同じように図示せよ．

2・14 (2009年度: 東京理科大院総合化学)
次の分子 1)〜10) の構造異性体も含めた最も安定な立体構造を，孤立電子対も含めてそれぞれ記せ．
　1) H_2O　2) NH_3　3) SO_3　4) PCl_5　5) ICl_2^-
　6) ICl_4^-　7) SOF_4　8) XeO_3　9) XeF_2　10) SeF_6^{2-}

2・15 (2008年度: 東北大院理)

次の分子 1)～3)について，おのおの括弧内の注意事項に従って Lewis 構造を描け．ついで，分子 2)および 3)について，原子価殻電子対反発（VSEPR）理論に基づいておのおのの分子の基底状態での形を推定し，最も近い形を下の枠の中から選んで答えよ．推定の根拠も簡潔に記せ．

1) CO （すべての原子がオクテット則を満たす）
2) SO_3 （すべての原子がオクテット則を満たす）
3) ClF_3 （中央の原子 Cl だけがオクテット則を満たさない）

| 直線形 | 正三角形 | 三方錐形 | 折れ線形 | T字形 |

2・16 (2007年度: 北海道大院理)

次の分子の構造を例にならって示せ．さらに，これらの分子を結合角の小さい順に記号で並べよ．ただし，それぞれの分子は孤立状態にあるものとする．

1) $BeCl_2$ 2) BF_3 3) H_2O 4) NH_3

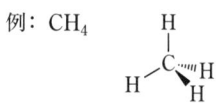

例: CH_4

2・17 (2009年度: 関西大院工)

通称，五酸化二リン，三酸化二リンとよばれる化合物は，実際は通称そのままの構造ではない．実際の分子構造を，立体構造もわかるようにそれぞれ図示せよ．

2・18 (2009年度 九州大院理, 類題: 2009, 2010, 2011 年度 大阪市立大院理, 2008年度 早稲田大院先進理工, 2006 年度 関西大院工, 2006 年度 大阪府立大院理, 2006年度 東京工業大院総合理工, 2009 年度 筑波大院数理, 2007 年度 関西学院大院理工 ほか)

1) O_2 の基底状態の分子軌道のエネルギー準位図を示せ．
2) 1)の分子軌道のエネルギー準位図を参考にして，O_2^+，O_2，O_2^-，O_2^{2-} のそれぞれについて，結合次数と不対電子数を書け．また，これらのなかで磁性をもつものを記せ．

2・19 (2009年度: 上智大院理工)

図2・14 の等核二原子分子のエネルギー準位を参考にして，以下の問 1)～5)に答えよ．ただし，図は N_2 分子より分子量の大きい分子の準位であり，N_2 までは，π_{2p_y}，π_{2p_z} の方が σ_{2p_x} よりエネルギーが低い．すべて基底状態を考えること．

1) 図2・14のエネルギー準位となる分子の結合軸は x, y, z 軸のどの軸と一致しているか．またそれはどうしてわかるか．

2) H$_2$〜Ne$_2$ のうちで，不対電子を二つもつものを列挙せよ．
3) H$_2$〜Ne$_2$ のうちで，結合次数が 2 となるものを列挙せよ．
4) O 原子と O$_2$ 分子とでは，どちらの第一イオン化エネルギーが大きいと予想されるか．理由を付して答えよ．
5) O$_2$ 分子，O$_2^+$ イオン，O$_2^-$ イオン，O$_2^{2-}$ イオンを，O−O 結合距離の短い順に並べよ．また，そのように並べた理由を説明せよ．

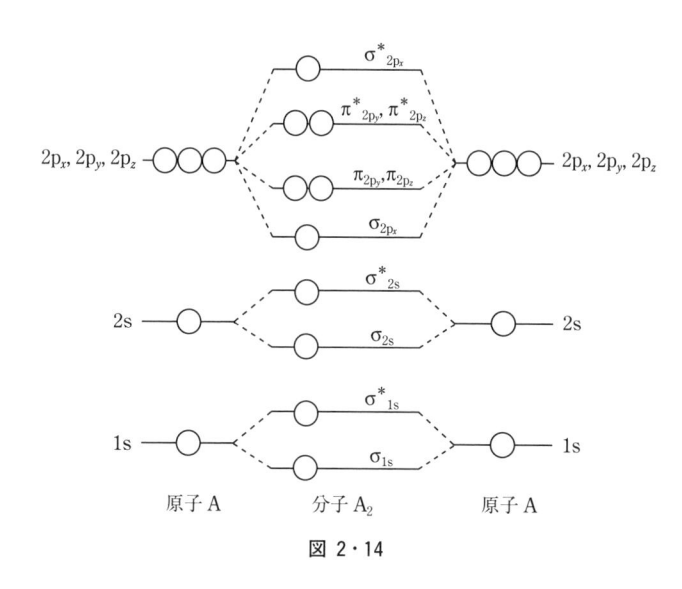

図 2·14

2·20 (2007 年度: 大阪府立大院理)
第 1 周期元素からなる二原子分子に関する以下の問いに答えよ．
1) H$_2$ は常温，常圧下では熱的に安定な分子として存在する．一方，He$_2$ は同様の条件下ではきわめて不安定であり，速やかに He 原子へと解離してしまう．これら 2 種類の分子の安定性が著しく異なるという実験事実は，分子軌道という観点からどのように理解することができるだろうか．H$_2$ と He$_2$ のおのおのについて，以下の ①〜③ を示したうえで記せ．
    ① 分子軌道の定性的なエネルギー準位　　② 基底状態における電子配置
    ③ 原子軌道の重なりの様子
2) He 原子が光を吸収して，(1s)^1(2s)^1 の電子配置の状態 (ここでは He* と表すことにする) に励起されると，他の He 原子との間に弱い結合を形成して HeHe* という二原子分子が生成する．この実験事実は分子軌道の観点からどのように理解することができるだろうか．HeHe* について上記 ①〜③ を示したうえで記せ．

2・21 (2010 年度: 北海道大院理)
CO の分子軌道エネルギー準位図を描き,HOMO と LUMO を示せ.

2・22 (2008 年度: 名古屋大院工)
窒素と酸素の 2s および 2p 軌道から形成される一酸化窒素(NO)の分子軌道における電子配置を $(\sigma_1)^2(\sigma_2)^2(\sigma_3)^2(\pi_1)^4(\pi_2)^1$ で表すとき,次の問いに答えよ.
1) 反結合性軌道をすべて示せ.
2) NO,NO^+,NO^- のそれぞれの結合次数を求めよ.
3) 2)の三つの化合物のなかから常磁性の化合物をすべて示せ.
4) F_2^+ と等電子構造となる NO のイオンの化学式を示せ.

2・23 (2007 年度: 神戸大院理)
HF 分子のような異核二原子分子では,結合性軌道に主として寄与する原子軌道は電気陰性度の大きい方の原子の原子軌道か,小さい方の原子の原子軌道か,どちらであると考えられるか.HF 分子の分子軌道エネルギー準位図を描き,その図をもとに説明せよ.

2・24 (2008 年度: 東京大院理)
一フッ化窒素 NF はアルゴンマトリックス中,温度 4 K で FN_3 を光分解して得られる準安定な二原子分子である.この分子について以下の問いに答えよ.
1) N および F の 2s, 2p 原子軌道との関係とそれらのエネルギーの高低を示しながら,NF の分子軌道エネルギー準位図を図示せよ.(書き方は図 2・15 の H_2 の場合を参照せよ)

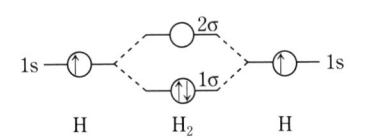

図 2・15 水素分子の分子軌道エネルギー準位図

2) N と F の結合次数はいくつか.理由を付けて答えよ.
3) NF 分子の基底状態には不対電子は何個あるか,またそれは何重項状態かを答えよ.

2・25 (2007 年: 北海道大院理)
OH,OH^- および OH^{2-} の電子配置について考える.以下の問いに答えよ.
1) H_2 分子の例にならって,OH の分子軌道のエネルギー準位図を書き,電子配置と各軌道の記号も記入せよ.ただし,O と H の原子軌道のエネルギーは,$E_{H1s} =$

-13.6 eV, $E_{O1s} = -562$ eV, $E_{O2s} = -33.9$ eV, $E_{O2p} = -17.2$ eV とする.

例

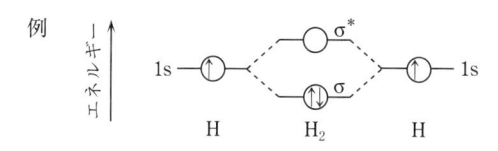

[エネルギー図: 1s(H) — σ/σ* — 1s(H), H₂]

2) OH^- と OH の結合距離はほとんど変わらないのに対し,OH^{2-} と OH^- の結合距離は大きく変わると予測される. その理由を述べよ.

2・26 (2007年度：東京工業大院工)

水分子の構造に関する以下の問いに答えよ.

1) 水分子の構造は下図のようである. 水分子が対称となる鏡映面および角度 π の (C_2) 回転軸を,図中にそれぞれ描け. 鏡映面および回転軸は存在するものすべてを描くこと.

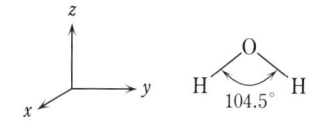

[水分子の構造図: H-O-H 角度 104.5°, xyz座標軸]

2) 水分子の基準振動のうちで,問 1) のいずれの鏡映操作および C_2 回転操作についても対称なモードが存在する. (a)～(c) のいずれのモードか答えよ.

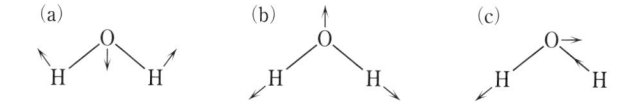

(a)　(b)　(c)

[3つの振動モード図]

3) 水分子は双極子モーメントをもつ. その方向を水分子の構造図中に矢印で示せ.
4) 水分子の並進,回転,振動の自由度はそれぞれいくらか,記せ.
5) BeH_2 分子は直線形構造をとる. ベリリウム原子の 2s, $2p_x$, $2p_y$, $2p_z$ 軌道と 2 個の水素原子の 1s 軌道との一次結合から図 2・16 のような分子軌道が考えられる. ここで,どの分子軌道まで電子が占有されているか描け.
6) 問 5) で,H 1s 軌道と安定化軌道を形成しているのは Be $2p_x$, $2p_y$, $2p_z$ 軌道のいずれかを記せ.
7) BeH_2 の場合と同様にして,水分子の分子軌道を考える. 実際の水分子についての H−O−H 角では,BeH_2 分子の場合にみられた二つの非結合性軌道のうちの一つは 2 個の水素原子の 1s 軌道と重なり,安定化し始める. 水分子について,分子軌道の概略を描き,どの分子軌道まで電子が占有されるか書け.
8) 問 7) を参考に,水分子が折れ曲がっている理由を簡潔に説明せよ.

46　　　　　　　　　2. 分 子 構 造

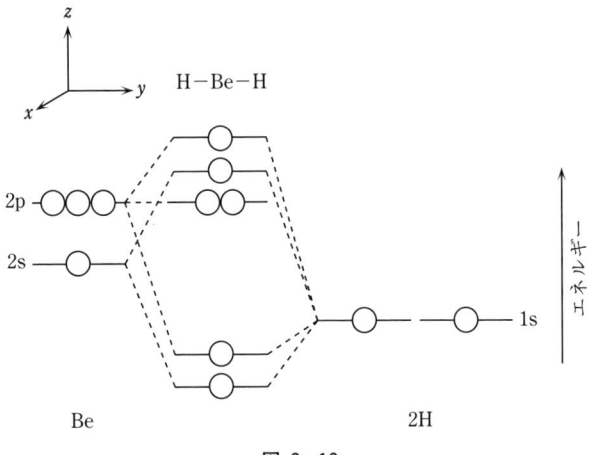

図 2・16

3. 固 体 構 造

キーワード	出題箇所	キーワード	出題箇所
密　度	例題1, 問題3, 9, 11	バンド構造	例題7
最密充填構造	例題1, 2, 3, 問題2, 10	X線回折	例題8, 問題1, 21, 22
イオン結晶	例題3, 4, 問題4, 5, 6, 10, 12, 13, 14, 15, 16, 17	構造因子	例題8, 問題8, 22
格子エネルギー	例題5, 6, 問題7, 18, 19, 20		

[例題 3・1]　（2006年度：北海道大院理）
金属の構造に関する以下の問1)～3)に答えよ.
1) 多くの金属は最密充填構造をとる. この構造には2種類あるが, その違いを記せ.
2) 銅は上記最密充填構造のいずれかの構造をとる.
   (a) ある原子に注目したとき, その最近接に位置する原子の数を答えよ.
   (b) 単位格子中に含まれる原子数を答えよ.
   (c) 格子定数は3.61Åである. 銅の原子半径を求めよ.
   (d) 金属原子の空間占有率は何%か求めよ.
3) ナトリウムは最密充填構造をとらず, 体心立方構造をとる.
   (a) 単位格子を描け.
   (b) 最近接原子数を答えよ.
   (c) 単位格子中に含まれる原子数を答えよ.
   (d) 格子定数は4.28Åであり, 密度は0.971 g cm^{-3}である. 原子1個の質量（単位 g）を有効数字2桁で求めよ.

[解　答]　1) 解説を参照.
2) (a) 12　　(b) 4　　(c) 1.28Å　　(d) 74 %
3) (a) 解説を参照.　(b) 8　　(c) 2　　(d) 3.81×10^{-23} g

[解説] 簡単な固体の構造では，原子・イオンを剛体球として表し，その並び方を分類する．金属では，原子どうしが金属結合により結びついて規則正しく配列し，その多くが最密充塡構造とよばれる幾何学的に最も密となる配置をとる．平面上に球を並べた最密充塡層が上下に重なり合って三次元構造ができるが，第1層（Aの並び方）の上の第2層（Bの並び方）の原子は第1層の原子のつくる すきま(間隙)の上に位置する（図3・1）．2層目までの並べ方は1通りしかない（図3・1a）が，第3層の原子には2通りの並び方がある．一つは第3層目の原子が第1層目の原子と同じ位置になる場合（Aの並び方）であり（図3・1b），もう一つは第2層の原子のつくる すきまのうち，第1層の原子とは異なる位置になる場合（Cの並び方）である（図3・1c）．この

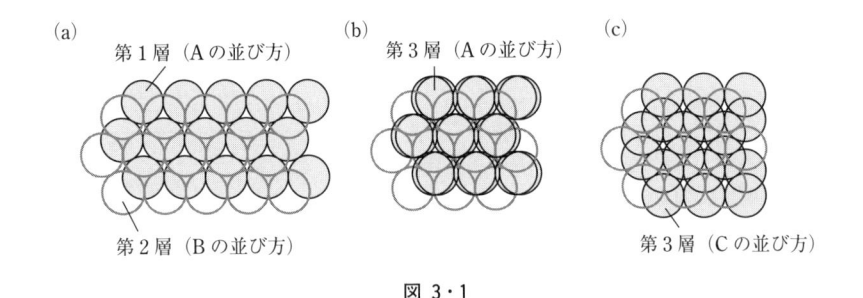

図 3・1

ため，最密充塡構造にはABAB…，ABCABC…，ABCBABCB…，ABACABAC…など多種のタイプ（ポリタイプ，多型）が存在しうる．特に重要な最密充塡構造はABABABと並ぶ**六方最密充塡**（hexagonal closest packing, **hcp**）と，層がABCABCと並ぶ**立方最密充塡**（cubic closest packing, **ccp**）である．両者の違いは層の繰返し方のみで，一つの原子に隣接する原子の数を表す"配位数"はどちらも12，空間占有率（結晶構造中，球の体積の占める割合）は74％となり，これらの値はともにとりうる最大値である．ナトリウムはこれより粗く詰まった体心立方構造をとり，配位数は8で，空間占有率は68％である．立方最密充塡構造は面心立方格子をもつため，最密充塡構造の空間占有率の計算は視覚的に理解しやすい．

2) 銅は立方最密充塡構造であるため，単位格子は面心立方である．

(b) 頂点 $\frac{1}{8} \times 8$ 個 = 1 個，面 $\frac{1}{2} \times 6$ 個 = 3 個，合計 4 個

(c) 面心立方格子の一つの面は正方形で表され，対角線上で球が接する．球の半径を r，格子定数を a とすると $\sqrt{2}a = 4r$ となるため，$r = 1.28$ Å である．

(d) a^3 の体積の格子の中に $(4\pi r^3)/3$ の体積の球が4個入っていることになる．

よって空間占有率は，$\dfrac{4\times 4\pi r^3/3}{\left(\dfrac{4}{\sqrt{2}}r\right)^3}\times 100 = 74\,\%$ である．

3) ナトリウムは体心立方構造であるため，最密充填ではない．

(c) 頂点 $\dfrac{1}{8}\times 8$ 個 $=1$ 個，中心 1 個，合計 2 個

(d) 単位格子 1 個（2 原子分）の質量は体積に密度を掛けて求められる．1 Å（オングストローム）$=10^{-10}\,\text{m}=10^{-8}\,\text{cm}$ であるから，原子 1 個の質量は $3.81\times 10^{-23}\,\text{g}$．

(a) (b)

体心立方格子（$N=2$） 　面心立方格子（$N=4$）

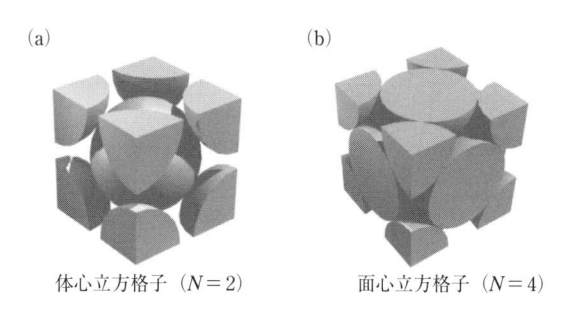

図 3・2

ここまでをまとめると以下のようになる．

充填タイプ	隣接原子数	格子タイプ
六方最密充填（hcp）　ABABAB	12	
立方最密充填（ccp）　ABCABC	12	面心立方格子
最密充填ではない	8	体心立方格子

[**例題 3・2**] （2007 年度：東北大院理）
面心立方構造をもつ単位格子に存在する，(a) 四面体間隙の数，(b) 八面体間隙の数をそれぞれ求めよ．また，面心立方格子を基本格子とするイオン固体が，格子点にある半径 r のイオンと四面体間隙に存在する半径 r_i のイオンから構成されているとする．両者のイオンが接しているとして，(c) r_i/r を有効数字 3 桁で求めよ．

50   3. 固 体 構 造

[解 答] (a) 8 (b) 4 (c) 0.225

[解 説] 原子が最密充填した場合，互いに接する剛体球のすきま（間隙）は2種類存在する．平面上の最密充填層Aの上に最密充填層Bが積み重なった場合，A層の原子の真上とB層の原子の真下に四つの原子に取囲まれた四面体間隙ができ，A・B層どちらも原子の存在しない位置に六つの原子に取囲まれた八面体間隙がある（図3・3）．N個の最密充填した原子からは，$2N$個の四面体間隙（N個は上向きの，N個は下向きの正四面体）とN個の八面体間隙ができる（図3・3）．

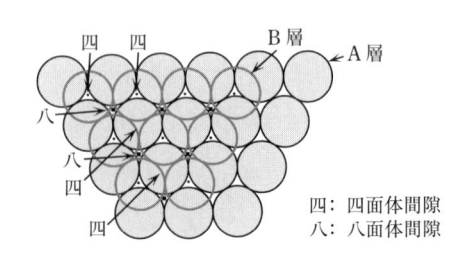

図 3・3

四: 四面体間隙
八: 八面体間隙

陽イオンと陰イオンからできるイオン結晶では，一方のイオンが最密充填型に配置し，その間隙に他方のイオンが位置する構造をしたものが多い．最密充填であるccp構造とhcp構造にできる四面体間隙の数は同じであるが，hcp構造では隣接する上向きの四面体と下向きの四面体は一つの面を共有しているため，両方の四面体間隙が同時に占有されることはない．

面心立方構造は単位格子に四つの原子が含まれるため，四面体間隙は$2N=2×4=8$個存在し，八面体間隙は$N=4$個存在する．

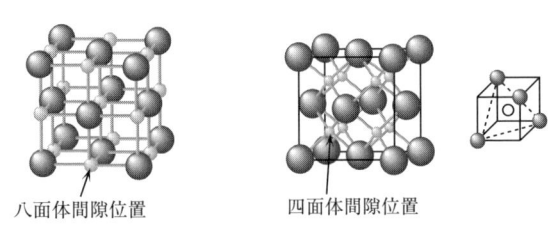

図 3・4

八面体間隙位置   四面体間隙位置

(c) 面心立方格子における四面体間隙と八面体間隙は図3・4の白丸で示す位置に存在する．四面体間隙に入ったイオンが最密充填しているイオンに接するのは，最密充填したイオンのつくる1辺$2r$の正四面体の頂点から重心までの距離が両者のイオ

3. 固 体 構 造　　51

ン半径の和 $(r+r_i)$ に等しい場合である．正四面体をつくる4個の原子は，立方体の8個の頂点のうち半分の位置を占め，正四面体と立方体の重心は一致するので，頂点から重心までの距離は立方体の対角線の半分（面心立方格子の対角線の4分の1）に相当する．面心立方格子の1辺の長さはイオン半径 r を用いて $\dfrac{4r}{\sqrt{2}}$ と表せるため，$\dfrac{4r}{\sqrt{2}} \times \dfrac{\sqrt{3}}{4} = r + r_i$ となる．よって，$r_i/r = 0.225$

[例題 3・3]　(2006 年度：東北大院理)
MX 型塩の結晶構造とイオン半径について以下の問いに答えよ．
 1) イオン結晶の結晶構造を図 3・5 に示す．それぞれ，2 種類の球は陽イオンと陰イオンを示す．(a) から (d) までのそれぞれの結晶構造の型を答えよ．
 2) 剛体球近似で陽イオンと陰イオンが必ず接するとすると，(a) の結晶構造を安定にとりうるイオン半径比 (r_M/r_X) の範囲を有効数字 2 桁で答えよ．
 3) イオン半径比が 2) の範囲より大きい場合には (b) から (d) のどの結晶構造が安定になるか，理由とともに答えよ．

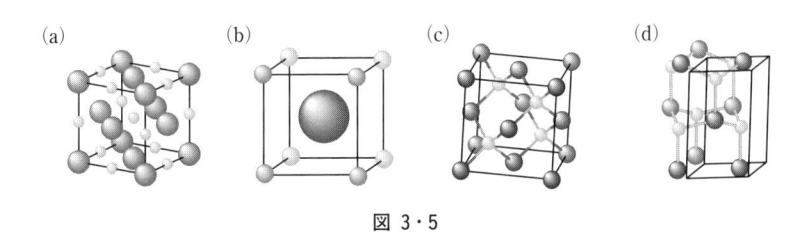

(a)　　(b)　　(c)　　(d)

図 3・5

[解 答]　1) (a) 塩化ナトリウム型　(b) 塩化セシウム型　(c) 閃亜鉛鉱型
(d) ウルツ鉱型
2) 0.41～0.73　3) b．配位数がより大きいため

[解 説]　イオン結晶は反対の電荷をもった陽イオンと陰イオンが Coulomb (クーロン) 力で集まってできる固体である．電子がイオン中に均一に分布しているとすると，陽イオンと陰イオンとの相互作用には方向性がなく，それぞれを正と負の電荷をもつ剛体球として取扱い，それらが互いに積み重なったものとして結晶を記述することができる．陽イオンと陰イオンの電荷やイオン半径の比によってさまざまな結晶構造が得られるが，一方のイオンのみに着目すると最密充填構造になっているものが多く，他方のイ

オンが最密充填構造の間隙のうち，どの位置に存在するかによって異なる結晶構造を与える．

代表的な結晶構造には次のものがある．
a. 塩化ナトリウム（岩塩）型：**NaCl**, KBr, AgCl, AgBr, MgO, CaO, TiO など
b. 塩化セシウム型：**CsCl**, CaS など
c. 閃亜鉛鉱型：**ZnS**, CuCl, CdS, HgS など
d. ウルツ鉱型：**ZnS**, ZnO, MnS, AgI など

また，MX_2 の組成をもつ固体の代表的な結晶構造には次のものがある．
e. 蛍石型：**CaF$_2$**, BaCl$_2$, PbO$_2$ など
f. ルチル型：**TiO$_2$**, MnO$_2$, SnO$_2$ など

通常は大きい方のイオンである陰イオンが立方最密充填（ccp）構造または六方最密充填（hcp）構造に配列し，その間隙位置に陽イオンが入る．最密充填のタイプと間隙への入り方で分類すると表3・1のようになる．

表 3・1

最密充填のタイプ	間隙への入り方	結晶構造
立方最密充填（ccp）	八面体位置	塩化ナトリウム型
	四面体位置（すべて）	蛍石型
	四面体位置（半分）	閃亜鉛鉱型
六方最密充填（hcp）	八面体位置（半分）	ルチル型
	四面体位置（半分）	ウルツ鉱型

塩化セシウム型の陰イオン配置は最密充填ではなく，単純立方格子をつくる．

2) イオン結晶は陽イオンと陰イオンの間の Coulomb 力によってできるため，陽イオンと陰イオンが近接していなければならないが，イオン半径比（$r_\text{小}/r_\text{大}$）が小さくなると，一方のイオンが他方のイオンのつくる間隙の大きさよりも小さくなり，同じ電荷をもつイオンどうしが近接してしまう．逆にイオン半径比が大きくなると，接触するイオンの数が大きな結晶構造をとった方が有利となる（陽イオンは塩化ナトリウム型では6個，塩化セシウム型では8個の塩化物イオンと近接する）．イオン半径比は結晶構造を決定づける大きな要因である．

塩化ナトリウム型の場合，陰イオンの面心立方構造の八面体間隙に陽イオンが位置するが，陰イオンどうしが格子面の対角線上で接触する極限の場合（図3・6）を考えると，$\sqrt{2}(2r_\text{M}+2r_\text{X})=4r_\text{X}$ より $r_\text{M}/r_\text{X}=\sqrt{2}-1=0.414$ であり，これ以上比の値が小さくなる場合には，陽イオンは八面体間隙より小さい四面体間隙に入る．

(a) の塩化ナトリウム型では，各イオンに 6 個の対イオンが配位しているが，(b) の塩化セシウム型では各イオンに 8 個の対イオンが配位している．

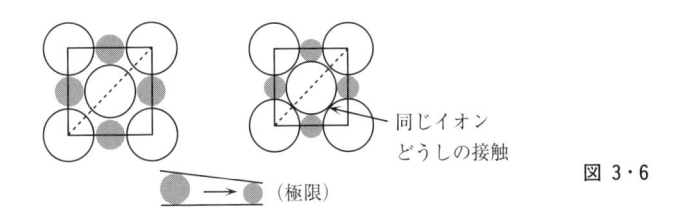

図 3・6

塩化セシウム型の限界は図 3・7 のように立方体を 45°の角度で切断した面の対角線上に陽イオンと陰イオンが接触する状態であるため，$(2r_M + 2r_X) = \sqrt{3} \times 2r_X$ より，$r_M/r_X = \sqrt{3} - 1 = 0.732$ である．したがって，塩化ナトリウム型の構造として存在するのはイオン半径比が 0.41～0.73 の間にある場合である．

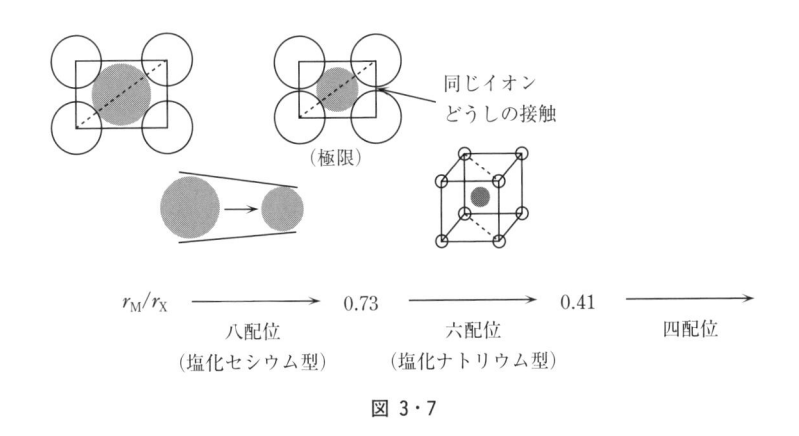

$r_M/r_X \longrightarrow$　　0.73　$\longrightarrow$　　0.41　$\longrightarrow$
　　　　八配位　　　　　　　六配位　　　　　　四配位
　　（塩化セシウム型）　　（塩化ナトリウム型）

図 3・7

3) 上で述べたように，イオン半径比が 0.73 より大きくなると，より配位数の大きな (b) の塩化セシウム型をとる方が有利になる．

[例題 3・4] （2005 年度：兵庫県立大院物質理）
立方晶系のスピネル型構造をとる遷移金属酸化物 AB_2O_4 について，単位格子の断面図（高さ Z 方向に 1/8 ごとに描く）を図 3・8 に示す．図中の A と B の位置を遷移金属イオンが占める．A と B の位置の遷移金属イオンは，酸素イオンによっ

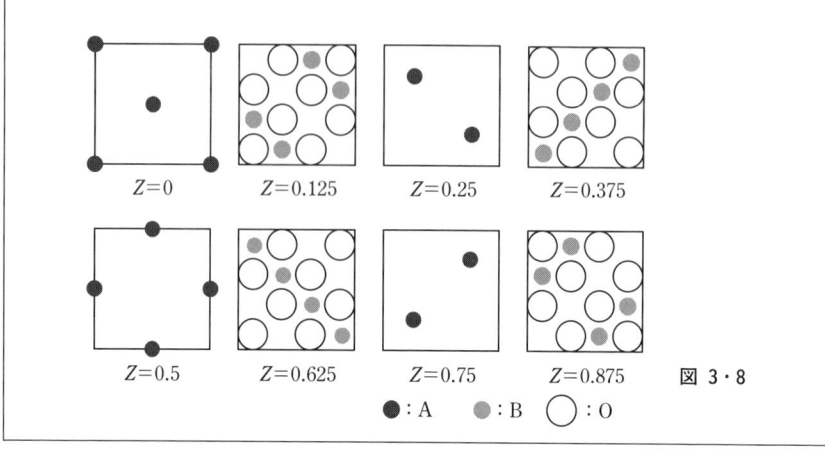

てどのように取囲まれているか，その配位数と形を答えよ．

$Z=0$ $Z=0.125$ $Z=0.25$ $Z=0.375$

$Z=0.5$ $Z=0.625$ $Z=0.75$ $Z=0.875$

●：A　●：B　○：O

図 3・8

[**解 答**]　A：四配位，正四面体　　B：六配位，正八面体

[**解 説**]　$A_aB_bX_n$ のように三つのイオン種（A, B, X）の一定比率からなるイオン結晶では，二成分系に比べて可能な構造は飛躍的に多くなり，構造の予測は困難である．3 成分の酸化物固体に見られる重要な結晶構造に ABO_3 の組成をもつペロブスカイト（灰チタン石）型構造と，AB_2O_4 の組成をもつスピネル（セン晶石）型構造があり，固体化学でよく研究されている．

理想的な形のペロブスカイト型構造は図 3・9(a) に示す立方晶系の構造であり，A の陽イオンが 12 個の O^{2-} イオンに囲まれた最密充填構造をとり，その八面体間隙を B の陽イオンが占めているとみなすことができる．したがって A の位置には一般に Ba^{2+} や La^{3+} など相対的に電荷が低く，イオン半径の大きなイオンが占めることが多く，B の位置には Fe^{3+}，Ti^{4+}，Nb^{5+} のように電荷が高く，イオン半径の小さなイオンが占めることが多い．酸化物では A と B の電荷の和が +6 になる組合わせになる必要がある．鉱物である灰チタン石の組成は $CaTiO_3$ である．実際の鉱物は理想的な原子位置からずれ，正方晶や斜方晶となっているものが多い．

スピネル型酸化物は AB_2O_4 の組成をもち，代表的なセン晶石の組成は $MgAl_2O_4$ である．O^{2-} は立方最密充填（ccp）配置をとり，A イオンは四面体間隙の 1/8 を占め，B イオンが八面体間隙の半数を占める．Co_3O_4 や Fe_3O_4 のように二元系の結晶では，$Fe^{2+}[Fe^{3+}]_2O_4$ のように，異なる酸化数のイオンが A の位置と B の位置に分かれて入った構造をとる（図 3・9b）．

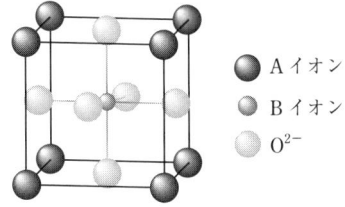

(a) ペロブスカイト型構造（ABO₃）　(b) スピネル型構造（FeAl₂O₄）

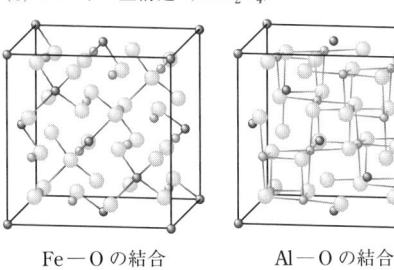

● Aイオン
○ Bイオン
○ O²⁻

Fe－O の結合　　Al－O の結合

図 3・9　ペロブスカイト型 (a) とスピネル型 (b) の結晶構造

[例題 3・5]　（2006 年度: 名古屋大院工・一部改変）
塩化カリウムの生成エンタルピーは $-437\,\mathrm{kJ\,mol^{-1}}$, カリウムの昇華エンタルピーおよびイオン化エネルギーは, それぞれ $89\,\mathrm{kJ\,mol^{-1}}$ および $418\,\mathrm{kJ\,mol^{-1}}$, 塩素の電子親和力および塩素原子の生成エンタルピーは, それぞれ $349\,\mathrm{kJ\,mol^{-1}}$ および $122\,\mathrm{kJ\,mol^{-1}}$ である. これらのデータより塩化カリウムの格子エネルギー $U(\mathrm{KCl})$ を求めよ.

[解答]　$717\,\mathrm{kJ\,mol^{-1}}$

[解説]　化合物は最も Gibbs（ギブズ）エネルギーが小さい結晶構造をとろうとする. イオン結晶の場合, 陽イオンと陰イオンの間の静電エネルギーによって結びついているため, それぞれのイオンから結晶を生成する反応はきわめて発熱的である. 格子エンタルピー $\Delta_\mathrm{L} H^{\ominus}$ は結晶（固体）が解離して, それぞれ気体のイオンになる反応の標準モルエンタルピー変化のことである*（格子エネルギー $U = \Delta_\mathrm{L} H^{\ominus}$）.

$$\mathrm{MX(s)} \longrightarrow \mathrm{M^+(g)} + \mathrm{X^-(g)} \qquad \Delta_\mathrm{L} H^{\ominus}$$

この格子エンタルピーが最も大きい構造が最も安定な結晶構造を与える.
　格子エンタルピーの値を測定することは難しいが, 測定可能なさまざまな熱力学データを組合わせることにより, 計算することができる. エンタルピーは状態量であるため, ある状態 A から状態 B になるときのエンタルピー変化は変化の経路によらず一定となる. 図 3・10 のような Born-Haber（ボルン・ハーバー）サイクルを考えることにより格子エネル

---

* これと逆の過程に対して格子エネルギーを定義する教科書もあるので, 注意が必要である.

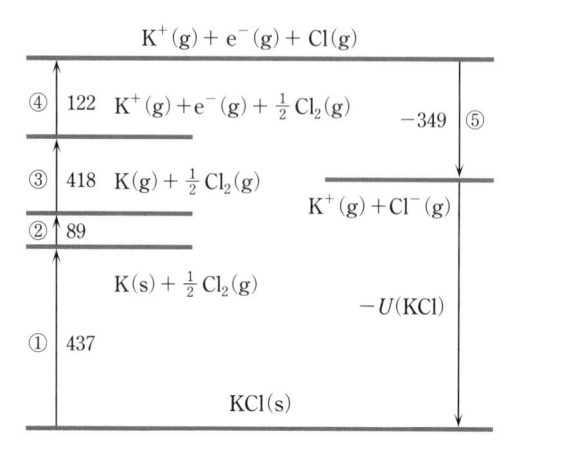

```
                K⁺(g) + e⁻(g) + Cl(g)
   ─────────────────────────────────────
    ④  122   K⁺(g)+e⁻(g)+½Cl₂(g)
   ──────────────────────────        −349 ⑤
    ③  418   K(g)+½Cl₂(g)
   ──────────────────────
    ②↑ 89                        K⁺(g)+Cl⁻(g)
   ──────────────────────       ─────────────
                K(s)+½Cl₂(g)
                                  −U(KCl)
    ①  437
                    KCl(s)
   ─────────────────────────────────────
```

図 3・10

ギー U が計算できる．

① KCl(s) の標準生成エンタルピーであり，これは成分元素の最も安定な状態からこの化合物が生成するときのエンタルピー変化である．カリウムは金属固体，塩素は塩素ガスの状態が安定であるため，反応式は

$$\mathrm{K(s)} + \frac{1}{2}\mathrm{Cl_2} \longrightarrow \mathrm{KCl(s)} \qquad \Delta_f H^\ominus$$

で表される（生成物 KCl 1 mol に対するエンタルピー変化）．
② 固体のカリウムを気体にする際のエンタルピー変化，すなわち標準昇華エンタルピーである．
③ カリウムを原子からイオンにするときのエンタルピー変化であり，これはイオン化エンタルピーである．
④ 塩素分子を原子に解離するときのエンタルピー変化であり，標準解離エンタルピーである．
⑤ 塩素原子をイオンにするときのエンタルピー変化であり，これは電子取得エンタルピーである．

サイクルを一巡したときのエンタルピー変化は 0 にならなければならないため，①〜⑤の過程のエンタルピー変化の総和から格子エンタルピーの値が求まる．過程①〜⑤についてはすべてデータを得ることが可能である．格子エンタルピーの値の精度は各過程のエンタルピー値の精度に依存する．

KCl の格子エネルギー　$U(\mathrm{KCl}) = 437+89+418+122-349 = 717\,\mathrm{kJ\,mol^{-1}}$

3. 固体構造

[例題 3・6] （2006 年度：同志社大院工，一部改変）
1 mol の XY 型イオン結晶 (X: 陽イオン，Y: 陰イオン) の格子エネルギー U は，X－Y イオン間距離に対して，次式で表される．

$$U(r) = A \frac{N_A |Z_X Z_Y| e^2}{4\pi\varepsilon_0} \frac{1}{r} - B N_A \exp\left(-\frac{r}{d}\right)$$

ここで，N_A は Avogadro 定数 ($6.022 \times 10^{23}\,\mathrm{mol^{-1}}$)，$Z_X$, Z_Y はそれぞれ X，Y イオンの価数，e は電気素量 ($1.602 \times 10^{-19}\,\mathrm{C}$)，$\varepsilon_0$ は真空の誘電率 ($8.854 \times 10^{-12}\,\mathrm{C^2\,J^{-1}\,m^{-1}}$)，$A$, B, d は定数である．

1) 定数 A の名称，および，この A が何によって決まるか答えよ．
2) 平衡イオン間距離 d_0 において $U(r)$ は極小になる．そのときの格子エネルギー $U(d_0)$ を，定数 B を用いずに表せ．
3) 塩化カリウムの $\mathrm{K^+ - Cl^-}$ イオン間距離 d_0 は 0.3139 nm である．KCl の格子エネルギー $U(d_0)$ を $\mathrm{kJ\,mol^{-1}}$ 単位で求めよ．ただし，KCl における A は 1.748，また d は 0.0345 nm である．

[解答] 1) Madelung 定数．結晶構造の形によってのみ決まる．

2) $U(d_0) = A \dfrac{N_A |Z_X Z_Y| e^2}{4\pi\varepsilon_0} \dfrac{1}{d_0} \left(1 - \dfrac{d}{d_0}\right)$

3) $689\,\mathrm{kJ\,mol^{-1}}$

[解説] 格子エネルギーはイオン間の静電エネルギーの総和であるため，イオンの電荷と距離や角度などの構造データがあれば，すべてのイオン間に働く静電エネルギーの総和を計算して求めることができる．Coulomb 力はイオン間距離が大きくても働くため，結晶内に存在するすべてのイオンの組合わせの総和を考えなければならないが，結晶内ではイオンが規則正しく並んでいるため，そのような計算が可能である．

$T = 0\,\mathrm{K}$ での格子エネルギーは次の Born-Mayer 式で表される．

$$U = \frac{N_A |Z_X Z_Y| e^2}{4\pi\varepsilon_0 d_0} \left(1 - \frac{d}{d_0}\right) A$$

N_A は Avogadro 定数，Z_X, Z_Y はそれぞれ陽イオンと陰イオンの価数，e は電気素量，ε_0 は真空の誘電率，$d_0 = r_X + r_Y$ は隣接する陽イオンと陰イオンの中心間距離，d は短距離のイオン間反発を表す定数である．A は Madelung 定数に相当し，結晶構造の形により異なる値をもつ．また逆に Madelung 定数は構造の形のみを反映した値であるため，同じ結晶構造をもつ MgO と NaCl の Madelung 定数は同じである．

2) U を r で微分し，$r=d_0$ のときに $U'=0$ とすると以下の式が成り立つ．

$$U'(d_0) = -A\frac{N_A|Z_X Z_Y|e^2}{4\pi\varepsilon_0}\frac{1}{d_0^2} + BN_A\frac{1}{d}\exp\left(-\frac{d_0}{d}\right) = 0$$

この式から元の式の第2項の定数 B を消去すると，

$$U(d_0) = A\frac{N_A|Z_X Z_Y|e^2}{4\pi\varepsilon_0}\frac{1}{d_0}\left(1-\frac{d}{d_0}\right)$$

となり，Born-Mayer 式が得られる．

3) 与えられた定数を代入すると，$U = 689$ kJ mol^{-1} が得られる．この計算値は Born-Haber サイクルから求めた値 717 kJ mol^{-1} とよい一致を示している．Born-Mayer 式はイオンをすべて電荷として計算しているため，原子間に共有結合的な相互作用が働く場合には，計算値は Born-Haber サイクルで求めた値からずれることになる．また，通常では分子間力（van der Waals 相互作用）は Coulomb 力に比べてかなり弱いため無視することができるが，原子番号の大きなイオンでは分極率が高くなるため，格子エネルギーに対して，この分子間力の寄与が大きくなる．

[例題 3・7] （2006 年度：北海道大院理）
固体は，電気抵抗の温度依存性によって，金属，半導体，超伝導体などに分類される．このうち，金属と半導体の電子状態をバンド構造を用いて説明せよ．また，それぞれの電気抵抗の温度依存性について述べよ．

[解答と解説] 小さな分子は分子軌道によりその電子状態を考えるが，無限個とみなせる多くの数の原子が集合した固体の電子状態は，無数の分子軌道からつくられるエネルギーバンドを用いて表される（図 3・11）．**絶縁体**は電子が完全に詰まったバンドと電子の入っていないバンドの間に広いエネルギーギャップが存在している物質で，電子がバンド内に束縛されているために自由に移動できる電子が存在せず電気が流れない．エネルギーギャップが小さくなると下の電子の詰まったバンドから，電子の若干数が熱エネルギーによって上の空バンドに移るようになり，この伝導帯に入った電子と，それが抜けた後の正孔によって電気伝導性を示すようになる．このような**半導体**では，温度が上昇すると伝導帯に入る電子の数が増えるために電気伝導率が増加する．母体の元素より電子の多い原子や電子の少ない原子を不純物として導入すると，キャリヤーとなる電子や正孔を増やすことができる．このようにしてつくられる半導体を**不純物半導体**という．電子を増やすタイプはキャリヤーが負電荷（negative charge）であるため，**n 型半導体**とよび，電子を減らすタイプはキャリヤーが正孔

3. 固 体 構 造

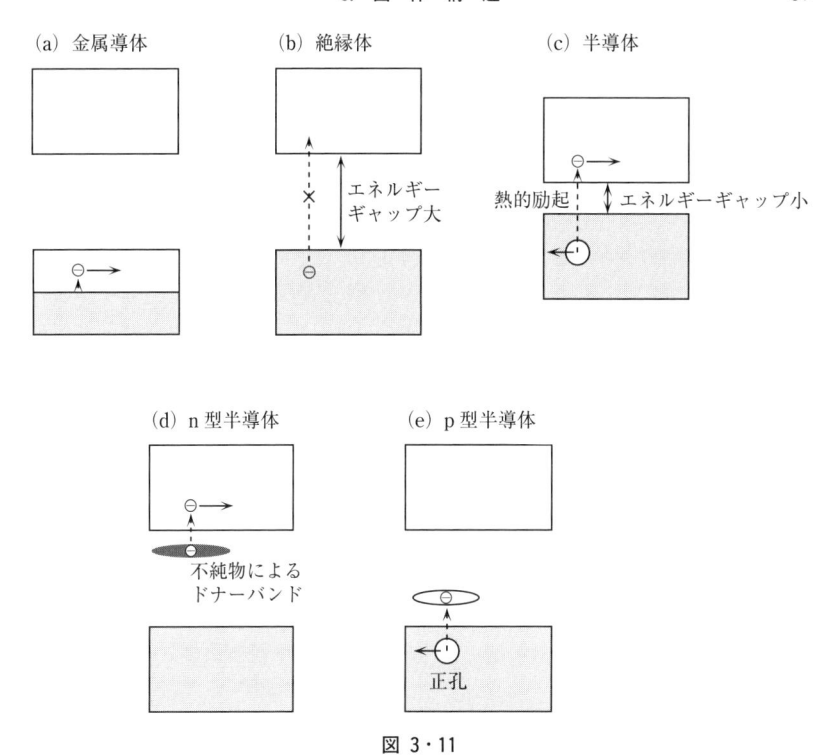

(a) 金属導体　　(b) 絶縁体　　(c) 半導体

(d) n型半導体　　(e) p型半導体

図 3・11

(positive hole) となるので **p型半導体** とよぶ.

　金属は, バンドの半分程度まで電子が入っており, 残り半分があいているため電子が自由に空の準位に入り固体の中を自由に移動することができるため, 電気伝導体となる. 金属の場合, 温度が上昇すると固体の格子振動が大きくなり, 電子が固体中を移動する際に散乱されるため, 電気伝導率が低下する.

　超伝導体はある臨界温度以下で電気抵抗が0になる特殊な物質である.

[例題 3・8]　(2008年度: 北海道大院理)
結晶の構造因子は $F_{hkl} = \sum_{n=1}^{N} f_n \{\exp 2\pi i (hx_n + ky_n + lz_n)\}$ である. ここで f_n は単位格子中の n 番目の原子の原子散乱因子, (x_n, y_n, z_n) は n 番目の原子の座標, hkl は観測された回折線の指数, N は単位格子中の原子数である. 体心立方格子につき, Bragg 反射の起こる条件(指数の関係)を導け.

[解答] $h+k+l$ が偶数となる場合のみ Bragg 反射が起こる.

[解説] X線や中性子線を用いた回折法は重要な構造決定手段であり,さまざまな物質の構造決定に利用されている.結晶はX線の波長に近い距離に原子が規則正しく並んでいるため,X線が散乱される際に異なる面からの反射が互いに干渉し合うため,散乱の方向によって強め合う部分と弱め合う部分が生じ,回折像が得られる.ほとんどの場合,波は弱め合う干渉を起こすが,隣り合う反射面からの反射との行路差がX線の波長の整数倍になるときは,波の位相が一致し,強め合う干渉を起こす.このため回折強度や回折光が現れる角度は,結晶構造(原子の配置)と原子の種類に依存する.逆にこれらを測定することにより,単位格子中の原子の位置や種類を決定することができる.

X線回折法には二つの測定法があり,多数の結晶子からなる粉末の回折パターンを解析する粉末X線回折と,単結晶からの回折パターンを解析する単結晶X線回折がある.後者は結晶構造を完全に決定することができるが,十分な大きさと品質をもつ単結晶を用意する必要がある.

結晶における反射面を表すのに面指数 (hkl) が用いられる.これは,結晶の三つの格子ベクトルに対してそれぞれ $\dfrac{1}{h}$, $\dfrac{1}{k}$, $\dfrac{1}{l}$ の点を通る平面を表している.波が強め合う条件は次の Bragg の法則を満たすことである.

$$n\lambda = 2d\sin\theta$$

ここで,n は整数,λ はX線の波長,d は面間隔,θ は視射角である(図3・12).

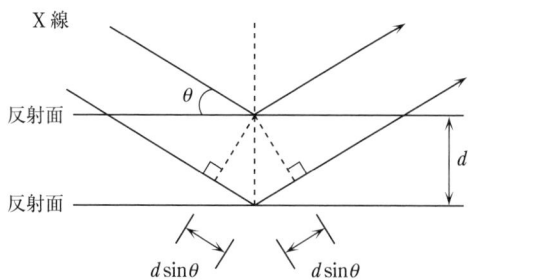

図3・12

斜方晶の場合,結晶面 (hkl) と面間隔 d_{hkl} と格子定数 a, b, c の間に次の関係が成り立つ.

$$d_{hkl} = \dfrac{1}{\sqrt{\left(\dfrac{h}{a}\right)^2 + \left(\dfrac{k}{b}\right)^2 + \left(\dfrac{l}{c}\right)^2}}$$

特に，すべての格子定数が等しく a である立方晶の場合は，次式で表せる．

$$d_{hkl} = \frac{a}{\sqrt{h^2+k^2+l^2}}$$

単位格子内に複数の原子をもつ結晶では各原子による hkl 反射の間に位相差が生じる．原点にある原子 A と座標 (x, y, z) にある原子 B による hkl 反射での位相差は $\varphi_{hkl} = 2\pi(hx+ky+lz)$ となる．原子の種類によって，散乱の強さは異なるため，hkl 反射の強度は結晶格子内のすべての原子による反射の重ね合わせとなり，その振幅 F_{hkl} $=\sum_{n=1}^{N} f_n\{\exp 2\pi i(hx_n+ky_n+lz_n)\}$ となる．この F_{hkl} を構造因子といい，反射の強度は $|F_{hkl}|^2$ に比例する．

体心立方格子では $\left(\frac{1}{2}, \frac{1}{2}, \frac{1}{2}\right)$ の位置に同じ散乱因子をもつ原子が存在するため，打ち消し合って反射が現れない指数が現れる．

結晶格子の頂点にある原子は $\frac{1}{8}f$，中心の原子は f の散乱因子をもつとして，単位格子内の九つの原子から構造因子を計算すると（$e^{i\pi} = -1$ を利用する），次式となる．

$$F_{hkl} = f + f(-1)^{(h+k+l)}$$

$h+k+l$ が偶数となる場合にのみ $F_{hkl} = 0$ とならず，Bragg 反射が観測される．

問　題

3・1 格子定数 a の単純立方格子の結晶がある．この結晶の (111) 面の面間隔 d は a を使ってどのように表されるか．

3・2 最密充塡構造は平面上に球を並べた最密充塡層が上下に積み重なってできている．銅の場合，上下に重なった二つの最密充塡層の間の距離は何 nm か．ただし，銅の原子半径を 0.13 nm とする．

3・3 グラファイト（黒鉛）の単位格子を図 3・13 に示す．グラファイトの密度を計算せよ．ただし，結合した炭素間の距離は 0.14 nm，グラファイトの面間距離は 0.33

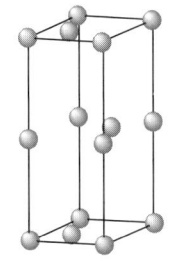

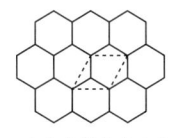

グラファイトの単位格子　　上から見たところ（点線が単位格子の位置）　　図 3・13

nmであり，Cの原子量を12，Avogadro(アボガドロ)定数を$6.0 \times 10^{23}\,\text{mol}^{-1}$とする．

3・4 NaCl，CuCl，CsClの結晶について，以下の表3・2の(a)〜(f)にあてはまる数字を答えよ．また，Na^+，Cu^+，Cs^+をイオン半径が大きくなる順番に並べよ．

表3・2

	NaCl	CuCl	CsCl
配位数	(a)	(b)	(c)
単位格子中の陽イオンの数	(d)	(e)	(f)

3・5 炭化カルシウムの結晶はNaCl結晶のNa^+の代わりにCa^{2+}が，Cl^-の代わりに直線状のC_2^{2-}が入った構造をしており，C_2^{2-}の軸は結晶のab面に対して垂直である．炭化カルシウムの結晶はどの結晶系に属するか．

3・6 蛍石（CaF_2）の結晶において，Ca^{2+}とF^-の配位数はそれぞれいくらか．

3・7 NaClの格子エネルギーはKClの格子エネルギーの何倍か．Born-Mayer(ボルンマイヤー)式をもとに計算せよ．ただしイオン半径はそれぞれNa^+: 116 pm，K^+: 152 pm，Cl^-: 167 pmとし，イオン間の反発を表す定数dはともに35 pmであるとする．

3・8 CsCl結晶の構造因子F_{111}（例題3・8を参照）を示せ．ただし，Cs原子とCl原子の散乱因子をそれぞれf_{Cs}およびf_{Cl}とする．

3・9 （2008年度：北海道大院理）
Ni結晶は面心立方の構造をとる．
 1) 単位格子と原子の位置を図示せよ．
 2) Niの原子量は59であり，格子定数は0.36 nmである．Ni結晶の密度（$\text{g\,cm}^{-3}$）を有効数字2桁まで求めよ．

3・10 （2010年度：北海道大院理）
陰イオンのつくる最密充填構造には2種類の間隙が存在し，そのどちらかに陽イオンが入りイオン結晶となる．2種類の間隙に入った陽イオンについて，最近接の陰イオンの構造を図示し，その近接する陰イオンの数を記せ．

3・11 （2007年度：東京工業大院総合理工）
スズ(Sn)の単体は室温ではβ形の結晶構造をもつが，13.2℃以下の低温に長期間さらすと徐々にα形に変化する．図3・14はα形スズ(α-Sn)の単位格子とその中のSn原子を示したものである．α-Snは立方格子であり，図中の原子Ⅰは立方格子の各頂点に，原子Ⅱは立方格子の各面の中心に，原子Ⅲは一つの原子Ⅰと三つの原子Ⅱがつくる正四面体の中心に位置する．以下の問いに答えよ．Snの原子量は118.7である．
 1) 単位格子に含まれる原子の総数はいくつか．

2) 立方格子の1辺の長さ $a = 6.49\,\text{Å}$ である．α-Sn の密度（g cm^{-3}）および Sn 原子間の結合距離（Å）をともに有効数字3桁で求めよ．

3) β形スズ（β-Sn）は $a = 5.83\,\text{Å}$，$c = 3.18\,\text{Å}$ の正方格子で，単位格子に含まれる原子の総数は4である．

(a) ある β-Sn の固体が α-Sn に変化すると固体の体積は何倍になるか．有効数字3桁で求めよ．

(b) 密度測定以外の方法で，ある Sn の固体が α 形か，β 形かを調べる実験方法を一つあげよ．

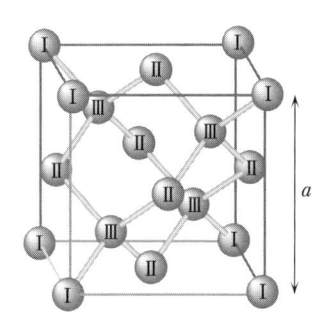

図 3・14

3・12（2009年度：大阪市立大院理）
NH$_4$Cl は NH$_4^+$ イオンが比較的小さいにもかかわらず，塩化セシウム型構造をとる．その理由を説明せよ．

3・13（2009年度：同志社大院工）
塩化セシウムの密度は 3.97×10^3 kg m^{-3} である．結晶構造を考えて Cs−Cl 間の原子間距離を有効数字3桁で求めよ．ただし，Cs および Cl の原子量をそれぞれ 132.9 および 35.45 とする．

3・14（2009年度：筑波大院数理）
ZnS のとりうる2種類の結晶構造の名称を答えよ．また，それぞれの結晶構造における S の配位数を答えよ．

3・15（2010年度：東京大院理）
AgCl，AgBr は岩塩型構造をとるが，AgI は格子定数 0.6473 nm の閃亜鉛鉱型構造をとり，氷（氷 I$_h$，格子定数 0.45135 nm の六方格子を安定面とする六方晶）と AgI 結晶のある面について，対称性と原子間隔の周期性が合っているため，氷の安定性を高めることができ，人工降雨に使われる．AgI の結晶構造を図示し，氷の安定面と対称性が同じで原子間隔の周期性が近い面の指数を答えよ．

3・16（2006 年度：京都大院工）

閃亜鉛鉱型構造において，陽イオンおよび陰イオンの占める位置をすべて同一の元素で占めた場合の結晶構造と，当該結晶構造をもつ代表的な半導体物質名を一つあげよ．

3・17（2008 年度：立命館大院理工）

ペロブスカイト型酸化物 ABO_3 について以下の問いに答えよ．

1) A イオン，B イオン，酸化物イオンの大きさによりペロブスカイト型構造になったり，ならなかったりする．これを判定する因子にトレランスファクター（t）がある．$t=1$ のとき単位格子は立方体になり，頂点間の長さ関係から $af=\sqrt{2} \times ad$ が成り立つ．この式を A イオン，B イオン，酸化物イオンのイオン半径（それぞれ r_A, r_B, r_O とする）を用いて表せ．

2) より一般的にして $af=t \times \sqrt{2} \times ad$ を考えると，$0.75<t<1.00$ の範囲でペロブスカイト型構造をとることが知られている．表の値を用いて次の酸化物がペロブスカイト型構造をとるか否かを判定せよ．(a) $CaTiO_3$, (b) $RbNbO_3$, (c) $YAlO_3$

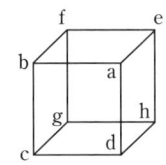

各イオンのイオン半径 /pm

Rb^+	166	Al^{3+}	68
Ca^{2+}	114	Ti^{4+}	75
Y^{3+}	104	Nb^{5+}	69
O^{2+}	126		

3・18（2007 年度：関西学院大院理工）

次の表 3・3 の数値を用いて AgCl における格子エネルギー U_0 を求めよ．

表 3・3 **AgCl における熱化学的諸量** / kJ mol^{-1}

	$\Delta H_f^{\ominus}(298\,K)$	$S(298\,K)$	$D/2(298\,K)$	$IE(M)$	$EA(X)$
AgCl	-127	284	121	727	349

$\Delta H_f^{\ominus}$: 標準生成エンタルピー，S: Ag(s) の昇華エンタルピー，D: Cl_2 の解離エンタルピー，IE: Ag(g) のイオン化エネルギー，EA: Cl(g) の電子親和力

3・19（2006 年度：兵庫県立大院物質理）

Born-Haber サイクルによって実験的に見積もられる格子エネルギーを U_{BH} とする．LiCl 結晶では，静電エネルギーの計算で求められる格子エネルギー U と U_{BH} の値は非常によく一致するが，AgCl 結晶では大きな差が生じる．その理由を簡潔に述べよ．

3・20（2009 年度：群馬大院工）

NaCl 結晶について第三隣接イオンまで考慮したときの Madelung 定数を有効数字 3

3. 固 体 構 造　　　　　　　　　　　　　　　　　　65

桁で求めよ．

3・21　(2008年度：京都大院理)

図3・15(a)のような格子定数aの単純立方格子（単位格子を実線で示す）に連続X線が$+z$方向から入射するとして，その回折を考える．入射X線の波数ベクトルを$\boldsymbol{k}_0$，回折X線の波数ベクトルを$\boldsymbol{k}$として，回折角を図3・15(b)に示すようにθ, φで定義する（$0°≦\theta≦180°$, $0°≦\varphi<360°$）．ただし，入射X線の波数$|\boldsymbol{k}_0|$を，波長λに対して$|\boldsymbol{k}_0|=2\pi/\lambda$と定義する．この結晶格子の逆格子は格子定数 ア の単純立方格子であり，任意の逆格子ベクトルを$\boldsymbol{G}$とすると，回折が起こる条件は イ と表せる．

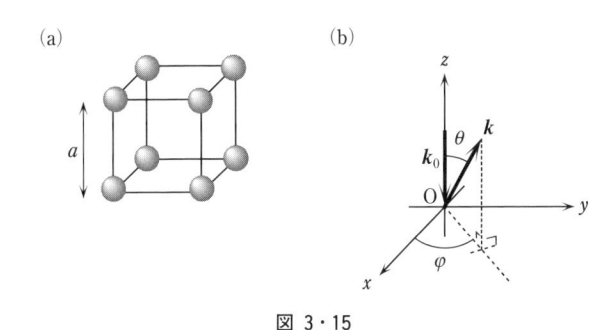

図 3・15

1) ア，イに適切な数式を答えよ．
2) 入射X線の波数が$2\pi/a<|\boldsymbol{k}_0|<4\pi/a$の範囲で一様に分布しているとき，$xz$平面内に回折するX線の回折角をすべて求め，小数点以下を四捨五入して答えよ．また，おのおのに対応する波数$|\boldsymbol{k}_0|$を求めよ．
3) 前方に回折するX線（$90°<\theta≦180°$）のうち，最も小さい$|\boldsymbol{k}_0|$の値（$|\boldsymbol{k}_0|=0$は除く）とそのときの回折角をすべて求め，小数点以下を四捨五入して答えよ．また，おのおのに対応する回折の指数を求めよ．

3・22　(2010年度：京都大院工)

Cu K$_\alpha$線をX線源として塩化ナトリウム（NaCl）の結晶構造解析を行った結果を表3・4に示す．以下の問いに答えよ．

1) Cu K$_\alpha$線の波長を有効数字3桁で求めよ．
2) 表中の空欄に適切なMiller指数 ア および数値 イ を入れよ．
3) NaClでは(100)面や(110)面からの回折線が観察されない理由を簡潔に述べよ．
4) 塩化カリウム（KCl）もNaClと同じ結晶構造をもつが，ア面と(311)面からの回折線は観察されない．この理由を簡単に答えよ．

表 3・4

回折線	$2\theta/°$	相対強度	面間隔 / pm	hkl
1	27.33	13	326.0	ア
2	31.69	100	282.1	200
3	45.45	55	199.4	220
4	53.85	2	イ	311
5	56.48	15	162.8	222
6	66.23	6	141.0	400

　本章では，結晶構造の表示にフリーウェアの可視化プログラム VESTA (ver. 2) を用いています［参照: K. Momma and F. Izumi, "VESTA: a three-dimensional visualization system for electronic and structural analysis," *J. Appl. Crystallogr.*, **41**, 653～658 (2008)］

4. 酸 と 塩 基

キーワード	出題箇所	キーワード	出題箇所
Brønsted 酸・塩基	例題 1, 問題 1, 9	オキソ酸	例題 6, 7, 問題 5, 14, 15
Lewis 酸・塩基	例題 1, 2, 3, 問題 2, 9, 10, 12	pH	例題 8, 10, 問題 8, 16, 17, 18, 19
HSAB 則	例題 4, 問題 6, 11	緩衝液	例題 10, 問題 18
酸解離反応	例題 5, 6, 9, 問題 3, 4, 13	自己プロトリシス	例題 11
塩基解離反応	例題 8, 問題 16		
酸・塩基の強さ	例題 3, 6, 7, 問題 7, 10, 13, 15, 17	放射化学	例題 12, 13, 問題 20, 21

[例題 4・1]　(2008 年度：大阪市立大院理)
Brønsted(ブレンステッド)の酸・塩基と Lewis(ルイス)の酸・塩基との類似点と相違点を,具体例を示して述べよ.

[解答と解説]

J. N. Brønsted(ブレンステッド)と T. M. Lowry(ローリー)は 1923 年に,酸塩基反応においてプロトン(水素イオン, H^+)供与体として作用する物質を酸,プロトン受容体として作用する物質を塩基と定義した.

たとえば,酢酸 CH_3COOH は水に溶けると H_2O にプロトンを与える.この反応では, CH_3COOH は Brønsted 酸, H_2O は Brønsted 塩基として作用している.

$$CH_3COOH\ (l) + H_2O\ (l) \rightleftharpoons CH_3COO^-\ (aq) + H_3O^+\ (aq)$$

一方,アンモニア NH_3 は水に溶けると H_2O からプロトンを受取り,アンモニウムイオン NH_4^+ となることができるので, Brønsted 塩基である.この反応では, H_2O はプロトンを与えるので Brønsted 酸である.

$$NH_3\ (l) + H_2O\ (l) \rightleftharpoons NH_4^+\ (aq) + OH^-\ (aq)$$

上の 2 例からわかるように, H_2O は, Brønsted 酸として作用する場合と Brønsted

塩基として作用する場合がある．すなわち H_2O は両性物質である．

Brønsted-Lowry の理論と同じ年に，G. N. Lewis は，電子受容体として作用する物質を酸，電子供与体として作用する物質を塩基と定義した．たとえば，三フッ化ホウ素 BF_3（平面三角形）はオクテット則に従わない電子不足化合物であるが，アンモニアの孤立電子対を受け入れて付加体 F_3B-NH_3 を形成し，オクテットを完成する．このときホウ素まわりは四面体形になる．

$$F_3B + :NH_3 \longrightarrow F_3B \leftarrow NH_3$$

この反応では，BF_3 は Lewis 酸であり，NH_3 は Lewis 塩基である．NH_3 は Lewis 塩基としても Brønsted 塩基としても作用する．

ここで再び CH_3COOH に注目する．CH_3COOH から生じるプロトンは水分子の孤立電子対を受け入れることができるので Lewis 酸である．CH_3COOH は Lewis 酸 H^+ と Lewis 塩基 CH_3COO^- からなると考えることもできる．プロトンが Lewis 酸なので，プロトン移動が関与する Brønsted 酸および Brønsted 塩基は，それぞれ Lewis 酸および Lewis 塩基となる．逆に，プロトン移動を伴わない反応は Brønsted-Lowry の定義には含まれない．Lewis の定義では，Brønsted-Lowry の定義よりも広範囲の物質が酸と塩基に分類される．

[例題 4・2]（2008 年度：大阪府立大院理）

平面構造をもつ分子である BF_3（下図）について，以下の問いに答えよ．

$$F-B(F)(F)$$

1) BF_3 中のホウ素－フッ素結合は多重結合性をもつことが実験により明らかにされている．この事実は以下の ① および ② の考え方により，おのおのどのように理解することができるかを記せ．
   ① 分子軌道の考え方　② 共鳴の考え方
2) BF_3 は典型的な Lewis 酸としての性質を示すことが観測されている．BF_3 が Lewis 酸として機能する例を化学反応式で記せ．ついで，BF_3 がなぜ Lewis 酸としての性質をもつのかを，1) をふまえて説明せよ．

[解答と解説] 1) ① 分子軌道の考え方：B 原子上の空の p 軌道は分子平面に垂直である．この p 軌道は，分子平面に垂直な F 原子上の満たされた p 軌道との重なりにより π 結合を形成する．これにより多重結合性が生じる．

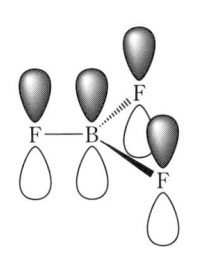

② 共鳴の考え方：BF_3 に可能な共鳴構造を次に示す．右側三つの共鳴混成体には B＝F 二重結合の寄与が含まれる．

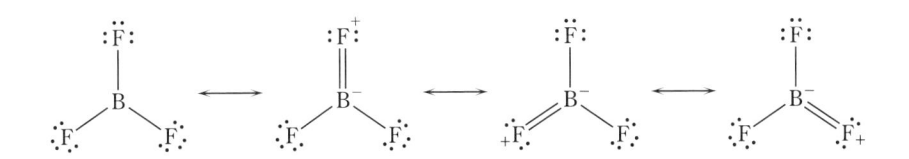

2) たとえば，BF_3 はトリメチルアミン $N(CH_3)_3$ と反応して $F_3B-N(CH_3)_3$ を生成する．

$$BF_3 + N(CH_3)_3 \longrightarrow F_3B-N(CH_3)_3$$

BF_3 はオクテット則を満たしておらず，分子平面に垂直な B 原子上の空の p 軌道が，Lewis 塩基の孤立電子対を受け入れることができるため，Lewis 酸として働く．

[例題 4・3] 〔類題：2) 2009 年度 関西大院工，3) 2002 年度 九州大院理，4) 2008 年度 東北大院理〕

Lewis 酸・塩基の強さに関する次の問いに答えよ．

1) ハロゲン化スズ(IV) SnX_4 (X＝F, Cl, Br, I) はハロゲン化物イオンと反応して SnX_6^{2-} を生成する．これらの反応において，SnX_4 (X＝F, Cl, Br, I) を Lewis 酸性が強い順に並べ，その理由を簡潔に述べよ．

2) 三ハロゲン化ホウ素 BX_3 (X＝F, Cl, Br) はトリメチルアミン $N(CH_3)_3$ と反応して $X_3B-N(CH_3)_3$ を生成する．これらの反応において，BX_3 (X＝F, Cl,

Br）を Lewis 酸性が強い順に並べ，その理由を簡潔に述べよ．

3）三フッ化ホウ素 BF_3 はアミン類と反応して Lewis 錯体を生成する．この反応において，アンモニア，トリメチルアミン，トリフルオロアミンを Lewis 塩基性が強い順に並べ，その理由を簡潔に述べよ．

4）トリメチルボラン $B(CH_3)_3$ はピリジン類と反応して Lewis 錯体を生成する．この反応において，ピリジン，2-メチルピリジン，2,6-ジメチルピリジンを Lewis 塩基性が強い順に並べ，その理由を簡潔に述べよ．

[解答と解説] 1）Lewis 酸性の強さは，以下のようになる．

$$SnF_4 > SnCl_4 > SnBr_4 > SnI_4$$

ハロゲン原子が電子を引きつける強さは F>Cl>Br>I である．ハロゲン原子が電子を強く引きつけると，スズ原子上の電子密度が減少し，Lewis 酸性が強くなる．したがって，Lewis 酸性の強さは $SnF_4 > SnCl_4 > SnBr_4 > SnI_4$ になる．

2）Lewis 酸性の強さは，以下のようになる．

$$BBr_3 > BCl_3 > BF_3$$

これらの分子は平面三角形構造であり，ハロゲン原子の np 軌道はホウ素の空の 2p 軌道と π 結合を形成する．BX_3 が $N(CH_3)_3$ との反応により付加体 $X_3B-N(CH_3)_3$ を形成する際には，これらの π 結合が切れて，ホウ素まわりは四面体構造へと変化する．π 結合形成には F は 2p 軌道，Cl は 3p 軌道，Br は 4p 軌道を用いる．ホウ素の 2p 軌道と最も重なりがよいのは 2p 軌道を用いる F 原子である．したがって，最も強い π 結合をつくる BF_3 は付加体をつくりにくく，Lewis 酸として最も弱くなる．

3）Lewis 塩基性の強さは，以下のようになる．

トリメチルアミン＞アンモニア＞トリフルオロアミン

これらの Lewis 塩基性の強さは，窒素原子上の置換基の誘起効果により説明される．電子求引性基をもつ NF_3 は最も Lewis 塩基性が弱い．逆に電子供与性基をもつ $N(CH_3)_3$ は最も Lewis 塩基性が強い．

4）Lewis 塩基性の強さは，以下のようになる．

ピリジン＞2-メチルピリジン＞2,6-ジメチルピリジン

これらの Lewis 塩基性の強さは，置換基の立体効果により説明される．Lewis 酸に接近する際の立体反発が大きい 2,6-ジメチルピリジンは最も Lewis 塩基性が弱い．逆に置換基をもたないピリジンは最も Lewis 塩基性が強い．

一方，Brønsted 塩基としての強さ（pK_b）は次の図のようになっている．プロトンは小さいので，立体的な効果よりも誘起効果が優先する．

pK_b   8.79   8.05   7.25

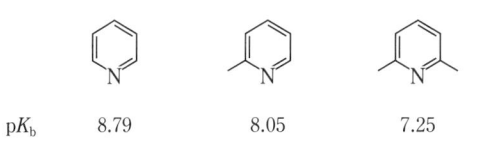

[例題 4・4] （2009 年度：名古屋大院理・改）
"硬い"酸・塩基および"軟らかい"酸・塩基について以下の問いに答えよ．
1) 酸・塩基の"硬さ"，"軟らかさ"の定義を述べよ．
2) $(CH_3)_3P$ と $(CH_3)_3N$ では，どちらがより"硬い"塩基か答えよ．
3) アルカリ金属イオンまたはアルカリ土類金属イオンは，2) のどちらの塩基とより安定な結合をつくるかを示せ．また，$(C_2H_5)_2O$，$(C_2H_5)_2S$，$(C_2H_5)_2Se$ のなかで上記の金属イオンと最も安定に結合するものを示せ．
4) チオシアン酸イオン（SCN^- イオン）が Cr^{3+} または Pt^{2+} に配位した場合，おのおのの遷移金属イオンに対して，より安定と考えられる結合様式を示せ．

[解 答] 1) 解説を参照． 2) $(CH_3)_3N$ 3) $(CH_3)_3N$，$(C_2H_5)_2O$
4) Cr−NCS，Pt−SCN

[解 説] 1) 各種金属イオンがつくる錯体の安定度定数の大きさを，類似した構造をもつ配位原子が異なる配位子を用いて比較すると，二つのクラスに分類することができる．配位原子が周期表の各族の1番目の元素（N，O，F）である配位子と安定な錯体をつくる金属イオンは**クラス a** に，配位原子が各族の2番目以降の元素である配位子と安定な錯体をつくる金属イオンは**クラス b** に分類される．クラス a には，アルカリ金属，アルカリ土類金属，高酸化状態の軽い遷移金属，および水素イオンが含まれる．一方，クラス b には重い遷移金属や低い酸化状態の金属が含まれる．それぞれのクラスの金属イオンと配位原子の親和性の順序は次のようになる．

クラス a の金属イオンと錯体をつくる傾向
        N≫P>As>Sb   O≫S>Se>Te   F>Cl>Br>I
クラス b の金属イオンと錯体をつくる傾向
        N≪P>As>Sb   O≪S〜Se〜Te   F<Cl<Br<I

Lewis の定義では，中心金属イオンは Lewis 酸，配位子は Lewis 塩基と考えられる．R. G. Pearson は金属イオンに限らず，クラス a のような性質をもつ酸を**硬い酸**（hard acid），クラス b のような性質をもつ酸を**軟らかい酸**（soft acid）と命名し，硬い酸と

安定な錯体をつくる塩基を**硬い塩基**（hard base），軟らかい酸と安定な錯体をつくる塩基を**軟らかい塩基**（soft base）と命名した（1963年）.

一般に，硬い酸と塩基はいずれも小さくて分極しにくく，π結合をつくりにくいものが多い．これに対して，軟らかい酸と塩基は分極しやすく，π結合をつくりやすいものが多い．硬い酸は硬い塩基と強く結合し，軟らかい酸は軟らかい塩基と強く結合する傾向がある．

3) "硬い"塩基である $(CH_3)_3N$ が，アルカリ金属イオンまたはアルカリ土類金属イオンと安定な化合物をつくる．

$(C_2H_5)_2O$, $(C_2H_5)_2S$, $(C_2H_5)_2Se$ のなかでは $(C_2H_5)_2O$ が最も硬い塩基であり，アルカリ金属イオンやアルカリ土類金属イオンと安定な化合物をつくる．

4) 硬い Lewis 酸である Cr^{3+} に対しては窒素原子で配位し，軟らかい Lewis 酸である Pt^{2+} に対しては硫黄原子で配位すると考えられる．

[**例題 4・5**]（2007年度：大阪大院理）
$[Fe(H_2O)_6]^{3+}$ の水中での酸解離反応について，以下の問いに答えよ．
$$[Fe(H_2O)_6]^{3+} + H_2O \rightleftharpoons [Fe(OH)(H_2O)_5]^{2+} + H_3O^+$$
1) 上の反応における塩基および共役塩基を記せ．
2) $[Fe(H_2O)_6]^{3+}$ の代わりに $[Fe(H_2O)_6]^{2+}$ を用いた反応では，pK_a 値は大きくなる．そうなる理由について述べよ．

[**解 答**] 1) 塩基：H_2O, 共役塩基：$[Fe(OH)(H_2O)_5]^{2+}$
2) $[Fe(H_2O)_6]^{2+}$ は，$[Fe(H_2O)_6]^{3+}$ よりも正電荷が小さく，イオン半径が大きいので，プロトンを引き離すのが困難になり，酸性度は減少して pK_a 値は大きくなる．

[**解 説**] 金属イオンに配位した水分子は Brønsted 酸（ブレンステッド）として働くので，**アクア酸**とよばれる．アクア酸の強さは，中心金属イオンの種類や酸化状態によって大きく異なる．一般に，中心金属イオンの正電荷が大きくなるにつれ，またイオン半径が減少するにつれて，アクア酸の強さが増大する．

1) $[Fe(H_2O)_6]^{3+}$ は H_2O にプロトンを与えるので酸であり，生成した $[Fe(OH)(H_2O)_5]^{2+}$ は $[Fe(H_2O)_6]^{3+}$ の共役塩基である．一方，H_2O はプロトンを獲得するので塩基であり，生成した H_3O^+ は H_2O の共役酸である．

2) アクア酸は，中心イオンの正電荷が増し，イオン半径が減少するにつれて，陽イオンの近傍からプロトンを引き離すのが容易になり，酸性度が増大する（pK_a 値は小

さくなる).$[Fe(H_2O)_6]^{2+}$ の pK_a 値は 9.5 であるのに対して,$[Fe(H_2O)_6]^{3+}$ の pK_a 値は 2.2 である.

[例題 4・6] 〔2007 年度: 東北大院理,類題: 2) 2010 年度 東京工業大院総合理工〕

Brønsted 酸に関する次の問 1)〜3) に答えよ.
1) オキソ酸(酸素酸)の酸解離定数に関する Pauling(ポーリング)の規則の一つを次の枠内に示す.

> 化学式 $EO_m(OH)_n$ で表されるオキソ酸において,プロトンが結合していない酸素数 m と pK_{a1}(K_{a1} は第一段の酸解離定数)との間にはおよそ式(4・1)の関係が成り立つ.
> $$pK_{a1} \simeq 8 - 5m \cdots\cdots\cdots\cdots\cdots\cdots (4\cdot 1)$$

次の (a) および (b) に示す化合物の pK_{a1} はこの規則に従っているか.従っていない場合には,その理由を簡潔に記せ.
(a) ホスホン酸(H_3PO_3)の pK_{a1} は 1.5 である.
(b) 炭酸の pK_{a1} は 6.4 である.
2) H_2SO_4(硫酸),HSO_3F(フルオロ硫酸)および $HSO_3(NH_2)$(アミド硫酸)を酸性度の強い順に並べよ.さらに,酸性度がそのような順番になる理由を,硫黄原子上の置換基の性質に基づいて説明せよ.
3) 金属イオン Na^+,Mg^{2+} および Ba^{2+} のうちで,アクア酸の酸性度が最も強いものはどれか.化学式で答えよ.

[解 答] 1) (a) 従っている. (b) 従っていない. 理由は解説を参照.
2) $HSO_3F > H_2SO_4 > HSO_3(NH_2)$. 理由は解説を参照.
3) Mg^{2+}

[解 説] 中心原子にヒドロキシ基とオキソ基が結合していて,そのヒドロキシ基から水素イオンが生じることにより酸として作用するものを**オキソ酸**という.硫酸やリン酸など,重要な無機酸が多く含まれる.

1) $EO_m(OH)_n$ で表されるオキソ酸の pK_a は,**Pauling の規則**により次のようにまとめられる.

1. 第一段の酸解離定数（K_{a1}）はオキソ基の数（m）が一つ増えるごとに 10^5 倍に増加する（pK_{a1} 値は 5 単位ずつ減少する）．p$K_{a1} \fallingdotseq 8 - 5m$
2. 多塩基酸の逐次解離の酸解離定数（K_a）は，プロトン解離が 1 回起こるごとに $1/10^5$ に減少する（pK_a 値は 5 単位ずつ増加する）．p$K_{a(x+1)} \fallingdotseq $ p$K_{a(x)} + 5$

(a) ホスホン酸（H_3PO_3）の実際の構造は $O=PH(OH)_2$ で表されるので，$m=1$，$n=2$ である．Pauling の規則を用いて pK_{a1} を予想すると次のようになる．

$$\text{p}K_{a1} = 8 - 5 \times 1 = 3$$

この値は実測値 1.5 に近いので，H_3PO_3 の pK_{a1} は Pauling の規則に従っているといえる．

(b) Pauling の規則を用いて炭酸（H_2CO_3）の pK_{a1} を予想すると，

$$\text{p}K_{a1} = 8 - 5 \times 1 = 3$$

となる．これは実測値 6.4 とは大きく異なっている．

酸性度の実測値が Pauling の規則による推定値よりも低い（pK_a 値が大きい）のは，次の平衡により，H_2CO_3 の濃度が減少するためである．

$$CO_2(aq) + H_2O(l) \rightleftharpoons OC(OH)_2(aq)$$

実際は，溶けている CO_2 の約 1% だけが H_2CO_3 になっている．

2) $HSO_3F > H_2SO_4 > HSO_3(NH_2)$

電気陰性度の大きいフッ素は電子求引性基として働き，S 上の正電荷を増大させるため，プロトンが解離しやすくなり，酸性度が強くなる．NH_2 基は π 結合を通じて電子供与性基として働き，S 上の正電荷を減少させるため，プロトンが解離しにくくなり，酸性度が弱くなる．

参考のために，pK_a 値を以下に示す．

$HSO_3(NH_2)$：p$K_a = 1$　　　　　　　H_2SO_4：p$K_{a1} = -3.0$
HSO_3F：硫酸よりも強い超強酸　　　CF_3SO_3H：p$K_a = -14$

3) 金属イオンの正電荷が大きく，イオン半径が小さいほど，アクア酸の酸性度は増大する（pK_a 値が小さくなる）と予想される．

[例題 4・7]　（2001 年度：九州大院理，類題：2006 年度 東京工業大院総合理工）

酸の強さに関する次の問いに簡潔に答えよ．
1) 酸の強さが $H_3PO_4 > H_2PO_4^- > HPO_4^{2-}$ の順に減少するのはなぜか．
2) 酸の強さが $H_2Se > H_2S > H_2O$ の順に減少するのはなぜか．
3) 酸の強さが $HClO_4 > H_2SO_4 > H_3PO_4 > H_4SiO_4$ の順に減少するのはなぜか．

4. 酸 と 塩 基

[解答と解説]　1) H_3PO_4 は三塩基酸であり，3個のプロトンを順次放出して $H_2PO_4^-$，HPO_4^{2-}，PO_4^{3-} となる．$H_2PO_4^-$ のプロトン解離では，H_3PO_4 のプロトン解離のときよりも負電荷が1単位だけ増加しているので，プロトン解離が起こりにくくなる．HPO_4^{2-} のプロトン解離では，負電荷がさらに1単位増加しているので，さらにプロトン解離が起こりにくくなる．

2) 中心元素の周期が Se→S→O と上がっていくにつれ，H との結合に使用する軌道の広がりが小さくなり，H の 1s 軌道と有効に重なることができるようになる．したがって，$H_2Se<H_2S<H_2O$ の順に中心元素と H の結合が強くなるので，プロトン解離が起こりにくくなる．

3) オキソ酸の一つ目のプロトンが解離した後の構造に着目する．$HClO_4$ のプロトンが解離して ClO_4^- となると，下図に示すように四つの共鳴構造を書くことができ，共鳴による安定化が得られることがわかる．これに対し，H_2SO_4 のプロトンが一つ解

離して生じる HSO_4^- に対する共鳴構造は三つであり，共鳴安定化の効果は減少する．そのため，H_2SO_4 は $HClO_4$ よりもプロトン解離が起こりにくい．同様にして考える

と，$H_2PO_4^-$ に対する共鳴構造は二つであり，$H_3SiO_4^-$ に対しては共鳴構造を書くことができない．したがって，オキソ酸からプロトンが一つ解離して生じる1価陰イオンの共鳴安定化は $HClO_4>H_2SO_4>H_3PO_4>H_4SiO_4$ の順に減少し，この順でプロトン解離が起こりにくくなる．

[例題 4・8]　(2010 年度: 群馬大院工)
アンモニア水溶液に関する次の各問いについて，Brønsted-Lowry (ブレンステッド ローリー) の酸・塩基の定義に基づいて答えよ．ただし，アンモニアの pK_b を 4.8 とする．また，溶液中のすべての化学種の活量係数を 1 とし，水の自己プロトリシス定数（イオン積）を 1.0×10^{-14} とする．

1) アンモニアの塩基解離平衡式を記し，その塩基解離定数 K_b を表す式を記せ．

2) アンモニアの共役酸の pK_a を求めよ．
3) 0.10 mol dm^{-3} アンモニア水溶液の pH を計算せよ．さらに，この溶液に同体積の 0.050 mol dm^{-3} 塩酸を加えたときの pH を計算せよ．

[解答] 1) $K_b = \dfrac{[NH_4^+][OH^-]}{[NH_3]}$ 2) 9.2

3) アンモニア水溶液 11.1，塩酸を加えたとき 9.2

[解説] 溶液内の平衡を計算し，それぞれの化学種の濃度を求めるには，次の三つの条件から連立方程式をつくり，解く必要がある．

　i) 化学平衡と平衡定数　　ii) 物質収支　　iii) 電気的中性

複数の反応が存在する場合，計算は非常に複雑になるが，化学種の濃度を考慮して近似計算を行うことにより簡略化できる場合が多い．

また，この問題では，溶液中のすべての化学種の活量係数を1としている．実在溶液では，溶質 A の有効濃度は，共存する電解質の影響を受けるため，真の濃度 [A] からずれたものになる．一般には，溶液中の電解質の量が増えに従い，溶質の有効濃度は減少する．そこでモル濃度の代わりに次式で表される活量 a_A を用いる．

$$a_A = \gamma_A [A]$$

ここで，γ_A は溶質 A の活量係数である．無限希釈溶液では γ_A は限りなく1に近づき，$a_A = [A]$ となる．

1) アンモニアの塩基解離平衡式は，次のように表される．

$$NH_3 + H_2O \rightleftharpoons NH_4^+ + OH^-$$

この式の熱力学的平衡定数は次式で表される．

$$K = \frac{a_{NH_4^+} \cdot a_{OH^-}}{a_{NH_3} \cdot a_{H_2O}}$$

希薄な水溶液では水の活量は $a_{H_2O} = 1$ と近似でき，さらに活量係数が1とみなせる希薄溶液では，塩基解離定数 K_b は次式で表される．

$$K_b = \frac{[NH_4^+][OH^-]}{[NH_3]}$$

2) アンモニアの共役酸はアンモニウムイオン NH_4^+ であり，その酸解離平衡式は，次のように表される．

$$NH_4^+ + H_2O \rightleftharpoons NH_3 + H_3O^+$$

この式の熱力学的平衡定数は次式で表される．

$$K = \frac{a_{NH_3} \cdot a_{H_3O^+}}{a_{NH_4^+} \cdot a_{H_2O}}$$

希薄な水溶液では水の活量は $a_{H_2O} = 1$ と近似でき，さらに活量係数が 1 とみなせる希薄溶液では，酸解離定数 K_a は次式で表される．

$$K_a = \frac{[H^+][NH_3]}{[NH_4^+]}$$

K_a と K_b の積は水のイオン積 K_w と等しくなるので，pK_w と pK_b から共役酸の pK_a が求められる．

$$K_a K_b = [H^+][OH^-] = K_w$$
$$pK_a = pK_w - pK_b = 14 - 4.8 = 9.2$$

3) 解説の最初に述べた i)〜iii) の条件を順次調べて問題を解く．

i) まず，問題文に関係する化学平衡の式と平衡定数を書く．この問題では，酸 HA の水溶液における平衡と，水の自己プロトリシスを考えればよい．

$$HA \rightleftharpoons H^+ + A^- \qquad K_a = \frac{[H^+][A^-]}{[HA]} \qquad (4 \cdot 2)$$

$$2H_2O \rightleftharpoons H_3O^+ + OH^- \qquad K_w = [H^+][OH^-] \qquad (4 \cdot 3)$$

ii) つぎに，物質収支を考える．A を含む化学種の濃度の総和を c_A とすると，次式が得られる．

$$c_A = [HA] + [A^-] \qquad (4 \cdot 4)$$

iii) つづいて，電気的中性を満たす式を書く．

$$[H^+] = [A^-] + [OH^-] \qquad (4 \cdot 5)$$

これら式 (4·2)〜(4·5) を用いて，$[H^+]$ を変数とする方程式を導く．式 (4·2) と式 (4·4) より $[HA]$ を消去すると次式が得られる．

$$c_A = K_a^{-1}[H^+][A^-] + [A^-] = (K_a^{-1}[H^+] + 1)[A^-] \qquad (4 \cdot 6)$$

この式に式 (4·5)，つづいて式 (4·3) を適用すると，$[H^+]$ を変数とする方程式が得られる．

$$c_A = (K_a^{-1}[H^+] + 1)([H^+] - [OH^-]) = (K_a^{-1}[H^+] + 1)([H^+] - K_w[H^+]^{-1})$$

$$c_A = \frac{[H^+]^2}{K_a} + [H^+] - \frac{K_w}{K_a} - \frac{K_w}{[H^+]}$$

この方程式を解くことによって $[H^+]$ が求められるが，通常は近似を用いることにより，より簡単に求めることができる．

<u>pH<6 の酸性溶液では</u>，$[H^+] \gg [OH^-]$ となるので式 (4·5) は次のように近似できる．

$$[H^+] = [A^-]$$

この場合，式 (4·6) は次のようになる．

$$c_A = (K_a^{-1}[H^+] + 1)[H^+]$$

$$K_a^{-1}[\mathrm{H^+}]^2 + [\mathrm{H^+}] - c_\mathrm{A} = 0$$

$$[\mathrm{H^+}] = \frac{K_a(-1+\sqrt{1+4c_\mathrm{A}K_a^{-1}})}{2}$$

酸解離定数が酸の濃度よりも小さい弱酸の水溶液（$c_\mathrm{A} \gg K_a$）の場合は，$1 \ll 4c_\mathrm{A}K_a^{-1}$ となり，次のように近似できる．

$$[\mathrm{H^+}] = \frac{K_a\sqrt{4c_\mathrm{A}K_a^{-1}}}{2} = \sqrt{c_\mathrm{A}K_a}$$

したがって，弱酸の pH は次式で表される．

$$\mathrm{pH} = \frac{1}{2}(\mathrm{p}K_a - \log c_\mathrm{A})$$

弱塩基の pOH は，K_a の代わりに K_b を用いると同様に求められる．

$$\mathrm{pOH} = \frac{1}{2}(\mathrm{p}K_b - \log c_\mathrm{B})$$

これより，

$$\mathrm{pH} = \mathrm{p}K_w - \mathrm{pOH} = 14 - \frac{1}{2}(\mathrm{p}K_b - \log c_\mathrm{B}) = 7 + \frac{1}{2}(\mathrm{p}K_a + \log c_\mathrm{B})$$

となる．この式を用いると，0.10 mol dm^{-3} アンモニア水溶液の pH は次のように計算される．

$$\mathrm{pH} = 7 + \frac{1}{2}(9.2 + \log 0.10) = 11.1$$

この溶液に同体積の $0.050 \text{ mol dm}^{-3}$ 塩酸を加えたとき，NH_3 および HCl の物質収支は次のようになる．

$$c_{\mathrm{NH_3}} = [\mathrm{NH_3}] + [\mathrm{NH_4^+}] = 0.10 \times \frac{1}{2} \text{ mol dm}^{-3}$$

$$c_{\mathrm{HCl}} = [\mathrm{HCl}] + [\mathrm{Cl^-}] \fallingdotseq [\mathrm{Cl^-}] = 0.050 \times \frac{1}{2} \text{ mol dm}^{-3}$$

電気的中性より，次式が得られる．

$$[\mathrm{H^+}] + [\mathrm{NH_4^+}] = [\mathrm{Cl^-}] + [\mathrm{OH^-}]$$

ここで，$[\mathrm{NH_4^+}] \gg [\mathrm{H^+}]$ および $[\mathrm{Cl^-}] \gg [\mathrm{OH^-}]$ が成立するので，この式は

$$[\mathrm{NH_4^+}] = [\mathrm{Cl^-}] = c_{\mathrm{HCl}}$$

と近似できる．これと物質収支の式より，$[\mathrm{NH_3}] = c_{\mathrm{NH_3}} - c_{\mathrm{HCl}}$ が求められる．これらを塩基解離定数の式に代入することにより，pH が次のように計算される．

$$K_b = \frac{[\mathrm{NH_4^+}][\mathrm{OH^-}]}{[\mathrm{NH_3}]} = \frac{c_{\mathrm{HCl}}[\mathrm{OH^-}]}{c_{\mathrm{NH_3}} - c_{\mathrm{HCl}}}$$

$$\mathrm{pH} = 14 - \mathrm{pOH} = 14 + \log\frac{K_b(c_{\mathrm{NH_3}} - c_{\mathrm{HCl}})}{c_{\mathrm{HCl}}} = 14 - \mathrm{p}K_b = 14 - 4.8 = 9.2$$

4. 酸 と 塩 基

[例題 4・9] (2009 年度: 名古屋大院工)
硫酸 (H_2SO_4) は水溶液中で以下のような 2 段階の解離を起こす.1.00×10^{-1} mol dm^{-3} 硫酸の水素イオン濃度は 1.10×10^{-1} mol dm^{-3} であった.一段目の解離は完全解離であるとして,二段目の酸解離定数 K_{a2} の値を求めよ.

$$H_2SO_4 \rightleftharpoons HSO_4^- + H^+ \qquad K_{a1} = \frac{[H^+][HSO_4^-]}{[H_2SO_4]}$$

$$HSO_4^- \rightleftharpoons SO_4^{2-} + H^+ \qquad K_{a2} = \frac{[H^+][SO_4^{2-}]}{[HSO_4^-]}$$

[解答] 1.22×10^{-2} mol dm^{-3}

[解説] 硫酸やリン酸などのように,2 個以上のプロトンを供与できる物質を多塩基酸という.硫酸は二塩基酸であり,段階的に 2 個のプロトンを解離する.したがって,二つの酸解離定数について考える必要がある.多塩基酸を扱う場合には,各段階の pK_a 値を適切に判断して問題を解くことが重要となる.

この平衡における硫酸の物質収支は,次のように表される.

$$c_A = [H_2SO_4] + [HSO_4^-] + [SO_4^{2-}] = 1.00\times 10^{-1} \text{ mol dm}^{-3}$$

一段目の解離は完全解離であるとすると,[H_2SO_4] は無視できるので,

$$[HSO_4^-] + [SO_4^{2-}] = 1.00\times 10^{-1} \text{ mol dm}^{-3} \qquad (4\cdot 7)$$

と近似できる.電気的中性より,次式が成り立つ.[SO_4^{2-}] は 2 価の陰イオンなので,係数として 2 が必要である.

$$[H^+] = [HSO_4^-] + 2[SO_4^{2-}] + [OH^-]$$

一段目の解離により溶液が酸性であることを考慮すると,[OH^-] は無視できる.水素イオン濃度が 1.10×10^{-1} mol dm^{-3} であることから,

$$[H^+] = [HSO_4^-] + 2[SO_4^{2-}] = 1.10\times 10^{-1} \text{ mol dm}^{-3} \qquad (4\cdot 8)$$

となる.式(4・7) および式(4・8) より,硫酸イオンと硫酸水素イオンの濃度が次のように求められる.

$$[SO_4^{2-}] = 0.10\times 10^{-1} \text{ mol dm}^{-3}$$
$$[HSO_4^-] = 0.90\times 10^{-1} \text{ mol dm}^{-3}$$

これらと水素イオン濃度を二段目の酸解離定数の式に代入することによって,K_{a2} の値が求められる.

$$K_{a2} = \frac{[H^+][SO_4^{2-}]}{[HSO_4^-]} = 1.22\times 10^{-2} \text{ mol dm}^{-3}$$

[例題 4・10] (2008 年度: 京都大院理・改)
緩衝液に関する以下の説明を読んで, 問 1)～3) に答えよ.

弱酸とその ア 塩基, あるいは弱塩基とその ア 酸からなる水溶液は緩衝液であり, 酸や塩基を加えても溶液の pH は大きく変化しない. 緩衝液の pH の変わりにくさは イ とよばれる. 弱酸 HA を a mol と水酸化ナトリウムを x mol 溶かして得られる緩衝液の pH は a, x および HA の酸解離定数 K_a を用いて

$$\mathrm{pH} = \mathrm{p}K_a + \boxed{ウ}$$

と表せる.

1) ア～ウにあてはまる適切な語句および式を記入せよ.
2) イは pH が $\mathrm{p}K_a$ に等しいときに最大となる. イが最大となる緩衝液を調製するには, 弱酸 HA a mol に対して水酸化ナトリウムを何 mol 加えればよいか. a を用いて表せ.
3) 酢酸, スルファミン酸およびオルトホウ酸が手元にある. これらのうち一つと水酸化ナトリウムを用いて pH 9.40 の緩衝液を調製する. どの酸を用いるべきか, その理由とともに答えよ. また用いる酸に対する水酸化ナトリウムのモル比を求めよ. ただし, 酢酸とスルファミン酸の酸解離定数, およびオルトホウ酸の第一酸解離定数をそれぞれ 1.80×10^{-5}, 1.00×10^{-1}, 5.88×10^{-10} mol dm^{-3} とする.

[解 答] 1) ア) 共役　イ) 緩衝能　ウ) $\log \dfrac{x}{a-x}$
2) $0.5a$ mol
3) オルトホウ酸. モル比: $x/a = 0.60$

[解 説] 問題文にあるように, 酸や塩基を加えても pH が大きく変化しない溶液のことを**緩衝液**という. たとえば, 弱酸 HA とその共役塩基の塩 MA を混合した溶液では, 次の平衡が存在する.

$$\mathrm{HA} \rightleftharpoons \mathrm{H}^+ + \mathrm{A}^-$$
$$\mathrm{MA} \rightleftharpoons \mathrm{M}^+ + \mathrm{A}^-$$
$$\mathrm{H_2O} \rightleftharpoons \mathrm{H}^+ + \mathrm{OH}^-$$

この溶液には多量の HA と A$^-$ が存在するので, 酸や塩基を加えても平衡が移動して, 水素イオン濃度の変化は小さく抑えられる. このことを理解するために, 弱酸 HA (解離定数 K_a) を強塩基 B で滴定する場合を考える.

4. 酸 と 塩 基

$$HA + B \rightleftharpoons A^- + BH^+$$

滴定開始から当量点に至るまでの中間領域（初期段階と当量点付近を除く）では，溶液は弱酸 HA とその共役塩基の塩 [BH$^+$][A$^-$] を混合した溶液，すなわち緩衝液となる．この溶液について，例題 4・8 解説で述べた i)～iii) の条件を順次考えていく．

i) まず，化学平衡の式と平衡定数を書く．上記の酸塩基反応に加えて，弱酸 HA の解離平衡と，水の自己プロトリシス平衡が存在する．

$$HA \rightleftharpoons H^+ + A^- \qquad K_a = \frac{[H^+][A^-]}{[HA]} \qquad (4 \cdot 9)$$

$$2H_2O \rightleftharpoons H_3O^+ + OH^- \qquad K_w = [H^+][OH^-] \qquad (4 \cdot 10)$$

ii) つぎに物質収支について考える．A を含む化学種の濃度の総和を c_A，B を含む化学種の濃度の総和を c_B とすると，それらの物質収支は次のように表される．

$$c_A = [HA] + [A^-] \qquad (4 \cdot 11)$$

$$c_B = [B] + [BH^+] \qquad (4 \cdot 12)$$

B は強塩基なので，式(4・12)は次のように近似できる．

$$c_B = [BH^+] \qquad (4 \cdot 13)$$

iii) 電気的中性を満たす式は次のようになる．

$$[H^+] + [BH^+] = [A^-] + [OH^-] \qquad (4 \cdot 14)$$

滴定の初期段階と当量点付近以降を除いては，[BH$^+$]≫[H$^+$] および [A$^-$]≫[OH$^-$] が成立する．よって式(4・14)は，

$$[BH^+] = [A^-] \qquad (4 \cdot 15)$$

と近似できる．この式(4・15)と式(4・11)および式(4・13)より，次式が得られる．

$$[A^-] = c_B$$
$$[HA] = c_A - c_B$$

これらの関係式を用いると酸解離定数の式(4・9)は，

$$K_a = \frac{[H^+][A^-]}{[HA]} = \frac{[H^+]c_B}{c_A - c_B}$$

となる．滴定率を $\alpha = c_B/c_A$ とおくと，pH は次のように表される．

$$[H^+] = \frac{K_a(c_A - c_B)}{c_B} = \frac{K_a(1-\alpha)}{\alpha}$$

$$pH = pK_a + \log\frac{\alpha}{1-\alpha}$$

滴定の中間領域では緩衝液となっており，滴定率に対する pH の変化が小さいほど緩衝作用の大きさ，すなわち緩衝能が大きい．問題文では $\alpha = x/a$ である．

$$\mathrm{pH} = \mathrm{p}K_a + \log\frac{\alpha}{1-\alpha} = \mathrm{p}K_a + \log\frac{x}{a-x}$$

2) $\mathrm{pH} = \mathrm{p}K_a$ すなわち $\alpha = c_B/c_A = 0.5$ のときに緩衝能が最大となる．緩衝作用が最大となる緩衝液を調製するには，弱酸 HA a mol に対して水酸化ナトリウムを $0.5a$ mol 加えればよい．また，緩衝液の濃度は，加えられる酸や塩基の濃度よりも高くなければならない．緩衝液の濃度が高いほど緩衝作用が強くなる．

3) $\mathrm{pH} = \mathrm{p}K_a$ のときに緩衝作用が最大となるので，$\mathrm{p}K_a$ 値が pH 9.40 に最も近いオルトホウ酸を用いるのが適切である．

オルトホウ酸に対する水酸化ナトリウムのモル比 $\alpha = x/a$ は，次のように求められる．

$$9.40 = -\log(5.88 \times 10^{-10}) + \log\frac{\alpha}{1-\alpha} = 9.23 + \log\frac{\alpha}{1-\alpha}$$

$$\alpha = x/a = 0.60$$

[例題 4・11] 自己プロトリシスと水平化効果に関する次の問いに答えよ．
1) 硫酸およびアンモニアの自己プロトリシス平衡をそれぞれ化学反応式で表せ．
2) 酢酸は水溶液中では酸として働くが，硫酸中では塩基として働く．それぞれを化学反応式で表せ．
3) ある溶媒 (Sol) の自己プロトリシス定数を K_{Sol} とする．この溶媒中で酸または塩基が水平化を受けずに強さを区別できるのは，$\mathrm{p}K_a$ がどのような範囲にあるときか．理由とともに説明せよ．

[解答と解説] 1) 硫酸およびアンモニアの自己プロトリシス平衡は次のように表される．

$$\text{硫酸:} \quad 2\mathrm{H_2SO_4} \rightleftharpoons \mathrm{H_3SO_4^+} + \mathrm{HSO_4^-}$$
$$\text{アンモニア:} \quad 2\mathrm{NH_3} \rightleftharpoons \mathrm{NH_4^+} + \mathrm{NH_2^-}$$

2) 酢酸は水溶液中では弱い酸であり，次のように解離する．

$$\mathrm{CH_3COOH} + \mathrm{H_2O} \rightleftharpoons \mathrm{CH_3COO^-} + \mathrm{H_3O^+}$$

しかし，硫酸は酢酸よりも強い酸であるので，酢酸は硫酸中では塩基として働く．

$$\mathrm{CH_3COOH} + \mathrm{H_2SO_4} \rightleftharpoons \mathrm{CH_3C(OH)_2^+} + \mathrm{HSO_4^-}$$

3) ある酸 HA を溶媒 HSol に溶かしたとき，その溶媒中における酸の解離定数は，

次のようになる.

$$K_a = \frac{[\mathrm{H_2Sol^+}][\mathrm{A^-}]}{[\mathrm{HA}]}$$

$K_a>1$ ($pK_a<0$) の酸は,HSol 中では強い酸であるが,$\mathrm{H_2Sol^+}$ の酸性度を示すことになる.また,ある塩基 B を溶媒 HSol に溶かしたとき,その溶媒中における塩基の解離定数は,次のようになる.

$$K_b = \frac{[\mathrm{BH^+}][\mathrm{Sol^-}]}{[\mathrm{B}]}$$

$K_b>1$ ($pK_b<0$) の塩基は,HSol 中では強い塩基あるが,$\mathrm{Sol^-}$ の塩基性度を示すことになる.このような効果を**水平化効果**という.水平化効果を受けないのは,$pK_a>0$,$pK_b>0$ の酸または塩基である.ある酸の解離定数を $K_a{}'$,その共役塩基の解離定数を $K_b{}'$ とすると,$pK_a{}'+pK_b{}'=pK_{Sol}$ なので,$pK_b{}'>0$ は $pK_{Sol}>pK_a{}'$ と表される.よって,pK_a が

$$0<pK_a<pK_{Sol}$$

の範囲にあるとき,その溶媒中で酸または塩基は水平化を受けずに強さを区別することができる.

[例題 4・12] ヘリウム-4 の原子核の核結合エネルギーを求め,MeV の単位で表せ.ただし,ヘリウム-4 原子核の質量を 6.646×10^{-27} kg,陽子の質量を 1.673×10^{-27} kg,中性子の質量を 1.675×10^{-27} kg とし,真空中の光速度 $=2.998\times10^8$ m s^{-1} および 1 eV $= 1.602\times10^{-19}$ J を用いよ.

[解 答] 28 MeV

[解 説] 原子核のもつエネルギーは,原子核を構成する陽子と中性子の個々のエネルギーの和よりも大きい.このエネルギー差は,陽子や中性子を結びつけるエネルギーであり,**核結合エネルギー**とよばれる.核結合エネルギーは,原子核を構成する陽子と中性子の質量の総和から原子核の質量を差し引いた値(質量欠損)で表すこともできる.質量欠損を Δm とすると,核結合エネルギー E は次式で表される.

$$E = (\Delta m)c^2$$

ヘリウム-4 の原子核は 2 個の陽子と 2 個の中性子からなるので,核結合エネルギーは次のように求められる.

$$E = \frac{(1.673 \times 10^{-27} \times 2 + 1.675 \times 10^{-27} \times 2 - 6.646 \times 10^{-27}) \times (2.998 \times 10^8)^2}{1.602 \times 10^{-19}}$$
$$= 2.8 \times 10^7 \text{ eV} = 28 \text{ MeV}$$

核結合エネルギーを質量数 (A) で割った核子 1 個当たりの結合エネルギー (E/A) は約 7 MeV となる.

E/A の値を質量数に対してプロットすると,鉄やニッケルの付近が約 9 MeV で極大となることがわかる.したがって,鉄やニッケルの原子核は他の元素の原子核よりも安定である.質量数が小さい二つの原子核が融合して一つの新しい原子核を生成する反応は**核融合**とよばれる.反応前の核結合エネルギーの和よりも大きい核結合エネルギーをもつ原子核が生成すると,エネルギーが放出される.これに対して,質量数が大きい原子核が分裂して軽い原子核が生じる反応は**核分裂**とよばれる.生成した原子核の核結合エネルギーの和が,もとの原子核の核結合エネルギーよりも大きい場合は,エネルギーが放出される.

[例題 4・13] 次に示す原子核の反応の式を書け.
1) 窒素 $^{15}_{7}\text{N}$ の原子核が陽子 1 個を捕獲して,α 線を放出する反応
2) 炭素 $^{12}_{6}\text{C}$ の原子核がヘリウム $^{4}_{2}\text{He}$ の原子核 (α 粒子) と融合して,γ 線を放出する反応
3) モリブデン $^{98}_{42}\text{Mo}$ が中性子 1 個を捕獲して,γ 線を放出する反応
4) カリウム $^{40}_{19}\text{K}$ の β^- 壊変
5) ラジウム $^{226}_{88}\text{Ra}$ の α 壊変

[解答] 1) $^{15}_{7}\text{N} + ^{1}_{1}\text{p} \longrightarrow ^{12}_{6}\text{C} + ^{4}_{2}\alpha$　　2) $^{12}_{6}\text{C} + ^{4}_{2}\alpha \longrightarrow ^{16}_{8}\text{O} + \gamma$
3) $^{98}_{42}\text{Mo} + ^{1}_{0}\text{n} \longrightarrow ^{99}_{42}\text{Mo} + \gamma$　　4) $^{40}_{19}\text{K} \longrightarrow ^{40}_{20}\text{Ca} + \text{e}^- + \bar{\nu}$
5) $^{226}_{88}\text{Ra} \longrightarrow ^{222}_{86}\text{Rn} + ^{4}_{2}\alpha$

[解説] 自然界に存在するほとんどの元素は,核反応によって生じたものであり,現在も新しい元素が人工的に合成されている.宇宙が誕生してから初期の段階では,原子よりも小さい素粒子が結合して水素とヘリウムの核が生成した.それらは星を形成し,星の中で起こる核反応により,鉄までの軽い元素がつくられたと考えられている.

重い元素は,中性子を取込んで γ 線を放出する中性子捕獲や,電子と反ニュートリノ ($\bar{\nu}$) を放出してより安定な原子核に壊変する β^- 壊変によりつくられる.中性子捕獲では,質量数が増えるが原子番号は変わらず,より重い同位体が形成される.β^- 壊変では,質量数は変わらず原子番号が増えて,重い元素へと変わる.

安定な核種をもたない元素は放射性元素とよばれる．テクネチウム，プロメチウム，および原子番号が84以上の元素は放射性元素であり，α壊変などの放射壊変により，より安定な核種へと変化する．

問題

4・1 次の平衡の正反応におけるBrønsted酸とBrønsted塩基を示せ．また，Brønsted酸の共役塩基を示せ．
(a) $HCl(aq) + NH_3(aq) \rightleftharpoons Cl^-(aq) + NH_4^+(aq)$
(b) $NH_4^+(aq) + H_2O(l) \rightleftharpoons NH_3(aq) + H_3O^+(aq)$

4・2 次の反応におけるLewis酸とLewis塩基を示せ．
(a) $Mn^{2+} + 6H_2O \longrightarrow [Mn(H_2O)_6]^{2+}$
(b) $B(OH)_3(aq) + 2H_2O(l) \rightleftharpoons [B(OH)_4]^-(aq) + H_3O^+(aq)$

4・3 硫化水素 H_2S の水溶液について，次の問いに答えよ．
1) 二段階の酸解離平衡を表す化学反応式を示し，それぞれの段階の酸解離定数の式を記せ．
2) 水の自己プロトリシスも含めて，電気的中性を表す式を記せ．

4・4 次のアクア酸を酸解離定数の大きい順に並べよ．
$$[Zn(OH_2)_6]^{2+} \quad [Ca(OH_2)_6]^{2+} \quad [Sc(OH_2)_6]^{3+}$$

4・5 例題4・6解説で示したオキソ酸に関するPaulingの規則を用いて，リン酸の第一，第二，第三酸解離定数を予想せよ．

4・6 次のイオンまたは化合物を，硬い酸，硬い塩基，軟らかい酸，軟らかい塩基に分類せよ．
$$Li^+, \ S(CH_3)_2, \ Cd^{2+}, \ Ca^{2+}, \ H^+, \ NO_3^-, \ Ag^+, \ I^-, \ BF_3, \ H_2O$$

4・7 酸・塩基の水溶液に関する次の問いに答えよ．ただし，安息香酸の pK_a を4.2，ピリジンの pK_b を8.8とし，水の自己プロトリシス定数（イオン積）を 1.0×10^{-14} とする．
1) ピリジンの共役酸の pK_a を求めよ．
2) ピリジンの共役酸と安息香酸では，どちらがより強い酸か答えよ．

4・8 $0.10 \ mol \ dm^{-3}$ 塩化アンモニウム水溶液のpHを求めよ．ただし，アンモニアの pK_b を4.8とし，水の自己プロトリシス定数（イオン積）を 1.0×10^{-14} とする．

4・9 フッ化水素酸はガラス（SiO_2）を腐食する．この反応について以下の問いに答えよ．
1) この反応を化学反応式で表せ．

2) この反応を Lewis および Brønsted の酸・塩基の考え方を用いて説明せよ.

4・10 (2008 年度: 京都大院工)
以下の酸・塩基に関する問いに答えよ.
1) 次の塩基を水溶液中で塩基性が増大する順に並べよ. 化学式ではなく, 番号で記せ.
① HPO_4^{2-}　② ClO_4^-　③ F^-　④ NH_2^-　⑤ NH_3
2) 以下の (a) と (b) の反応を式で表し, それぞれの反応における Lewis 酸と Lewis 塩基をすべて示せ.
　　(a) 塩化スズ(II) と塩化カリウムの反応　　(b) Co^{2+} の水和反応

4・11 (2008 年度: 群馬大院工)
"Lewis 酸・Lewis 塩基の硬さ・軟らかさ" および "HSAB (hard and soft acids and bases) 則" について説明せよ. また, HSAB 則から, 次の 1)〜5) においてはアとイのどちらの化合物がより熱力学的に安定であると推定されるか答えよ.
1) ア　MgF_2　　イ　HgF_2
2) ア　BeS　　イ　PbS
3) ア　AlF_3　　イ　AlI_3
4) ア　$Cr(OH)_3$　　イ　$Cr(OH)_2$
5) ア　$[Ca(CN)_4]^{2-}$　　イ　$[Cd(CN)_4]^{2-}$

4・12 (2008 年度: 名古屋大院理)
以下の文章を読んで, 問 1), 2) に答えよ.

B_2H_6 は, 強い Lewis 酸性の化合物であり, Lewis 塩基であるアミン類と容易に反応する. たとえば, B_2H_6 と $N(CH_3)_3$ との反応では **A** が安定に得られ, 低温で NH_3 と反応させると, 生成物 **B** が得られる. **B** は, 室温ではさらに反応し, **C** を生成する. **C** は, 無機ベンゼンとよばれることもあるが, その反応性は, ベンゼンとは大きく異なる. たとえば, **C** と HCl は容易に反応し, **D** を与える.

1) 化合物 **A**, **B**, **C**, **D** の構造式を記せ.
2) 下線部の理由を述べよ.

4・13 〔1) 2003 年度: 大阪大院理, 2) 2006 年度: 東京工業大院総合理工, 3) 2008 年度: 東北大院理〕
次の問いに答えよ.
1) 次の物質を酸解離定数の大きい順に並べ, その理由を述べよ.
　　HClO　　HBrO　　HIO
2) 次の物質を酸解離定数の大きい順に並べ, その理由を述べよ.

$H_4P_2O_7$ $H_3P_2O_7^-$ $H_2P_2O_7^{2-}$ $HP_2O_7^{3-}$

3) 次の化合物のなかで水中での Brønsted 塩基性が強い方を選び出し，おもな理由とともに記せ． $[Fe(CO)_4]^{2-}$ $[Co(CO)_4]^-$

4・14 (2006 年度：北海道大院理・改)
オキソ酸に関する以下の問いに答えよ．

1) オキソ酸 H_nEO_m（E は中心元素）の酸解離定数（酸性度定数，pK_a）は，中心原子の酸化数，中心原子に結合する O（酸素原子）の数（m）でほぼ決まり，中心原子 E の違いによる影響は小さい．これらの要因の影響は，Pauling の規則として整理されている．オキソ酸 H_nEO_m の一段目の酸性度定数 pK_{a1} および二段目の酸性度定数 pK_{a2} はどのような式で表されるか答えよ．

2) H_3AsO_3 の pK_a は 9.4 で，H_3PO_3 の組成で表される P^{III} の酸の pK_a は 2.0 である．それぞれの場合について，Pauling の規則に従っているかどうかを調べ，ずれが生じている場合には，その理由を述べよ．

4・15 (2008 年度：早稲田大院先進理工)
HClO, HClO$_2$, HClO$_3$, HClO$_4$ の pK_a の値はそれぞれ，7.2, 2.0, -1.0, -10 である．

1) 酸の強さがなぜこのような順になるのか説明せよ．
2) オキソ酸 $XO_m(OH)_n$ の pK_a 値は m の数によって決まる．硝酸，オルトテルル酸，オルト過ヨウ素酸の pK_a 値はそれぞれ -1.4, 7.7, 1.6 である．これらの酸を $XO_m(OH)_n$ の形で表せ．

4・16 (2010 年度：静岡大院理)
塩基解離定数：$K_b = 1.8 \times 10^{-5}$ mol dm^{-3} ($pK_b = 4.7$) の弱塩基 B がある．以下の問いに答えよ．ただし，すべての化学種の活量係数を 1.0 とし，水のイオン積 K_w は 1.0×10^{-14} mol^2 dm^{-6} ($pK_w = 14$) とする．なお，弱塩基 B は一酸塩基とする．問 3)，4) については計算過程を示し，有効数字 2 桁で答えよ．

1) 弱塩基 B を含む水溶液における平衡定数の式，電荷均衡の式，物質収支の式を書け．なお，弱塩基の濃度を c_B とする．
2) 問 1) で求めた式を使って，弱塩基 B を含む水溶液の pH を求める式を導出せよ．なお，$[OH^-] \gg [H^+]$ および $c_B \gg [OH^-]$ の条件が成り立つものとする．
3) 弱塩基 B の共役酸 BH^+ の酸解離定数 K_a を求めよ．
4) 0.10 mol dm^{-3} の弱塩基 B の水溶液 100 mL に 0.10 mol dm^{-3} の塩酸 50 mL を加えた溶液の pH を求めよ．

4・17 (2002 年度：九州大院理・改)
次の問いに答えよ．

1) 酢酸, トリフルオロ酢酸, トリクロロ酢酸を, 水溶液中で酸性度が増大する順に並べ, その理由を述べよ.
2) 0.10 mol dm^{-3} トリクロロ酢酸水溶液の水素イオン濃度を有効数字 1 桁で示せ. ただし, トリクロロ酢酸の酸解離定数は, $K_a = \dfrac{[\text{H}^+][\text{CCl}_3\text{COO}^-]}{[\text{CCl}_3\text{COOH}]} = 0.10$ mol dm^{-3} である.

4・18 (2008 年度: 静岡大院理)
酢酸の酸解離定数は $K_a = 1.8 \times 10^{-5}$ ($pK_a = 4.7$) である. 以下の問いに答えよ. なお, 計算過程を簡潔に示し, 有効数字 2 桁で答えよ. ただし, すべての化学種の活量係数を 1.0 とする. 必要ならば $\sqrt{1.8} = 1.3$, $\log 0.6 = -0.22$, $\log 1.3 = 0.11$, $\log 3.5 = 0.54$ を用いよ.

1) 0.10 mol dm^{-3} 酢酸水溶液の pH を求めよ.
2) 0.050 mol dm^{-3} 酢酸水溶液 50 mL と 0.050 mol dm^{-3} 酢酸ナトリウム水溶液 30 mL を混合して調製した緩衝液の pH を求めよ.
3) 問 2) の緩衝液に 0.20 mol dm^{-3} 水酸化ナトリウム水溶液 8.0 mL を加えたときの pH を求めよ.

4・19 (2006 年度: 京都大院理)
pH に関して以下の問いに答えよ. すべての化学種の活量係数を 1 とみなしてよい.

1) 37℃ では水の自己プロトリシス定数は,
$$K_w = [\text{H}_3\text{O}^+][\text{OH}^-] = 2.5 \times 10^{-14} \text{ mol}^2 \text{ dm}^{-6}$$
である. この温度における純水 (中性溶液) の pH を求めよ.
2) 37℃ の純水に 1.0×10^{-7} mol dm^{-3} HCl を加えた溶液の pH を求めよ.
3) 問 2) の溶液は, 実際には大気と平衡に達すると pH が 6 以下に低下する. この理由を述べよ.
4) KH$_2$PO$_4$ と K$_2$HPO$_4$ を純水に溶かして, 血液と同じ pH 7.40, リン酸の全濃度 4.0×10^{-3} mol dm^{-3} の溶液をつくりたい. KH$_2$PO$_4$ と K$_2$HPO$_4$ の濃度をそれぞれ何 mol dm^{-3} にすればよいか. 次の酸解離定数を用いよ.
$$\text{H}_2\text{PO}_4^- + \text{H}_2\text{O} \rightleftharpoons \text{HPO}_4^{2-} + \text{H}_3\text{O}^+ \qquad K_{a2} = 7.5 \times 10^{-8}$$

4・20 2 個のヘリウム-3 原子核が反応して 1 個のヘリウム-4 原子核と 2 個の陽子になるときに放出されるエネルギーを求め, MeV の単位で表せ. ただし, ヘリウム-3 原子核の質量を 5.008×10^{-27} kg, ヘリウム-4 原子核の質量を 6.646×10^{-27} kg, 陽子の質量を 1.673×10^{-27} kg とし, 真空中の光速度 = 2.998×10^8 m s^{-1} および 1 eV = 1.602×10^{-19} J を用いよ.

4・21 炭素-14 の β^- 壊変に関する次の問いに答えよ.

1) 炭素-14 の β^- 壊変の反応式を記せ.
2) 放射性核種の崩壊は一次の反応速度式に従う.最初にある核の数を N_0,崩壊定数を λ として,時間 t の後に残っている核の数 N を求める式を表せ.
3) 炭素-14 が β^- 壊変により崩壊するときの半減期は 5730 年である.1 g の炭素-14 は 1000 年後にはどれだけ残っているか求めよ.

5. 酸化と還元

キーワード	出題箇所	キーワード	出題箇所
Daniell 電池	例題 1, 問題 23	不均化反応	例題 1, 問題 11, 12, 19
Galvani 電池	例題 5, 問題 7, 8, 15, 21	Nernst 式	例題 4, 5, 問題 12, 13, 16
Latimer 図	例題 1, 問題 5, 6		
Frost 図	例題 1, 2, 問題 6, 14	酸化数	例題 2, 問題 1, 2, 3, 5
電極電位	例題 1, 2, 4, 5, 6, 問題 11, 16, 17, 20, 22	酸化剤	例題 4, 問題 9
		電気分解反応	問題 10, 13
起電力	例題 3, 問題 7, 15, 21, 23	酸化還元滴定	問題 18, 20
Gibbs エネルギー	例題 1, 3, 問題 19, 22, 23		

[例題 5・1] （2008 年度: 京都大院工および 2008 年度: 群馬大院工・改）
図 5・1 は pH＝0 の水溶液中における Mn の Latimer 図である．この図では，化学種がその酸化状態の高い方から順に左側から右側へと記されており，それらを結ぶ矢印の上に標準電極電位の値がボルト単位で書かれている．1)～6)の問いに答えよ．必要ならば次式を参考にせよ．

$$\frac{1}{2}O_2 + 2H^+ + 2e^- \longrightarrow H_2O \qquad E^\ominus = +1.23\,V$$

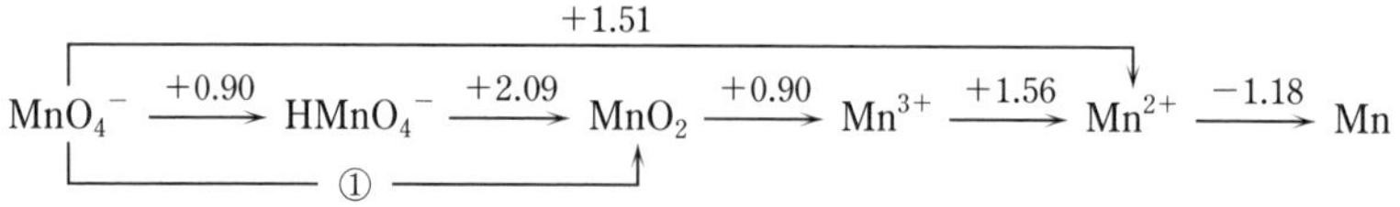

$$\text{MnO}_4^- \xrightarrow{+0.90} \text{HMnO}_4^- \xrightarrow{+2.09} \text{MnO}_2 \xrightarrow{+0.90} \text{Mn}^{3+} \xrightarrow{+1.56} \text{Mn}^{2+} \xrightarrow{-1.18} \text{Mn}$$

(上部: MnO$_4^-$ から Mn^{2+} へ +1.51, ① は HMnO$_4^-$ から MnO$_2$)

図 5・1

1) pH＝0 の水溶液中における Mn 単体の安定性について Gibbs エネルギー変化に基づいて説明せよ．
2) 上に示した化学種のなかで，pH＝0 の水溶液中で最も安定な化学種はどれか．
3) Mn^{3+} が Mn^{2+} と MnO$_2$ に不均化する反応式を記し，その標準起電力を求めよ．また，その反応が自発的に起こるか否かを判定せよ．

5. 酸化と還元

4) ① の過程の標準電極電位を求めよ.
5) 標準状態において MnO_4^- は水を酸化して $HMnO_4^-$ には還元されないことを示せ.
6) Fe^{2+} を含む酸性水溶液に MnO_4^- を加えたとき, Fe^{2+} を Fe^{3+} に酸化することができるか記せ. またその理由を説明せよ. ただし, Fe^{3+}/Fe^{2+} の標準電極電位は $0.771\,V$ とする.

[解 答] 1) 与えられた Latimer 図より, Mn 単体に関係する半反応は以下のようになる.

$$Mn^{2+} + 2e^- \longrightarrow Mn \qquad E^\ominus = -1.18\,V$$

$\Delta G^\ominus (eV) = -nE^\ominus (V)$ であるので, この半反応の $\Delta G^\ominus$ は正となり, 反応は進行しない. つまり pH = 0 の水溶液中では Mn 単体は存在せずに Mn^{2+} となる.
2) Mn^{2+}
3) $2Mn^{3+} + 2H_2O \longrightarrow Mn^{2+} + MnO_2 + 4H^+$
標準起電力は $0.66\,V$. この不均化反応は自発的に起こる.
4) $+1.69\,V$
5) MnO_4^- が $HMnO_4^-$ となる反応での Gibbs(ギブズ)エネルギー変化は $+0.33\,eV$ となるため, MnO_4^- は水を酸化して $HMnO_4^-$ には還元されない.
6) MnO_4^- を加えることにより, Fe^{2+} を Fe^{3+} に酸化することができる. 理由については解説を参照.

[解 説] ある化学種が電子を受取ることを**還元**, 電子を放出することを**酸化**とよぶ. 溶液中では酸化反応と還元反応は同時に起こり, **酸化還元反応**という. 酸化還元反応では, 整数個の電子が完全に移動する. まず酸化還元反応の基礎をまとめてみよう.

Zn 金属板を $ZnSO_4$ 水溶液に浸した容器と, Cu 金属板を $CuSO_4$ 水溶液に浸した容器を用意し, この二つの溶液間に**塩橋**(後述参照)を設置し, 二つの金属板を導線でつなぐ(図 5・2). すると Zn が電子 2 個を金属板に放出して, 自身は Zn^{2+} となり水溶液中に溶け出し, 放出された電子が導線を通って Cu 板に流れ込み, 溶液中に存在する Cu^{2+} がその電子を速やかに受取る. つまり Zn 金属は Zn^{2+} へと酸化されて溶液中へ溶け出し, Cu^{2+} は Cu 金属へと還元されて析出してくる反応が自発的に起こる.

この反応が起こると, 溶液内の電荷のバランスが崩れると感じるかもしれない. つまり, 左側 (Zn 側) 容器内は陽イオン雰囲気となり (Zn^{2+} イオンが増え), 右側 (Cu 側) 容器内では陰イオン雰囲気となる (Cu^{2+} が減少するので相対的に SO_4^{2-} が多く

なる).そこで両容器内での電荷のバランスをつり合わせるために,イオンの通り道を取付ける.これが塩橋である.たとえばKCl濃厚溶液に寒天を加えて固めたものなどが塩橋として使われ,この場合は右の容器からSO_4^{2-} あるいは塩橋中に存在するCl^-

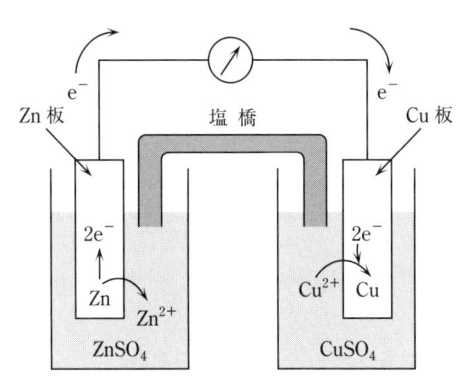

図 5・2 Daniell 電池

が左の容器に入り込み,また左の容器からZn^{2+} あるいは塩橋中に存在するK^+ が右の容器内に入り込むことにより,電荷のバランスが保たれる.このような装置を組むと,Zn板からCu板へある程度の電子が流れ続けるので電池として機能する.この組合わせの電池は **Daniell 電池** とよばれている.左側容器内では式(5・1)の反応が,右側容器内では式(5・2)の反応が同時に起こるので,全体としては式(5・3)の反応が起こっていることになる.

$$Zn \longrightarrow Zn^{2+} + 2e^- \qquad (5・1)$$
$$Cu^{2+} + 2e^- \longrightarrow Cu \qquad (5・2)$$
$$Zn + Cu^{2+} \longrightarrow Zn^{2+} + Cu \qquad (5・3)$$

> **カソード**: 電子が電極側から溶液側へ移動する極.電池反応では＋極
> 　　　　　(正極;還元反応が起こっている電極)
> **アノード**: 電子が溶液側から電極側へ移動する極.電池反応では－極
> 　　　　　(負極;酸化反応が起こっている電極)

　電子だけを単独で取出すことはできないので,式(5・1)だけあるいは式(5・2)だけの反応を起こすことはできない.電子を出すものと受取るものの両方が存在して初めて酸化還元反応が進行する.(5・1)あるいは(5・2)の反応は実際に起こる反応の半分を書き表しているので,**半反応**という.

　式(5・1)や(5・2)は電子がかかわっているので,酸化還元反応の起こりやすさ

は電位を用いて表す．電位に影響を及ぼす因子は ① 物質の種類，② 溶液中の物質イオンの活量（≒濃度），③ 温度である．② と ③ を一定にした場合の電位は物質特有の値となる．活量を 1，温度を 25 ℃ としたとき（この状態を**標準状態**という）の電位を**標準電極電位**という．

先にも述べたとおり，半反応だけの反応は起こらない．二つの半反応を組合わせて初めて電子が流れ，酸化還元反応が起こる．つまり，我々が知ることができるのは個々の電位ではなく，電位差である．そこで，式(5・4)で表される水素電極の標準電極電位（H^+ の活量を 1 とし，1 bar の H_2 ガスとの間に生じる電位）をどの温度でも 0 V と定義する．そして各物質（金属を含む）の電極とこの標準水素電極（SHE，NHE などと略す）の電位差をその物質の標準電極電位（$E^⦵$）として用いる．

$$H^+ + e^- \longrightarrow \frac{1}{2}H_2 \tag{5・4}$$

電子を放出する酸化反応に注目するか，電子を受取る還元反応に注目するかにより $E^⦵$ の値の符号が逆になる．そのため歴史的に混乱を生じた時期もあったが，現在では IUPAC の勧告により，$E^⦵$ は還元反応として表したときの値と定められている．Zn については式(5・5)，Cu については式(5・6)のようになる．

$$Zn^{2+} + 2e^- \longrightarrow Zn \qquad E^⦵ = -0.763\,\text{V} \tag{5・5}$$

$$Cu^{2+} + 2e^- \longrightarrow Cu \qquad E^⦵ = +0.337\,\text{V} \tag{5・6}$$

式(5・5)は Zn 電極と水素電極をつなぐと Zn 電極の方が 0.763 V だけ電位が低いことを表している．つまり H^+ に電子を与えて $\frac{1}{2}H_2$ にするのに比べて，Zn^{2+} に電子を与えて Zn にする方が 0.763 V 負の電位が必要であることを示している．逆に酸化型の反応で考えると，H_2 が H^+ になるよりも Zn が Zn^{2+} になりやすいということである．これは H_2 よりも Zn の方がイオン化傾向が大きいということと，当然のことながら一致している．

すべての化学反応は Gibbs エネルギー（G）が減少する方向に進行する．A から B が生成する反応の場合，生成系の Gibbs エネルギー（G_B）から出発系の Gibbs エネルギー（G_A）を引いた ΔG が負となれば，その反応は自発的に進行する（図 5・3）．酸

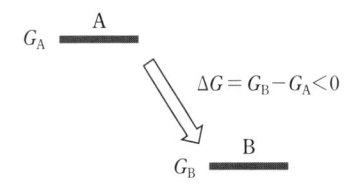

図 5・3　自発的に起こる反応

化還元反応においても，もちろん適応される．

ある電池反応が進むとき，Gibbs エネルギーが減少する．その大きさは電気量と電極間の電位差の積に等しいから，標準状態における Gibbs エネルギー変化 ($\Delta G^\ominus$) と，標準電極電位の間には式(5・7) の関係がある．ここで，n は酸化還元反応に関与する電子数，$E^\ominus$ は先に述べた標準電極電位であり，単位はボルト (V) である．式としては式(5・7) が単純で使いやすいが，そのときの $\Delta G^\ominus$ の単位は電子ボルト (eV) である．化学でよく用いる J mol^{-1} 単位で $\Delta G^\ominus$ を表す場合は式(5・8) となる．F は Faraday 定数とよばれており，96500 C mol^{-1} である（C はクーロン）．$\Delta G^\ominus$ が負になる反応は自発的に進行するので，酸化還元に関する反応では，式(5・7) あるいは (5・8) より，$E^\ominus$ が正の反応は自発的に進行することになる．

$$\Delta G^\ominus (\mathrm{eV}) = -nE^\ominus (\mathrm{V}) \qquad (5\cdot 7)$$

$$\Delta G^\ominus (\mathrm{J\ mol^{-1}}) = -nFE^\ominus (\mathrm{V}) \qquad (5\cdot 8)$$

つぎに，**Latimer** 図の使い方について説明する．Latimer 図とは，ある元素（おもに金属）が種々の酸化状態をとる場合，一番高い酸化状態をもつ化合物を左端に書き，それより低い酸化状態をもつ化合物を順次右に書いていき，各状態間の標準電極電位 ($E^\ominus$) を書いたものである．Mn の場合の Latimer 図を図5・4 に示す（問題文の図と少々異なっている）．各酸化状態間の $E^\ominus$ は公表されている．記述されていない $E^\ominus$ があるが，これらの値は計算で求めることができる．つぎにその求め方を示す．

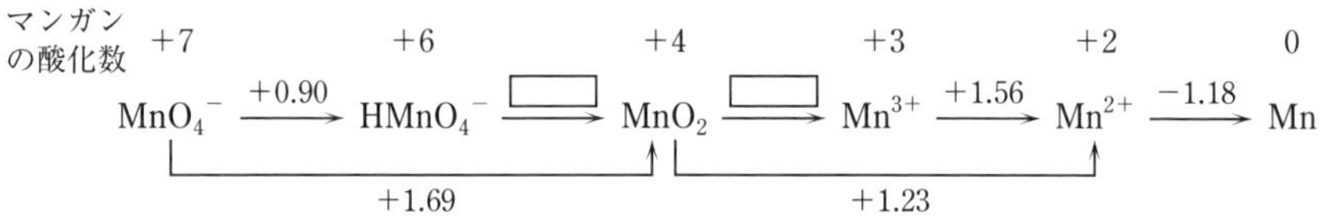

```
マンガン
の酸化数  +7         +6         +4        +3         +2         0
        MnO₄⁻ →+0.90→ HMnO₄⁻ →□→ MnO₂ →□→ Mn³⁺ →+1.56→ Mn²⁺ →−1.18→ Mn
                        +1.69              +1.23
```

図 5・4 マンガンに関する Latimer 図

図5・4 には Mn^{6+}(HMnO$_4^-$) と Mn^{4+}(MnO$_2$) の間の $E^\ominus$ が示されていないので，この値を求めてみよう．Mn$^{6+} \to$ Mn^{4+} の値を求めるために，Mn$^{7+} \to$ Mn^{6+} および Mn$^{7+} \to$ Mn^{4+} の $E^\ominus$ の値を用いる．まず，Mn^{7+}(MnO$_4^-$) から Mn^{4+}(MnO$_2$) への還元反応式 (5・9)，および Mn^{7+}(MnO$_4^-$) から Mn^{6+}(HMnO$_4^-$) への還元反応式 (5・10) を書く．その際 $E^\ominus$ の値と $\Delta G^\ominus$ の値も書く．$\Delta G^\ominus$ の値は式(5・7) を用いて eV 単位で書いておく（操作①，J mol^{-1} 単位のものも参考のため右側に記した）．この反応は酸性条件下での反応であるので，物質収支および電荷の収支を合わせるために式中に適当量の H$^+$ および H$_2$O を書き足す．$E^\ominus$ および $\Delta G^\ominus$ の値を求めるだけの目的であれば，Latimer 図に登場する化合物と電子だけを書いておけばよい．

5. 酸化と還元

つぎに式 (5・9) と (5・10) を用いて，Mn^{6+} が Mn^{4+} に還元される反応式を書き表す．今の場合は (5・9)−(5・10) を行う．ここで注意すべきことは，$\Delta G^{\ominus}$ には加成性が成り立つが，$E^{\ominus}$ は状態量ではないので加成性が成り立たないということである．このようにして求めた $\Delta G^{\ominus}$ の値（操作②）を用いて $E^{\ominus}$ を求める（操作③）．$E^{\ominus}$ を求めるために，$E^{\ominus}$ どうしを直接足し引き（この場合は $1.69 - 0.90 = 0.79$）しても正しい値は求まらないことに注意する．

$$
\begin{array}{lcccc}
 & & E^{\ominus} & \Delta G^{\ominus}/\text{eV} & \Delta G^{\ominus}/\text{J mol}^{-1} \\
 & & & = -nE^{\ominus} & = -nFE^{\ominus} \\
\text{MnO}_4^- + 4\text{H}^+ + 3e^- \longrightarrow \text{MnO}_2 + 2\text{H}_2\text{O} & +1.69 \;① & -5.07 & -3 \times F \times 1.69 & (5 \cdot 9) \\
-)\;\text{MnO}_4^- + \text{H}^+ + e^- \longrightarrow \text{HMnO}_4^- & +0.90 \;① & -0.90 \;② & -1 \times F \times 0.90 & (5 \cdot 10) \\
\hline
\text{HMnO}_4^- + 3\text{H}^+ + 2e^- \longrightarrow \text{MnO}_2 + 2\text{H}_2\text{O} & \boxed{+2.09} \;③ & -4.17 & -4.17 \times F &
\end{array}
$$

$$E^{\ominus} = -\frac{\Delta G^{\ominus}}{n} \qquad E^{\ominus} = -\frac{\Delta G^{\ominus}}{nF}$$

同様にして，Mn^{4+} から Mn^{3+} への $E^{\ominus}$ を求める．結果を下に示す．

$$
\begin{array}{lccc}
 & E^{\ominus} & \Delta G^{\ominus} = -nE^{\ominus} & \\
\text{MnO}_2 + 4\text{H}^+ + 2e^- \longrightarrow \text{Mn}^{2+} + 2\text{H}_2\text{O} & +1.23 \;① & -2.46 & (5 \cdot 11) \\
-)\quad\quad\quad\text{Mn}^{3+} + e^- \longrightarrow \text{Mn}^{2+} & +1.56 \;① & -1.56 \;② & (5 \cdot 12) \\
\hline
\text{MnO}_2 + 4\text{H}^+ + e^- \longrightarrow \text{Mn}^{3+} + 2\text{H}_2\text{O} & \boxed{+0.90} \;③ & -0.90 &
\end{array}
$$

$$E^{\ominus} = -\frac{\Delta G^{\ominus}}{n}$$

つぎに Frost 図（フロスト）について述べる．Frost 図は Latimer 図のデータをもとにして，横軸に元素の酸化数 n，縦軸に $nE^{\ominus}$ をプロットした図である．Frost 図の横軸は右に行くほど酸化数が大きくなるようにとる．右に行くほど還元されたもの（酸化数が小さいもの）を書く Latimer 図とは逆の関係になっているので注意を要する．Mn の系についての Frost 図を図 5・5 に示す．この系を例にとり，Frost 図の縦軸についてもう少し考えてみる．図 5・5 より Mn^{2+} の $nE^{\ominus}$ は $-2.36\,\text{eV}$ であることがわかる．$nE^{\ominus}$ ($= -\Delta G^{\ominus}$) であるので，この -2.36 は Gibbs エネルギーの差を表している（どちらからどちらを引くかにより符号が逆転するので注意を要するが，これについては後述する）．今の場合は Mn^{2+} と Mn^0 の Gibbs エネルギー差が $2.36\,\text{eV}$ であることを意味している．いずれの場合も安定に存在する純粋な単体の Gibbs エネルギーを 0 と定義する．したがって，Mn^0 の Gibbs エネルギーは 0 となり，$-2.36\,\text{eV}$ はそのまま Mn^{2+} の Gibbs エネルギーに相当する．つまり，Frost 図の縦軸は各酸化状態の $G^{\ominus}$ 値に相当する．縦軸は Gibbs エネルギーに相当するので，その単位は eV であるが，$nE^{\ominus}$ から

Vで表示することも多い.

還元反応で表したときの $\Delta G^{\ominus}$ と $E^{\ominus}$ には $\Delta G^{\ominus} = -nE^{\ominus}$ の関係がある. したがって, 酸化反応で表した場合には $\Delta G^{\ominus} = nE^{\ominus}$ となる. つまり Frost 図中では $\Delta G^{\ominus} = nE^{\ominus}$ の関係式が成り立っている. 縦軸が $\Delta G^{\ominus}$ を, 横軸が n を表すので, $y = ax$ ($\Delta G^{\ominus} = E^{\ominus} n$) の関係式からわかるように, $E^{\ominus}$ は Frost 図における傾きとなる. ここに示した図では,

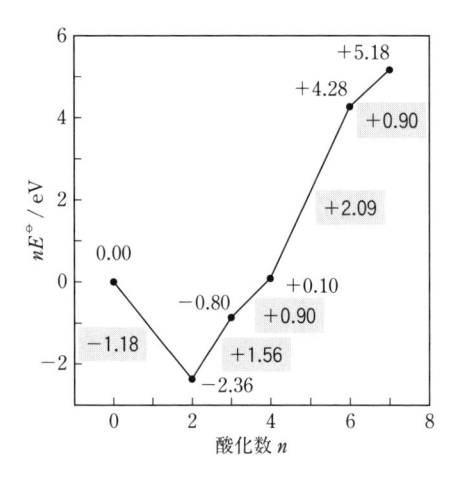

図 5·5 マンガンに関する Frost 図

各酸化状態における $nE^{\ominus}(G^{\ominus})$ を黒数字で, また各酸化状態間の $E^{\ominus}$ (傾き) を灰色のバックをつけて示した. Latimer 図から Frost 図を描く場合は, 酸化数 0 の $nE^{\ominus}(G^{\ominus})$ を 0 eV とし, そこから Latimer 図にある $E^{\ominus}$ を符号のとおりに傾きとして用いて次の酸化状態の $nE^{\ominus}(G^{\ominus})$ を順次求めていく. 慣れれば容易に Frost 図が描けるようになる.

この図からさまざまなことが見てとれる. $nE^{\ominus}(G^{\ominus})$ が小さい (負に大きい) ものほど, 安定であることを意味するので, マンガンでは Mn^{2+} が最も安定な酸化状態であることが一目瞭然となる.

また, **不均化反応**に関する知見も容易に得られる. たとえば, 2 分子の Mn^{3+} は Mn^{2+} と Mn^{4+} に不均化するかどうかが予想できる. 2 分子の Mn^{3+} の合計 $nE^{\ominus}$ は -1.60 eV (-0.80×2) であり, Mn^{2+} と Mn^{4+} の合計 $nE^{\ominus}$ は -2.26 eV ($-2.36+0.10$) であるので, 後者の方が $nE^{\ominus}$ は小さいので, Mn^{3+} は自発的に Mn^{2+} と Mn^{4+} に不均化する. $nE^{\ominus}$ の値をいちいち計算しなくても不均化するか否かの予想は可能である. Mn^{2+} と Mn^{4+} を結ぶ直線よりも Mn^{3+} の点が上側に位置している. これは Mn^{2+} と Mn^{3+} を結ぶ直線の傾き ($= E^{\ominus}$, $+1.56$) よりも, Mn^{3+} と Mn^{4+} の傾き ($=$

5. 酸化と還元

$E^\ominus$, +0.90) の方が緩やかになっているので, Mn^{3+} が Mn^{2+} と Mn^{4+} を結ぶ直線より上側に位置することがわかる. つまり, $nE^\ominus$ の個々の値を求めなくても, 対応する $E^\ominus$ (=傾き) を比べるだけで, 不均化するかしないかの判別ができる. 同様にして, Mn^{6+} は Mn^{4+} と Mn^{7+} に不均化することも見てとれる.

この考え方を応用すると, 不均化反応 (同種金属間での電子のやりとり) のみにとどまらず, 2 種類の金属を混合したときに, そこで酸化還元反応 (異種金属間での電子のやりとり) が起こるかを予想することが可能となる. 例として Fe と Sn の系について考える. この両者の Latimer 図を図 5・6, ならびにこれをもとに作成した Frost 図を図 5・7 に示す. この図より, Fe^{2+} は Fe^0 と Fe^{3+} には自発的には不均化しないし, Sn^{2+} も Sn^0 と Sn^{4+} に不均化はしないことがわかる. それでは Fe^{3+} と Sn^{2+} を共存させた場合, Fe^{3+} が Fe^{2+} に還元され Sn^{2+} が Sn^{4+} に酸化される反応は起こるだろうか. 反応前後での $\Delta G^\ominus$ を求めてその正負により判断してもよいが, もっと簡便なやり方があるので, 以下に紹介する.

(a) $Fe^{3+} \xrightarrow{+0.77} Fe^{2+} \xrightarrow{-0.44} Fe$

(b) $Sn^{4+} \xrightarrow{+0.15} Sn^{2+} \xrightarrow{-0.14} Sn$

図 5・6 鉄 (a) およびスズ (b) に関する Latimer 図

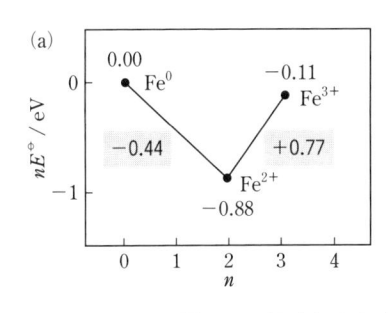

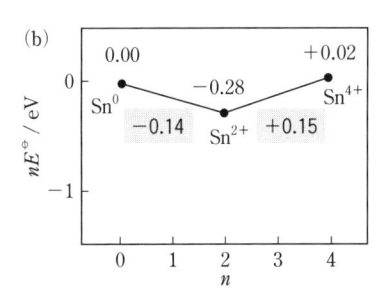

図 5・7 鉄 (a) およびスズ (b) に関する Frost 図

今問題にしている酸化還元部分の Frost 図を図 5・8 の (a) と (c) に示した (見やすくするため, (c) では破線で表した). この直線を出発物が重なるように平行移動させたのが (b) の図である. Fe^{3+} と Sn^{2+} が重なった部分 (図中⊙) は反応前の状態であり, 酸化還元反応が起こった後は Fe^{2+} と Sn^{4+} の状態になる. 反応後の 2 点を結んだ直線よりも反応前の状態の点が上側に位置している (視覚的にもわかるが, 傾きを表す $E^\ominus$ の値を比較するとより明確である) ので, この反応は自発的に進行するこ

98   5. 酸化と還元

とがわかる．他の反応の組合わせについても同様にして予想することができる．たとえば，Fe^{2+} と Sn^{2+} を共存させた場合，Fe^{2+} が Fe^0 に還元され，Sn^{2+} が Sn^{4+} に酸化される反応は自発的に起こらないことがわかる．

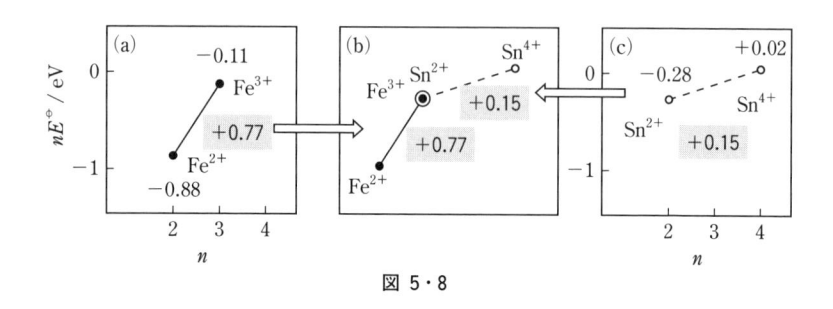

図 5・8

以上をふまえて，解答についての解説を付け加える．

2) Mn^{2+} より酸化数の高い化学種からの標準電極電位はすべて正なので，Mn^{2+} が最も安定である．Frost 図より，Mn^{2+} が最も底部に位置するので，これが最も安定であることがわかる．

3) Mn^{3+} が Mn^{2+} に還元される半反応，および MnO_2 が Mn^{3+} に還元される半反応を書き，Mn^{3+} が Mn^{2+} と MnO_2 に不均化する反応式を導くと，以下のようになる．この反応の $\Delta G^\ominus$ は負となるので，この不均化は自発的に進行する．

$$
\begin{array}{lcc}
 & E^\ominus & \Delta G^\ominus = -nE^\ominus \\
Mn^{3+} + e^- \longrightarrow Mn^{2+} & +1.56 & -1.56 \\
-)\ MnO_2 + 4H^+ + e^- \longrightarrow Mn^{3+} + 2H_2O & +0.90 & -0.90 \\
\hline
2Mn^{3+} + 2H_2O \longrightarrow Mn^{2+} + MnO_2 + 4H^+ & +0.66 & -0.66 \\
\end{array}
$$

$$\Delta E^\ominus = -\frac{\Delta G^\ominus}{n}$$

得られた式は半反応の式ではなく，電子移動を表す反応式である．したがって，$-\Delta G^\ominus/n$ で求められる値は標準電極電位とはいわず，**標準起電力**とよび $\Delta E^\ominus$ で表す．ただし，この値を標準電位とよび，$E^\ominus$ で表す教科書もある．$\Delta E^\ominus$ を求めるために用いる n はその反応で移動する電子数であり，つまり半反応で用いた電子数となる．

4) 問題文中の ① の過程は $Mn^{7+}(MnO_4^-)$ から $Mn^{4+}(MnO_2)$ への還元反応である．この反応の $E^\ominus$ を求めるには，まず $Mn^{7+}(MnO_4^-)$ から $Mn^{6+}(HMnO_4^-)$ への還元反応式(5・13)，および $Mn^{6+}(HMnO_4^-)$ から $Mn^{4+}(MnO_2)$ への還元反応式(5・14)を，その $E^\ominus$ の値と $\Delta G^\ominus$ の値も含めて書く．つぎに (5・13)+(5・14) を行う．その結果得られる $Mn^{7+}(MnO_4^-)$ から $Mn^{4+}(MnO_2)$ の還元反応における $\Delta G^\ominus$ を求

め，この値を用いて目的の $E^\ominus$ の値を求める．得られる値は $+1.69\,\mathrm{V}$ である．まとめると以下のようになる．

$$
\begin{array}{r l c c c}
 & & E^\ominus & \Delta G^\ominus = -nE^\ominus & \\
\mathrm{MnO_4^-} + \mathrm{H^+} + \mathrm{e^-} \longrightarrow \mathrm{HMnO_4^-} & & +0.90 & -0.90 & (5\cdot 13) \\
+)\ \mathrm{HMnO_4^-} + 3\mathrm{H^+} + 2\mathrm{e^-} \longrightarrow \mathrm{MnO_2} + 2\mathrm{H_2O} & & +2.09 & -4.18 & (5\cdot 14) \\
\hline
\mathrm{MnO_4^-} + 4\mathrm{H^+} + 3\mathrm{e^-} \longrightarrow \mathrm{MnO_2} + 2\mathrm{H_2O} & & \boxed{+1.69} & -5.08 & \\
\end{array}
$$

$$E^\ominus = -\frac{\Delta G^\ominus}{n}$$

5) $\mathrm{MnO_4^-}$ が $\mathrm{HMnO_4^-}$ に還元される反応 (5・15) ならびに水が生成する反応 (5・16) を書く．この際，電子数を (5・15) にそろえるため問題で与えられた水の式全体に 1/2 を乗じた式を書く．その際の $E^\ominus$ の値には 1/2 を掛けずそのまま記す．これは，$E^\ominus$ は Frost 図における傾きであり，その還元反応固有の値であるので，反応式の係数によって左右されないためである．つぎに (5・15)−(5・16) を行う．ここで得られた $\Delta G^\ominus$ は $+0.33\,\mathrm{eV}$ で正の値となるので，この反応は進行しない．

$$
\begin{array}{r l c c c}
 & & E^\ominus & \Delta G^\ominus = -nE^\ominus & \\
\mathrm{MnO_4^-} + \mathrm{H^+} + \mathrm{e^-} \longrightarrow \mathrm{HMnO_4^-} & & +0.90 & -0.90 & (5\cdot 15) \\
-)\ \tfrac{1}{4}\mathrm{O_2} + \mathrm{H^+} + \mathrm{e^-} \longrightarrow \tfrac{1}{2}\mathrm{H_2O} & & +1.23 & -1.23 & (5\cdot 16) \\
\hline
\mathrm{MnO_4^-} + \tfrac{1}{2}\mathrm{H_2O} \longrightarrow \mathrm{HMnO_4^-} + \tfrac{1}{4}\mathrm{O_2} & & & +0.33 & \\
\end{array}
$$

6) Latimer 図の必要な部分，およびそれをもとにしたエネルギー図を図 5・9 に示す．出発物である $\mathrm{Fe^{2+}}$ と $\mathrm{MnO_4^-}$ を中央で重ねて書き，おのおのの生成物をエネルギー図に書き足す．生成物どうしを結んだ直線の上側に出発物の点が位置するので，この酸化還元反応は自発的に進行することがわかる．

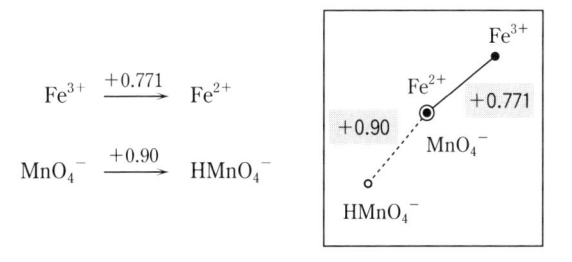

図 5・9

[例題 5・2] (2008 年度: 北海道大院理)

図 5・10 は,酸性水溶液 (pH = 0) 中における 3d 系列の元素の Frost 図を示している.すなわち,ある元素の酸化数 n と酸化数 0 の対の標準電極電位を $E^\ominus$ として,$nE^\ominus$ を酸化数 n に対してプロットした図である.以下の問 1)〜4)に答えよ.

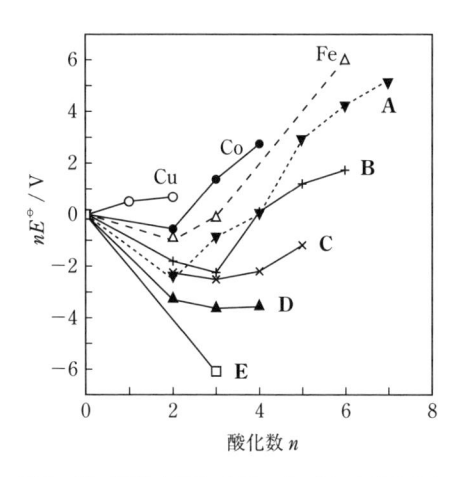

図 5・10 酸性水溶液 (pH = 0) 中における 3d 系列の元素の Frost 図

1) 酸性水溶液中におけるコバルトの安定な酸化数は何か.
2) 折れ線 **A**〜**E** はそれぞれ何の元素の Frost 図か,元素記号で答えよ.また,**A** の最大酸化数における化学種の化学式を書け.
3) 折れ線のそれぞれの傾きは,結ばれた化学種の対(酸化数はそれぞれ n', n'')の標準電極電位 $E^\ominus(n'/n'')$ を表すことを,以下の元素 X についての半反応の式,および,その標準反応 Gibbs エネルギー ($\Delta_r G^{\ominus\prime}$ および $\Delta_r G^{\ominus\prime\prime}$) と標準電極電位との関係式を用いて誘導せよ.

$$X(n') + n'e^- \longrightarrow X(0) \qquad \Delta_r G^{\ominus\prime} = -n'FE^{\ominus\prime}$$
$$X(n'') + n''e^- \longrightarrow X(0) \qquad \Delta_r G^{\ominus\prime\prime} = -n''FE^{\ominus\prime\prime}$$

4) 酸性水溶液中,酸素の影響のない条件下で +1 価の銅イオンに起こりうる酸化還元反応を,図に基づいて説明せよ.

[解 答] 1) 安定な酸化数は +2

5. 酸化と還元

2) **A**: Mn   **B**: Cr   **C**: V   **D**: Ti   **E**: Sc
Aの最大酸化数における化学種の化学式: MnO_4^-

3) 酸化数 n' と n'' との化学種間の反応式および標準反応 Gibbs エネルギーは次のように表される.

$$X(n') + (n'-n'')e^- \longrightarrow X(n'') \qquad \Delta_r G^\ominus = -(n'-n'')FE^\ominus(n'/n'') \quad (5\cdot 17)$$

一方, これはそれぞれの化学種の 0 価への還元半反応の差なので,

$$\begin{array}{rl} & X(n') + n'e^- \longrightarrow X(0) \qquad \Delta_r G^{\ominus\prime} = -n'FE^{\ominus\prime} \\ -) & X(n'') + n''e^- \longrightarrow X(0) \qquad \Delta_r G^{\ominus\prime\prime} = -n''FE^{\ominus\prime\prime} \\ \hline & X(n') + (n'-n'')e^- \longrightarrow X(n'') \qquad \Delta_r G^{\ominus\prime} - \Delta_r G^{\ominus\prime\prime} = -(n'E^{\ominus\prime} - n''E^{\ominus\prime\prime})F \quad (5\cdot 18) \end{array}$$

式 (5・17) と (5・18) は同じなので,

$$-(n'-n'')FE^\ominus(n'/n'') = -(n'E^{\ominus\prime} - n''E^{\ominus\prime\prime})F$$

$$E^\ominus(n'/n'') = \frac{n'E^{\ominus\prime} - n''E^{\ominus\prime\prime}}{n'-n''}$$

このように, 二つの化学種間の標準電極電位 (左辺) は, Frost 図の傾き (右辺) で表される (図 5・11).

4) Frost 図で, Cu と Cu^+ を結ぶ直線の傾きが Cu^{2+} と Cu^+ を結ぶ直線の傾きより大きいので, $E(Cu^+/Cu) - E(Cu^{2+}/Cu^+) > 0$ である. よって, Cu^+ は不均化して Cu^{2+} と Cu になる.

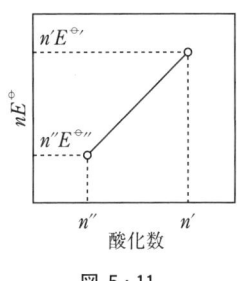

図 5・11

[**解説**] 例題 5・1 で Frost 図について述べたが, 大事なので, この問題を使用してもう一度確認してみよう.

1) Frost 図では, 酸化数 n の金属イオン (M^{n+}) が M^0 にまで還元される反応

$$M^{n+} + ne^- \longrightarrow M^0$$

の標準電極電位 $E^\ominus$ を使用する. 標準 Gibbs エネルギー $\Delta G^\ominus$ と標準電極電位 $E^\ominus$ の間には $\Delta G^\ominus = -nFE^\ominus$ の関係がある (ここでは問題文に合わせて $J\,mol^{-1}$ 単位の関係式を用いる). この式は $nE^\ominus = -\Delta G^\ominus/F$ へと変換できるので, Frost 図の縦軸 ($nE^\ominus$) は標準電極電位とは逆の方向, すなわち酸化数 0 から n へ変化する過程の標準 Gibbs エネルギーを Faraday 定数 F で割ったものである. よって, 最も安定な酸化状態の化学種は Frost 図で一番低い位置にあるものに対応する (図 5・12). コバルトでは酸化数

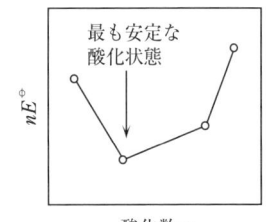

図 5・12

+2 に相当する.

2) d ブロックの左側の金属（Mn まで）では，族番号に相当する酸化状態が生成できるが，右側へ行くとイオン化エネルギーが増すために，酸化数は族番号に到達することはない.

また，**A** のマンガンは +7 価のオキソ酸にまで酸化できる．その化学種は，酸性水溶液中（pH = 0）では H^+ の解離した MnO_4^-（$pK_a = -2.25$）である.

4) ある元素が次の標準電極電位をもつとする.

$$M^{2+}(aq) \xrightarrow{E^{\ominus}(L)} M^+(aq) \xrightarrow{E^{\ominus}(R)} M(s)$$

このときの不均化反応

$$2M^+ \longrightarrow M(s) + M^{2+}(aq)$$

の可能性を考える．この不均化反応は次の二つの半反応からなる．

$$M^{2+}(aq) + e^- \longrightarrow M^+(aq) \qquad E^{\ominus}(L)$$
$$M^+(aq) + e^- \longrightarrow M(s) \qquad E^{\ominus}(R)$$

これら二つの標準電極電位の差は，$E^{\ominus}(R) - E^{\ominus}(L)$．これが 正（>0） なら不均化反応は自発的に進行する（図 5・13）.

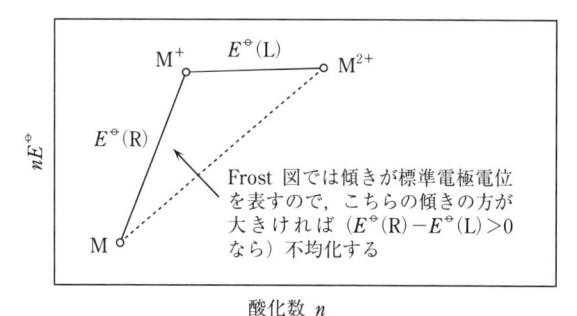

図 5・13

銅イオンの場合，

$$Cu^+ + e^- \longrightarrow Cu \qquad E^{\ominus}(Cu^+/Cu)$$
$$Cu^{2+} + e^- \longrightarrow Cu^+ \qquad E^{\ominus}(Cu^{2+}/Cu^+)$$

とする．これらより，Cu^+ イオンが不均化する場合

$$2Cu^+ \longrightarrow Cu^{2+} + Cu$$

$E^{\ominus}(Cu^+/Cu) - E^{\ominus}(Cu^{2+}/Cu^+)$ の正負を決めればよい.

Frost 図で，Cu と Cu^+ を結ぶ直線の傾きが Cu^{2+} と Cu^+ を結ぶ直線の傾きより大きいので，$E^{\ominus}(Cu^+/Cu) - E^{\ominus}(Cu^{2+}/Cu^+) > 0$ である．よって，Cu^+ は不均化して Cu^{2+} と Cu になる.

5. 酸化と還元

[例題 5・3] (2009 年度: 群馬大院工)
1) ある電池反応が標準状態で自発的に進行するための Gibbs エネルギー $\Delta G^\ominus$ および標準起電力 $\Delta E^\ominus$ の条件を記せ.
2) 任意の濃度（活量）における電池反応の Gibbs エネルギー ΔG は，
$$\Delta G = \Delta G^\ominus + RT\ln Q \qquad (5 \cdot 19)$$
で表される．ここで，R は気体定数，T は絶対温度である．また，Q は反応濃度比（反応商）とよばれる量であり，平衡状態においては平衡定数 K に等しくなる．以下の問いに答えよ．

(a) 平衡定数 K と標準 Gibbs エネルギー $\Delta G^\ominus$ の関係式を記せ．
(b) 電池反応においては，標準 Gibbs エネルギー変化 $\Delta G^\ominus$ と標準起電力 $\Delta E^\ominus$ の間に，
$$\Delta G^\ominus = -nF\Delta E^\ominus \qquad (5 \cdot 20)$$
の関係がある．ここで，n は反応によって移動する電子数，F は Faraday 定数である．平衡定数 K と標準起電力 $\Delta E^\ominus$ の関係を記せ．
(c) 電池反応における起電力 ΔE と ΔG の関係は，
$$\Delta G = -nF\Delta E \qquad (5 \cdot 21)$$
で表される．式(5・19)〜(5・21) より誘導して，ΔE を $\Delta E^\ominus$ と Q を用いて表せ．
(d) 酸素と水素を用いた燃料電池反応
    正極反応: $O_2 + 4H^+ + 4e^- \longrightarrow 2H_2O$　　負極反応: $H_2 \longrightarrow 2H^+ + 2e^-$
について，起電力 ΔE は何 V か，小数第 2 位まで求めよ．ただし，H_2 および O_2 の活量はそれぞれ 1 および 0.1 とする．また，気体定数 R は 8.31 J mol^{-1} K^{-1}，Faraday 定数 F は 96500 C mol^{-1}，温度は 25 ℃ とし，正極反応の標準電極電位は $+1.23$ V とする.

[解答]
1) $\Delta G^\ominus < 0$, $\Delta E^\ominus > 0$
2) (a) $\Delta G^\ominus = -RT\ln K$
　(b) $-nF\Delta E^\ominus = -RT\ln K$　　　　(c) $\Delta E = \Delta E^\ominus - \dfrac{RT}{nF}\ln Q$
　　　$\Delta E^\ominus = \dfrac{RT}{nF}\ln K$　　　　　(d) $+1.22$ V

[解 説] 1) 次のような化学反応

$$aA + bB + \cdots \rightleftharpoons cC + dD + \cdots$$

における Gibbs エネルギー ΔG (J mol^{-1}) は,

$$\Delta G = \Delta G^{\ominus} + RT \ln \frac{a_C{}^c \cdot a_D{}^d \cdots\cdots}{a_A{}^a \cdot a_B{}^b \cdots\cdots}$$

で表される. ここで, a は活量, $\Delta G^{\ominus}$ は標準 Gibbs エネルギー変化, R は気体定数, T は絶対温度である. 系がすでに平衡に達している場合には $\Delta G = 0$ の状態であるので, 以下の式が成り立つ.

$$\Delta G^{\ominus} = -RT \ln K$$

この反応が自発的に進んだ場合は, 平衡に達したときに系が右側(生成系)に偏っている($K > 1$)ことになるので, $\Delta G^{\ominus} < 0$ となる.

一方, 電位差 ΔE で Avogadro 数個(N)の電子を移動させた場合, その仕事量(自由エネルギー変化)を J mol^{-1} 単位で表すと $Ne\Delta E$ となる. e は電気素量, Ne は Faraday 定数 F ($= 96480$ C mol^{-1}) である. そのため電池反応における標準 Gibbs エネルギーは, $\Delta G^{\ominus} = -nF\Delta E^{\ominus}$ (n は移動する電子数)と表せるので, $\Delta G^{\ominus} < 0$ のときは $\Delta E^{\ominus} > 0$ となる.

2) (a) 平衡状態にあるとき, $\Delta G = 0$ なので, $\Delta G^{\ominus} = -RT \ln K$
(b) $-nF\Delta E^{\ominus} = -RT \ln K$

$$\Delta E^{\ominus} = \frac{RT}{nF} \ln K$$

(c) 式(5・19)の両辺を $-nF$ で割ると

$$\frac{-\Delta G}{nF} = \frac{-\Delta G^{\ominus}}{nF} - \frac{RT}{nF} \ln Q$$

式(5・20)および(5・21)より

$$\Delta E = \Delta E^{\ominus} - \frac{RT}{nF} \ln Q$$

(d) 全反応は $2H_2 + O_2 \longrightarrow 2H_2O$ で, 4電子が移動している.

$$Q = \frac{(a_{H_2O})^2}{(a_{H_2})^2 \cdot a_{O_2}} = \frac{1^2}{1^2 \times 0.1} = 10$$

$$\Delta E = \Delta E^{\ominus} - \frac{RT}{nF} \ln Q = 1.23 - \frac{8.31 \times 298}{4 \times 96500} \ln 10 = 1.215$$
$$= 1.22 \text{ V}$$

ここで, 電池反応について $\Delta G^{\ominus}$, ΔG, $\Delta E^{\ominus}$, ΔE, Q および K の関係をまとめておく(表5・1).

5. 酸化と還元

表 5・1

標準状態	標準状態以外の状態	平衡時
$\begin{bmatrix} 温度 25\,°\mathrm{C} = 298\,\mathrm{K} \\ 活量(\fallingdotseq 濃度) = 1 \end{bmatrix}$	$\begin{bmatrix} 温度と活量 \fallingdotseq 濃度も \\ 考慮する \end{bmatrix}$	

$\Delta G^\ominus = -nF\Delta E^\ominus$ (1)

$\Delta G = \Delta G^\ominus + RT\ln Q$ (2)
(Q = 反応濃度比)

$\xrightarrow{\Delta G = 0 \text{ より}}$ $\Delta G^\ominus = -RT\ln K$ (3)
(K = 平衡定数)

$\Delta G = -nF\Delta E$ (4)

(2) に (1) と (4) を代入すると
$-nF\Delta E = -nF\Delta E^\ominus + RT\ln Q$
$\Delta E = \Delta E^\ominus - \dfrac{RT}{nF}\ln Q$ (5)

(1) と (3) より
$\xrightarrow{\Delta E = 0 \text{ より}}$ $\Delta E^\ominus = \dfrac{RT}{nF}\ln K$ (6)

G = Gibbs エネルギー /J mol^{-1}, ΔE = 起電力 /V, F = Faraday 定数 = 96480/C mol^{-1}

[例題 5・4] (2008 年度: 筑波大院数理)

1) オキソ酸 $\mathrm{MnO_4^-}$ の酸化剤としての反応について,酸性および中性水溶液での $\mathrm{MnO_4^-}$ の還元半反応式を示せ.

2) $\mathrm{MnO_4^-}$ の酸化剤としての能力は pH に依存する. pH = 1 における $\mathrm{MnO_4^-}$ の電極電位を求めよ.ただし,酸性溶液における $\mathrm{MnO_4^-}$ の標準電極電位を +1.51 V とする.また,Nernst 式において $(RT/F)\cdot\ln 10 = 0.059$ V (R は気体定数,T は絶対温度,F は Faraday 定数) および酸化前後のマンガンを含むイオン種の活量比を 1 とする.

[解答] 1) 酸性水溶液中 $\mathrm{MnO_4^-} + 8\mathrm{H}^+ + 5\mathrm{e}^- \longrightarrow \mathrm{Mn}^{2+} + 4\mathrm{H_2O}$

中性水溶液中 $\mathrm{MnO_4^-} + 4\mathrm{H}^+ + 3\mathrm{e}^- \longrightarrow \mathrm{MnO_2(s)} + 2\mathrm{H_2}$

2) +1.42 V

[解説] 1) 酸性水溶液中 (pH<1) では

$\mathrm{MnO_4^-} + 8\mathrm{H}^+ + 5\mathrm{e}^- \longrightarrow \mathrm{Mn}^{2+} + 4\mathrm{H_2O}$ $E^\ominus = +1.51$ V

ただし,$\mathrm{MnO_4^-}$ が過剰に存在すると Mn^{2+} と反応して $\mathrm{MnO_2}$ が生じるほど,$\mathrm{MnO_4^-}$ は酸化力が強い.しかし,この反応は比較的遅いので,滴定の終了時にわずかに過剰に $\mathrm{MnO_4^-}$ が存在しても $\mathrm{MnO_2}$ が沈殿することはない.

$2\mathrm{MnO_4^-} + 3\mathrm{Mn}^{2+} + 2\mathrm{H_2O} \longrightarrow 5\mathrm{MnO_2(s)} + 4\mathrm{H}^+$ $\Delta E^\ominus = +0.46$ V

中性水溶液中 (pH = 2～12) では次の反応が優勢となる.

$$\text{MnO}_4^- + 4\text{H}^+ + 3\text{e}^- \longrightarrow \text{MnO}_2(\text{s}) + 2\text{H}_2\text{O} \qquad E^{\ominus} = +1.70\,\text{V}$$

塩基性水溶液中では

$$\text{MnO}_4^- + 2\text{H}_2\text{O} + 3\text{e}^- \longrightarrow \text{MnO}_2(\text{s}) + 4\text{OH}^- \qquad E^{\ominus} = +0.59\,\text{V}$$

また，きわめて強い塩基性溶液中で MnO_4^- が過剰に存在すると，マンガン酸イオンが生じる．

$$\text{MnO}_4^- + \text{e}^- \longrightarrow \text{MnO}_4^{2-} \qquad E^{\ominus} = +0.56\,\text{V}$$

2) 電極で起こる半反応についても，例題 5・3 解説でまとめた電池反応の式が成り立つ．つまり，

$$\Delta G = \Delta G^{\ominus} + RT\ln Q$$
$$\Delta G^{\ominus} = -nFE^{\ominus}$$
$$\Delta G = -nFE$$

よって

$$-nFE = -nFE^{\ominus} + RT\ln Q$$
$$E = E^{\ominus} - \frac{RT}{nF}\ln Q$$

電極で以下の電子移動反応が起こる場合には次のようになる．

$$a\,\text{Ox} + n\,\text{e}^- \longrightarrow a'\,\text{Red}$$
$$E = E^{\ominus} - \frac{RT}{nF}\ln\frac{[\text{Red}]^{a'}}{[\text{Ox}]^a}$$

この式を **Nernst 式**（ネルンスト）という．

水素イオンが関与する以下の電子移動反応の場合は，Nernst 式は以下のようになる．

$$a\,\text{Ox} + b\,\text{H}^+ + n\,\text{e}^- \longrightarrow a'\,\text{Red}$$
$$E = E^{\ominus} - \frac{RT}{nF}\ln\frac{[\text{Red}]^{a'}}{[\text{Ox}]^a[\text{H}^+]^b}$$

室温 (298 K) では $\dfrac{RT}{F}\ln 10 = 0.059\,\text{V}$ となり，Nernst 式は常用対数表記で $E = E^{\ominus} - \dfrac{0.059}{n}\log Q$ と表されるので次の式が誘導される．

$$E = E^{\ominus} - \frac{0.059 b}{n}\text{pH} - \frac{0.059}{n}\log\frac{[\text{Red}]^{a'}}{[\text{Ox}]^a}$$

本問題では，

$$E = 1.51 - 0.059 \times \frac{8}{5} \times 1 - \frac{0.059}{5}\log 1$$
$$= +1.42\,\text{V}$$

[例題 5・5] （2010 年度: 京都大院理）

ビーカーに 1.0×10^{-3} mol dm^{-3} MnSO$_4$, 1.0×10^{-2} mol dm^{-3} KMnO$_4$ および 0.50 mol dm^{-3} H$_2$SO$_4$ の水溶液が入っており，別のビーカーには 0.20 mol dm^{-3} FeSO$_4$ および 2.0×10^{-3} mol dm^{-3} Fe$_2$(SO$_4$)$_3$ の水溶液が入っている．これらの水溶液に白金電極と塩橋を浸し，図 5・14 のように Galvani（ガルバニ）電池を組立てた．

```
                  ┌─ 電位差計 ─┐
                  │   塩 橋   │
                  └──────────┘
        [Pt]                [Pt]

Fe$^{2+}$ ($0.20$ mol dm$^{-3}$)     Mn$^{2+}$ ($1.0\times10^{-3}$ mol dm$^{-3}$)
Fe$^{3+}$ ($4.0\times10^{-3}$ mol dm$^{-3}$)    MnO$_4^-$ ($1.0\times10^{-2}$ mol dm$^{-3}$)
                                     H$^+$ ($1.0$ mol dm$^{-3}$)
```

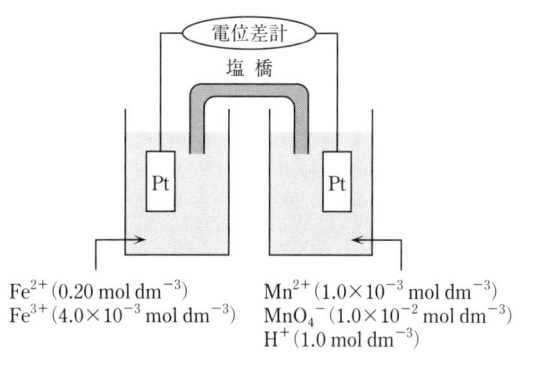

図 5・14　Galvani 電池

それぞれの半電池の半反応式および標準電極電位 $E^{\ominus}$ は，

$$\mathrm{MnO_4^-} + 8\mathrm{H}^+ + 5\mathrm{e}^- \rightleftharpoons \mathrm{Mn}^{2+} + 4\mathrm{H_2O} \qquad E^{\ominus} = +1.51\ \mathrm{V}$$
$$\mathrm{Fe}^{3+} + \mathrm{e}^- \rightleftharpoons \mathrm{Fe}^{2+} \qquad E^{\ominus} = +0.77\ \mathrm{V}$$

である．一般に Ox および Red をそれぞれ酸化体および還元体として，半反応式と電極電位 E(V) は以下の式で与えられる．

$$x\,\mathrm{Ox} + y\,\mathrm{H}^+ + n\,\mathrm{e}^- \rightleftharpoons z\,\mathrm{Red}$$
$$E = E^{\ominus} - \frac{0.0592}{n}\log\frac{[\mathrm{Red}]^z}{[\mathrm{Ox}]^x[\mathrm{H}^+]^y}$$

ただし，[X] は X の濃度（mol dm^{-3}）を表す．

1) 塩橋として，KCl で飽和させた寒天などが用いられる．その理由を 100 字程度で述べよ．キーワードとして，液間電位差，モルイオン伝導率を用いること．
2) 上記の Galvani 電池で起こる酸化還元反応の全反応式を記せ．
3) 問 2)の酸化還元反応の平衡定数を K とする．$\log K$ の値を求めよ．
4) 問 2)の自発反応が完全に進行して，平衡に達したときの電極電位（V）を求めよ．

[解 答]
1) 陽イオンと陰イオンの界面でのモルイオン伝導率が異なると大きな液間電位差が生じるが，KCl で飽和した寒天を用いた塩橋では，K^+ と Cl^- の移動度がほぼ等しいため液間電位差を小さく保つことができる．
2) $MnO_4^- + 8H^+ + 5Fe^{2+} \rightleftharpoons Mn^{2+} + 4H_2O + 5Fe^{3+}$
3) $\log K = 62.5$
4) $+0.744$ V

[解 説] 1) 液間電位差は界面を移動するイオンの移動度の差によって生じるので，拡散電位ともよばれる．たとえば塩酸と水の間の膜を静かに外すと，H^+ と Cl^- の移動速度が異なるので界面に電位が発生する（図5・15）．この電位はイオンの移動を打ち消す方向に働くので，電荷の分離は一定時間一定の値（定常状態）になる．

液間電位差を実験的に小さくするには，① 多量の無関係電解質（支持電解質）を共存させたり，② 塩橋を用いたりする．

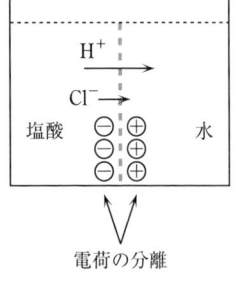

図 5・15

2) 設問の電池で酸化還元反応が起こる場合には，以下の二つの可能性がある．i) MnO_4^- (Mn^{7+}) が Mn^{2+} に還元され Fe^{2+} が Fe^{3+} に酸化される場合と，ii) Mn^{2+} が MnO_4^- (Mn^{7+}) に酸化され Fe^{3+} が Fe^{2+} に還元される場合である．実際にどちらが起こるかは，以下のように Frost 図を組合わせることに

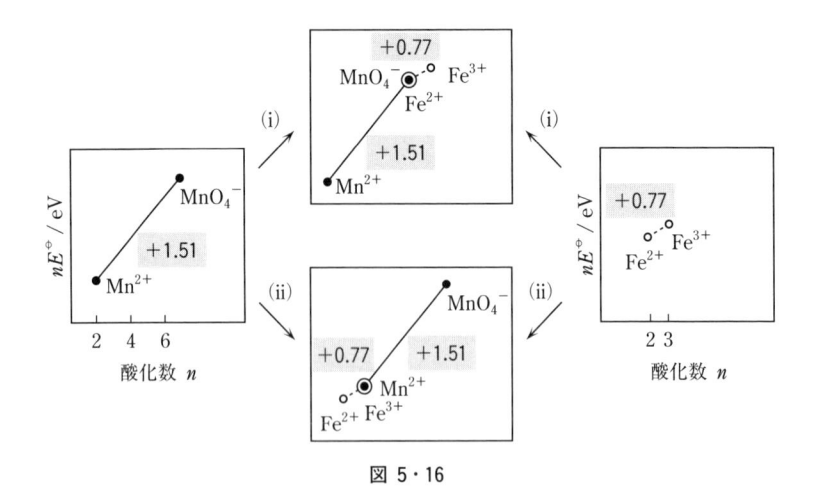

図 5・16

より予想することができる（図 5・16）．$Mn^{2+}-MnO_4^-$ の直線と $Fe^{2+}-Fe^{3+}$ の直線を，出発物が重なるように描く．つまり i) では MnO_4^- と Fe^{2+} を重ねて描き，ii) では Mn^{2+} と Fe^{3+} を重ねて描く．i) では出発点が二つの生成物を結んだ直線より上に位置するので，この反応が進行することがわかり，ii) では逆になるので反応が進行しないことがわかる．

以上をふまえて，MnO_4^- が還元され Fe^{2+} が酸化される反応式を書く．この反応式は，与えられた半反応式の Mn の式から Fe の式を引くことにより得られるが，このとき関与する電子数が同じになるように，Fe の式に 5 を掛けておくことが肝要となる．この酸化還元反応における標準起電力は +0.74 V となる（この値は設問では問われていない）．

$$
\begin{array}{ll}
& \qquad\qquad\qquad\qquad\qquad\qquad\qquad\qquad E^\ominus \qquad \Delta G^\ominus = -nE^\ominus \\
& MnO_4^- + 8H^+ + 5e^- \rightleftharpoons Mn^{2+} + 4H_2O \qquad +1.51 \qquad -7.55 \\
-)\ & \qquad 5Fe^{3+} + 5e^- \rightleftharpoons 5Fe^{2+} \qquad\qquad\qquad +0.77 \qquad -3.85 \\
\hline
& MnO_4^- + 8H^+ + 5Fe^{2+} \rightleftharpoons Mn^{2+} + 4H_2O + 5Fe^{3+} \ \boxed{+0.74} \quad -3.70
\end{array}
$$

$$\Delta E^\ominus = -\frac{\Delta G^\ominus}{n}$$

3) つぎの二つの半反応からなる電池反応を考えてみよう．

$$
\begin{array}{ll}
& a\,Ox_A + n\,e^- \rightleftharpoons b\,Red_A \qquad E^\ominus_A \\
-)\ & c\,Ox_B + n\,e^- \rightleftharpoons d\,Red_B \qquad E^\ominus_B \\
\hline
& a\,Ox_A + d\,Red_B \rightleftharpoons b\,Red_A + c\,Ox_B \quad \Delta E^\ominus
\end{array}
$$

それぞれの電極電位は Nernst（ネルンスト）式から

$$E_A = E^\ominus_A - \frac{0.0592}{n}\log\frac{[Red_A]^b}{[Ox_A]^a}$$

$$E_B = E^\ominus_B - \frac{0.0592}{n}\log\frac{[Red_B]^d}{[Ox_B]^c}$$

電池の起電力（ΔE）は各半電池の電極電位の差（$E_A - E_B$）なので，

$$\begin{aligned}
\Delta E &= E_A - E_B \\
&= \left(E^\ominus_A - \frac{0.0592}{n}\log\frac{[Red_A]^b}{[Ox_A]^a}\right) - \left(E^\ominus_B - \frac{0.0592}{n}\log\frac{[Red_B]^d}{[Ox_B]^c}\right) \\
&= (E^\ominus_A - E^\ominus_B) - \frac{0.0592}{n}\left(\log\frac{[Red_A]^b}{[Ox_A]^a} - \log\frac{[Red_B]^d}{[Ox_B]^c}\right)
\end{aligned}$$

$$= \Delta E^\ominus - \frac{0.0592}{n} \log \frac{[\text{Red}_A]^b [\text{Ox}_B]^c}{[\text{Ox}_A]^a [\text{Red}_B]^d}$$

のように直接求めることができる.

問題では,平衡定数を求めるので,平衡時には $\Delta E = 0$ であることを利用する.

$$0 = \Delta E^\ominus - \frac{0.0592}{n} \log K$$

なので, $\log K = (5/0.0592)(1.51-0.77) = 62.5$

4) $\log K$ が 62.5 なので,問 2) の反応はほぼ完全に右側へ進行する.そのときのそれぞれのイオン種の濃度はほぼ次のようになる.

$[\text{MnO}_4^-] = 0$　　$[\text{H}^+] = 1-8\times10^{-2} = 0.92$　　$[\text{Fe}^{2+}] = 0.2-5\times10^{-2} = 0.15$
$[\text{Mn}^{2+}] = 1\times10^{-3}+1\times10^{-2} = 0.011$　　$[\text{Fe}^{3+}] = 4\times10^{-3}+5\times10^{-2} = 0.054$

このときの電極電位はカソード側,アノード側がともに等しいので,ここではアノード側のみ求める.

$$E_\text{anode} = E^\ominus - \frac{0.0592}{1} \log \frac{0.15}{0.054} = 0.77 - 0.026 = 0.744 \text{ V}$$

[例題 5・6] (2006 年度: 名古屋大院理・改)

図 5・17 は,ある金属 M に関して描いた,標準状態 (25 °C) における電位-pH 図である.この反応系では M^{2+}, M(OH)_2, M^0 のみが安定に存在するとして,以下の問いに答えよ.

1) A, B, C の各領域に対応する化学種を記せ.
2) $\text{M}^{2+} + 2\text{e}^- \rightleftharpoons \text{M}^0$ に対応する標準電極電位を記せ.
3) 図中 (i) で示された直線に対応する半反応式を記せ.
4) M(OH)_2 の溶解度積を記せ.

図 5・17

[解答] 1) A: M^{2+}, B: M^0, C: M(OH)_2　　2) -0.5 V
3) $\text{M(OH)}_2 + 2\text{H}^+ + 2\text{e}^- \longrightarrow \text{M}^0 + 2\text{H}_2\text{O}$　　4) 10^{-10} mol^3 dm^{-9}

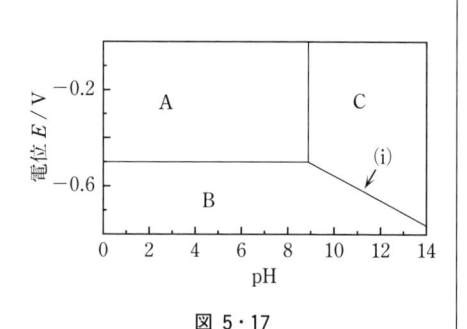

[解説] 電極電位は pH や沈殿の析出などの影響を受けるが，電位-pH 図（**Pourbaix 図**）を作成すると，水中で個々の化学種が安定に存在するような電位と pH の条件範囲が一目瞭然でわかるようになる（図 5・18）．ある酸化還元反応が pH に依存しない，すなわち酸化還元反応に H^+ が関与しないとき，Pourbaix 図は水平な直線を与える（直線 ①）．また，ある pH で沈殿反応が生じるときは電位に無関係なので，垂直な直線を与える（直線 ② や ②′）．酸化還元反応に水素イオンが関与する場合，関与する水素イオンの化学量論に応じた傾きをもつ直線（直線 ③）を与える．

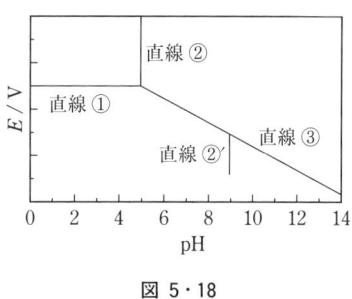

1) 金属を含む化学種ではある pH よりアルカリ性側で不溶性の水酸化物 $M(OH)_2$ を生じることが多い．また，M^0 と M^{2+} の酸化還元反応では水素イオンは関与しないので，電極電位は pH に依存しないが，$M(OH)_2$ との反応では水素イオンが関与する．これらをふまえると A, B, C の各領域では次の化学種が存在すると考えられる．A: M^{2+}, B: M^0, C: $M(OH)_2$

2) A と B の領域間の酸化還元反応なので，pH に依存せず $-0.5\,V$ である．

4) 図より，pH = 9（$[H^+] = 10^{-9}\,mol\,dm^{-3}$）で M^{2+} から $M(OH)_2$ へ沈殿が生じることがわかる．このとき $[OH^-] = 10^{-5}$，また標準状態なので $[M^{2+}] = 1$ となるので
$$K_{sp} = [M^{2+}][OH^-]^2 = 10^{-10}$$

問　題

5・1 次の化合物中の 14 族元素の酸化数を記せ.
 1) Pb_3O_4（鉛丹，$2PbO \cdot PbO_2$）　　 2) $SnCl_3^-$　　 3) COF_2

5・2 次の化合物中の 16 族元素の酸化数を記せ.
 1) H_2Se　　 2) OF_2　　 3) PbO　　 4) H_2O_2　　 5) $H_2S_2O_3$（チオ硫酸）
 6) $H_2S_2O_7$（二硫酸）　　 7) S_2F_{10}　　 8) S_n

5・3 次の化合物中のすべての元素の酸化数を記せ.
 1) H_2S　　 2) KH　　 3) $[ReH_9]^{2-}$　　 4) H_2SO_4

5・4 次の反応の化学式を完成せよ.
 1) 亜鉛 Zn の過マンガン酸イオン MnO_4^- による酸化反応.
 2) 二酸化マンガン MnO_2 に濃塩酸を加えると塩素が発生する.

3) $AgNO_3$ の水溶液に銅線を浸す．

5・5 窒素の化学はその酸化数に注目するとうまくまとめることができる．たとえば不均化反応のスキームを以下に示す．

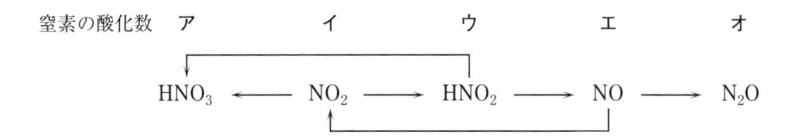

窒素の酸化数　ア　　　イ　　　ウ　　　エ　　　オ
$$HNO_3 \longleftarrow NO_2 \longrightarrow HNO_2 \longrightarrow NO \longrightarrow N_2O$$

二酸化窒素 NO_2 は褐色で，溶液中および気体のいずれでも，温度に強く依存して無色の N_2O_4 との平衡を保っている．(a)NO_2 は水と反応して HNO_3 と HNO_2 が生じるが，(b)HNO_2 もただちに不均化して HNO_3 と NO が生じる．この二つの反応は Ostwald 法で NO_2 から硝酸を生成するときに重要である．NO は O_2 と瞬間的に反応して再び NO_2 となるが，(c)純粋の NO は熱力学的に不安定で，高圧下 30～50℃ で不均化して N_2O と NO_2 が生じる．N_2O は遷移金属イオンがなければ速度論的に比較的安定で，ホイップクリームの泡立てに用いられたりしている．

1) スキームに示したそれぞれの窒素酸化物での窒素の酸化数 ア～オ を書け．
2) 下線部 (a), (b), (c) の反応を反応式で記せ．

5・6 酸性溶液におけるリンの Latimer 図を図 5・19 に示す．ア および イ にあてはまる標準電極電位を答えよ．また，この Latimer 図を参考にして Frost 図を完成せよ．

リンの酸化数　+5　　　+4　　　+3　　　+1　　　0　　　−3
$$H_3PO_4 \xrightarrow{-0.933} H_4P_2O_6 \xrightarrow{+0.380} H_3PO_3 \xrightarrow{-0.499} H_3PO_2 \xrightarrow{-0.508} P \xrightarrow{-0.063} PH_3$$

　　　　　　　　　　ア　　　　　　　　　　イ

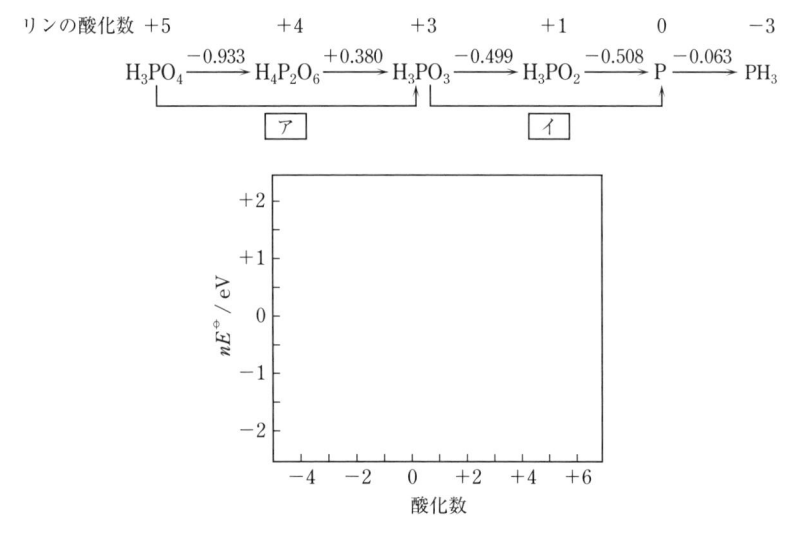

図 5・19

5・7 次のような二つの Galvani 電池(ガルバニ)を組立てた.
(a) $Ag|Ag^+(1.0\times 10^{-2}\,M)\|Cu^{2+}(1.0\times 10^{-1}\,M)|Cu$ (25 ℃)
(b) $Zn|Zn^{2+}(1.0\,M)\|Cu^{2+}(1.0\,M)|Cu$

ここで,それぞれの半反応式と標準電極電位は

$$Cu^{2+} + 2e^- = Cu \qquad E^{\ominus} = +0.34\,V$$
$$Ag^+ + e^- = Ag \qquad E^{\ominus} = +0.80\,V$$
$$Zn^{2+} + 2e^- = Zn \qquad E^{\ominus} = -0.76\,V$$

である.これらの電池について,1) 電池反応の反応式,2) 電池の起電力をそれぞれ求めよ.ただし,$2.3RT/F = 0.060\,V$ とする.

5・8 問題 5・7 の二つの Galvani 電池の反応における 1) 自発反応の起こる方向,2) 電池反応の平衡定数をそれぞれ答えよ.

5・9 (2008 年度:東京理科大院総合化学)
分析において強力な酸化剤として用いられているペルオキソ二硫酸の分子構造を描き,その利用例をあげて説明せよ.

5・10 (2007 年度:静岡大院理)
Ag^+ と Cu^{2+} をそれぞれ $0.10\,mol\,dm^{-3}$ 含む酸性混合水溶液がある.両イオンを分離する目的で,白金電極を用いて電気分解を行った.以下の問 1),2) に答えよ.ただし,半反応 $Ox + ne^- \rightleftharpoons Red$ の 25 ℃ での電極電位は,酸化体および還元体の活量をそれぞれ a_{Ox}, a_{Red} とすると,$E = E^{\ominus} - \dfrac{0.059}{n}\log\dfrac{a_{Red}}{a_{Ox}}$ で与えられ,標準電極電位 $E^{\ominus}$ は

$$Ag^+ + e^- \rightleftharpoons Ag \qquad E^{\ominus} = +0.80\,V$$
$$Cu^{2+} + 2e^- \rightleftharpoons Cu \qquad E^{\ominus} = +0.34\,V$$

である.なお,溶液中のすべての化学種の活量係数を 1.0 とし,電気分解におけるアノード・カソード両電極の過電圧および溶液抵抗による電圧降下は考慮しなくてもよいものとする.

1) 溶液を混ぜながら両極間に直流電圧をかけていくとき,カソードで最初に析出する金属は何か.その理由を,カソード電位に基づいて説明せよ.
2) カソードに金属が析出することによって,溶液中に残存するその金属イオン濃度は減少する.濃度が $1.0\times 10^{-5}\,mol\,dm^{-3}$ 以下になったとき析出が完了したものとみなすと,両イオンの分離は可能か否かをカソード電位に基づいて説明せよ.

5・11 (2008 年度:東北大院理)
鉄の半反応 (a) および (b) の標準電極電位 $E^{\ominus}$ は表 5・2 のとおりである.これに基づいて次の問 1) および 2) に答えよ.

1) 次の反応の標準電極電位 $E^⦵(\text{Fe}^{3+}/\text{Fe})$ はいくらか．計算の過程を示して有効数字2桁で求めよ．
$$\text{Fe}^{3+}(\text{aq}) + 3\text{e}^- \rightleftharpoons \text{Fe}(\text{s})$$
2) 標準状態で Fe^{2+} イオンは不均化することができるか．根拠を示して答えよ．

表 5・2

半反応	標準電極電位 $E^⦵$ / V (25℃)
(a) $\text{Fe}^{2+}(\text{aq}) + 2\text{e}^- \rightleftharpoons \text{Fe}(\text{s})$	-0.44
(b) $\text{Fe}^{3+}(\text{aq}) + \text{e}^- \rightleftharpoons \text{Fe}^{2+}(\text{aq})$	$+0.77$

5・12 (2005年度：広島大院理)

Cu^+ は Cu^{2+} と Cu に不均化する．この反応 ($2\text{Cu}^+ \rightleftharpoons \text{Cu}^{2+}+\text{Cu}$) について，次の問 1)〜3) に答えよ．ここで，電極電位はすべて Nernst 式に従うとし，$\text{Cu}^{2+}+2\text{e}^- \rightleftharpoons \text{Cu}$ の標準電極電位 $E^⦵(\text{Cu}^{2+}/\text{Cu}) = +0.34\,\text{V}$，および $\text{Cu}^++\text{e}^- \rightleftharpoons \text{Cu}$ の標準電極電位 $E^⦵(\text{Cu}^+/\text{Cu}) = +0.52\,\text{V}$ とする．

1) 不均化反応の平衡定数 $\log K$ を有効数字2桁で求めて，Cu^+ が水溶液中に存在しにくいことを簡潔に説明せよ．ただし，絶対温度が T，Faraday 定数が F，気体定数が R のとき $(RT/F)\ln 10 = 0.059\,\text{V}$ とせよ．

2) $\text{Cu}^{2+}+\text{e}^- \rightleftharpoons \text{Cu}^+$ の標準電極電位 $E^⦵(\text{Cu}^{2+}/\text{Cu}^+)$ は，上記の不均化反応が起こるので，直接測定することができない．そこで，$E^⦵(\text{Cu}^{2+}/\text{Cu})$ と $E^⦵(\text{Cu}^+/\text{Cu})$ を用いて計算により $E^⦵(\text{Cu}^{2+}/\text{Cu}^+)$ を求めよ．

3) 上記 2) の酸化還元系に I^- を加えると，$\text{Cu}^{2+}+\text{I}^-+\text{e}^- \rightleftharpoons \text{CuI}$ の反応が起こり，難溶性物質 CuI が沈殿するので，不均化反応は抑えられる．この反応系の標準電極電位 $E^⦵(\text{Cu}^{2+}/\text{CuI})$ は上記 2) の $E^⦵(\text{Cu}^{2+}/\text{Cu}^+)$ と比較して高いか，低いか．CuI の溶解度積を $K_\text{sp}(\text{CuI}) = 10^{-12}\,\text{mol}^2\,\text{dm}^{-6}$ として，その電位の差を算出せよ．

5・13 (2009年度：九州大院理・改)

AgClO_4 と $\text{Cu(ClO}_4)_2$ をそれぞれ $0.10\,\text{mol dm}^{-3}$ 含む $1.0\,\text{mol dm}^{-3}\,\text{HClO}_4$ 水溶液に一対の白金電極を挿入し，電気分解を行った．以下の問いに答えよ．ただし，Nernst 式において，$(RT/F)\ln 10 = 0.060\,\text{V}$ を用いよ．また，標準電極電位 $E^⦵$ には，以下の値を用いよ．

$$\text{Ag}^+ + \text{e}^- \rightleftharpoons \text{Ag} \qquad E^⦵ = +0.80\,\text{V} \qquad (5\cdot22)$$
$$\text{Cu}^{2+} + 2\text{e}^- \rightleftharpoons \text{Cu} \qquad E^⦵ = +0.34\,\text{V} \qquad (5\cdot23)$$
$$2\text{H}^+ + 2\text{e}^- \rightleftharpoons \text{H}_2 \qquad E^⦵ = 0.00\,\text{V} \qquad (5\cdot24)$$
$$\text{O}_2 + 4\text{H}^+ + 4\text{e}^- \rightleftharpoons 2\text{H}_2\text{O} \qquad E^⦵ = +1.23\,\text{V} \qquad (5\cdot25)$$

1) この電気分解におけるアノード反応を記せ.
2) 反応(5・22)および反応(5・23)の単極電位に対するNernst式を示せ.
3) Agを析出させるには電極間にどれだけの電位をかければよいか.
4) Cuが析出するとき,溶液中のAg$^+$濃度とCu^{2+}濃度の比はどの程度か,指数(有効数字1桁)で示せ.

5・14 (2008年度: 大阪市立大院理)
酸性水溶液中でのCr^{3+}イオンの還元半反応と標準電極電位($E^\ominus$)は次のように表される.

$$Cr^{3+}(aq) + e^- \rightleftharpoons Cr^{2+}(aq) \qquad E^\ominus = -0.42\,V$$
$$Cr^{3+}(aq) + 3e^- \rightleftharpoons Cr(s) \qquad E^\ominus = -0.74\,V$$

1) 酸性水溶液中における還元半反応 Cr^{2+}(aq)+2e$^-$ ⟶ Cr(s) の $E^\ominus$ を求めよ.
2) 酸性水溶液中におけるクロムのFrost図(酸化数 n 対 $nE^\ominus$)の略図を描け.
3) 作製したFrost図より酸性水溶液中におけるCr^{2+}イオンへの均等化(均化)について述べよ.

5・15 (2007年度: 兵庫県立大院物質理)
Cu^{2+}+2e$^-$ ⇌ Cu の標準電極電位は+0.34 V, Zn^{2+}+2e$^-$ ⇌ Zn の標準電極電位は−0.76 Vである. Galvani電池 Zn|Zn^{2+}‖Cu^{2+}|Cu を構成した場合,次の問いに答えよ. 温度は25 ℃であり, 平衡電位 E と標準電極電位 $E^\ominus$ との関係はNernst式,$E = E^\ominus - \dfrac{0.059}{n}\log\dfrac{a_{Red}}{a_{Ox}}$ で与えられるものとする. ここで n は反応電子数, a_{Red} および a_{Ox} は,それぞれ還元体および酸化体の活量である.

1) Zn^{2+}の活量を1.0, Cu^{2+}の活量を0.010とした場合の起電力を求めよ.
2) この電池の起電力を測定する場合の留意すべき点を2点,それぞれ"電流"および"液間電位差"という用語を使って記載せよ.
3) 問1)のGalvani電池 Zn|Zn^{2+}(a=1.0)‖Cu^{2+}(a=0.010)|Cu に外部回路をつないで回路をショートさせたときに起こる電池内の全化学反応を記せ.
4) 上記の電池反応をもとにして, 亜鉛板をCu^{2+}(a=0.010)溶液中に挿入した場合にどのようなことが起こるか説明せよ.

5・16 (2010年度: 岡山大院自然科学)
水溶液中でのFe^{2+}-Fe^{3+}間の標準電極電位は+0.771 V(vs. NHE;標準水素電極)であり,Fe^{2+}-Fe^0(s)間の標準電極電位は−0.440 V(vs. NHE)である. なお,(s)は固体であることを示す. また,シアン化物錯体の全生成定数は,[Fe(CN)$_6$]$^{4-}$に対して $\beta_{6,II} = 10^{35.4}$,[Fe(CN)$_6$]$^{3-}$に対して $\beta_{6,III} = 10^{43.6}$ である. 以下の1)~3)の問いに答えよ.

1) Fe^{2+}-Fe^{3+} 間の Nernst 式を書け.
2) $Fe^0(s)$-Fe^{2+} 間の Nernst 式を書け.
3) $[Fe(CN)_6]^{4-}$-$[Fe(CN)_6]^{3-}$ 間の標準電極電位を求めよ.

5・17 (2006 年度: 東京大院工)
電気化学的な還元反応 (5・26)～(5・30) およびそれぞれに対応する標準電極電位 ($E^⦵$: 標準状態における電位) に関する以下の問いに答えよ.

なおイオン種の後の "(aq)" は, これらが水溶液中で水和していることを示し, 原子または化合物の後の "(s)" は, これらが固体状態であることを表している.

$$Na^+(aq) + e^- \longrightarrow Na(s) \qquad E^⦵ = -2.71\,V \qquad (5・26)$$
$$Li^+(aq) + e^- \longrightarrow Li(s) \qquad E^⦵ = -3.04\,V \qquad (5・27)$$
$$Ag^+(aq) + e^- \longrightarrow Ag(s) \qquad E^⦵ = +0.80\,V \qquad (5・28)$$
$$AgCl(s) + e^- \longrightarrow Ag(s) + Cl^-(aq) \qquad E^⦵ = +0.22\,V \qquad (5・29)$$
$$Fe^{3+}(aq) + e^- \longrightarrow Fe^{2+}(aq) \qquad E^⦵ = +0.771\,V \qquad (5・30)$$

1) 基底状態にある気体原子から電子を 1 個取去って +1 価の陽イオンを発生させるのに必要なエネルギー, すなわち第一イオン化エネルギーは, リチウム (520.2 kJ mol^{-1}) の方がナトリウム (495.8 kJ mol^{-1}) よりも大きい. これは, Na^+ よりも Li^+ の方が生成しにくいことを意味している (つまり Li^+ の安定性は Na^+ よりも低いと考えることができる). 一方, 式(5・26), (5・27) のそれぞれに対応する標準電極電位に基づいて考えると, $Li^+(aq)$ の方が $Na^+(aq)$ よりも還元されにくく, $Li^+(aq)$ の状態が安定であると考えられる. このように Li^+ 種の安定性に関する事実は一見矛盾しているが, これはイオンや原子の状態の違いによるものである.

 (a) Li の方が Na よりも第一イオン化エネルギーが大きい理由を簡潔に説明せよ.
 (b) $Li^+(aq)$ の方が $Na^+(aq)$ よりも還元されにくい理由を, HSAB (hard and soft acids and bases) 則に基づいて説明せよ.

2) 式(5・28) と (5・29) に示した反応は, いずれも +1 価の銀 (イオンまたは化合物) が還元されて 0 価の銀 (金属) となる反応であるが, これらの反応それぞれに対応する電位 $E^⦵$ は大きく異なる. 理由を説明せよ.

3) 式(5・30) に示した鉄イオンの標準電極電位は pH 0 における値である. しかし pH 7 および pH 14 における電極電位の測定値は, それぞれ $E_{(pH\,7)} = +0.26\,V$ および $E_{(pH\,14)} = -0.556\,V$ となる. この pH の上昇に伴って電極電位が低下する理由を述べよ (ただしこのとき反応系の温度や溶存種の活量は一定であると仮定せよ).

5・18 (2008 年度: 大阪大院理)
25 ℃ において, 0.300 mol dm^{-3} 硫酸中の 0.100 mol dm^{-3} 鉄(II)イオン溶液 0.100 dm^3 を 0.0200 mol dm^{-3} MnO_4^- 溶液で滴定した. 次の問いに答えよ. ただし, Fe^{3+}

および MnO_4^- の標準電極電位を，それぞれ $+0.771\,V$ および $+1.51\,V$ とする．
1) この酸化還元反応の平衡定数を求めよ．ただし，$25\,°C$ において $2.303RT/F = 0.0592\,V$ とする．
2) 滴定の当量点における溶液の電位を計算せよ．ただし，計算において，硫酸は完全に電離するものと仮定すること．

5・19 (2008年度: 名古屋大院理・改)
<u>塩素分子が水溶液中で塩化物イオンと次亜塩素酸に不均化する反応</u>について，以下の問いに答えよ．なお，反応はすべて標準状態で行い，その際，下記の関係が成り立つものとする．

$$2HClO + 2H^+ + 2e^- \rightleftharpoons Cl_2 + 2H_2O \qquad E^⦵ = +1.62\,V \qquad (5\cdot31)$$
$$Cl_2 + 2e^- \rightleftharpoons 2Cl^- \qquad E^⦵ = +1.36\,V \qquad (5\cdot32)$$
$$HClO \rightleftharpoons H^+ + ClO^- \qquad pK_a = 7.5 \qquad (5\cdot33)$$

1) 次の i), ii) に示す電極反応式の標準電極電位を求めよ．ただし，Faraday定数 (F)，気体定数 (R)，温度 (T) はそれぞれ $96500\,C\,mol^{-1}$, $8.31\,J\,K^{-1}\,mol^{-1}$, $298\,K$ とし，$2.303RT/F = 0.059\,V$ である．
   i) $HClO + H^+ + 2e^- \rightleftharpoons Cl^- + H_2O$
   ii) $ClO^- + 2H^+ + 2e^- \rightleftharpoons Cl^- + H_2O$
2) 下線部を反応式で示し，この反応の標準状態での Gibbs エネルギー変化を求めよ．

5・20 (2001年度: 九州大院理, 2009年度: 早稲田大院先進理工 など)
$25\,°C$ において，金属イオンが加水分解しない酸性水溶液中で $0.10\,mol\,dm^{-3}$ Fe(II) 溶液 $0.10\,dm^3$ を $0.10\,mol\,dm^{-3}$ Ce(IV) 溶液で滴定する場合を考える．このときの酸化還元反応は

$$Fe^{2+} + Ce^{4+} \rightleftharpoons Fe^{3+} + Ce^{3+} \qquad (5\cdot34)$$

で表される．また，半電池反応 $Fe^{3+} + e^- \rightleftharpoons Fe^{2+}$ および $Ce^{4+} + e^- \rightleftharpoons Ce^{3+}$ の標準電極電位はそれぞれ，$E^⦵(Fe^{3+}/Fe^{2+}) = +0.77\,V$ と $E^⦵(Ce^{4+}/Ce^{3+}) = +1.61\,V$ である．ただし，$(RT/F)\ln 10 = 0.060\,V$ (F: Faraday定数, T: 絶対温度, R: 気体定数) とする．また，必要なら $\log 2 = 0.30$ を用いよ．
1) 反応 (5・34) の平衡定数 K を求め，$\log K$ の値で示せ．
2) $0.10\,mol\,dm^{-3}$ Ce(IV) を $0.080\,dm^3$ 滴下したときの電極電位を求めよ．
3) 当量点における電極電位を求めよ．

5・21 (2006年度: 九州大院理)
$298\,K$, $1\,atm$ における次の Galvani 電池に関連する以下の問いに答えよ．

$$Ag|Ag^+(a\,mol\,dm^{-3})\|Fe^{2+}(b\,mol\,mol^{-3}) + Fe^{3+}(c\,mol\,dm^{-3})|Pt \qquad (5\cdot35)$$

ただし，$RT\ln10/F = 0.060$ V とし，次の標準電極電位 $E^\ominus$ を用いよ．

$$Ag^+ + e^- \rightleftharpoons Ag \qquad E^\ominus = +0.80 \text{ V}$$
$$Fe^{3+} + e^- \rightleftharpoons Fe^{2+} \qquad E^\ominus = +0.77 \text{ V}$$

1) すべての化学種の濃度が 1 mol dm^{-3} のとき，反応 $Ag + Fe^{3+} \rightleftharpoons Ag^+ + Fe^{2+}$ の起電力を計算せよ．
2) 反応 $Ag + Fe^{3+} \rightleftharpoons Ag^+ + Fe^{2+}$ の平衡定数を K とする．$\log K$ を求めよ．
3) すべての化学種の濃度が 1 mol dm^{-3} のとき，カソード反応およびアノード反応を示せ．
4) 式(5・35)において，$a = 0.010$，$b = 0.0010$，$c = 0.100$ とするとき，反応 $Ag + Fe^{3+} \rightleftharpoons Ag^+ + Fe^{2+}$ の起電力を計算せよ．また，式(5・35) の極性を示せ．

5・22（2007 年度：北海道大院理）
空気中に置かれた酸性水溶液（pH = 0）に鉄粉を加えたときに起こる化学変化について，以下の 1)～4) に答えよ．ただし，表の還元半反応とその標準電極電位（$E^\ominus$）を適宜用いよ．

表 5・3 標準電極電位 (25 ℃)

還元半反応	$E^\ominus$ / V
$O_2(g) + 4H^+(aq) + 4e^- \longrightarrow 2H_2O(l)$	+1.23
$Fe^{3+}(aq) + e^- \longrightarrow Fe^{2+}(aq)$	+0.77
$2H^+(aq) + 2e^- \longrightarrow H_2(g)$	0
$Fe^{2+}(aq) + 2e^- \longrightarrow Fe(s)$	−0.44

1) 鉄粉を加えてすぐに起こる変化の化学反応式を書け．また，その反応の標準電極電位を求めよ．
2) 反応の標準電極電位（$E^\ominus$）と反応 Gibbs エネルギー（$\Delta_r G^\ominus$）の関係を示し，1) の反応が自発的に進むかどうか説明せよ．
3) 鉄粉に対して酸性水溶液が大過剰にある場合，すべての鉄粉が反応した後の溶液中で起こる反応の化学反応式を示せ．また，その反応の標準電極電位を求めよ．
4) 鉄粉が残存している場合の鉄の酸化還元反応の化学反応式を書け．また，その反応の標準電極電位を求め，溶液中の鉄イオンの安定な酸化状態を決定せよ．

5・23（2009 年度：横浜国立大院工）
銅板，亜鉛板，$CuSO_4$ 水溶液，$ZnSO_4$ 水溶液，塩橋を用いて Daniell 電池を構成した．
$$Zn\,|\,ZnSO_4(aq)\,\|\,CuSO_4(aq)\,|\,Cu$$

なお，各電極における電気化学平衡反応の標準電極電位は以下のとおりである．
$$Zn^{2+} + 2e^- = Zn \qquad E^\ominus = -0.763 \text{ V vs. SHE}$$
$$Cu^{2+} + 2e^- = Cu \qquad E^\ominus = +0.337 \text{ V vs. SHE}$$
ここで，SHE は標準水素電極である．また，温度は 25 ℃ とする．必要であれば，Faraday(ファラデー) 定数 $F = 96500$ C mol^{-1}，気体定数 $R = 8.31$ J K^{-1} mol^{-1} を用いよ．

1) Daniell 電池の電池反応の標準 Gibbs(ギブス) エネルギー変化 $\Delta G^\ominus$ を求めよ．
2) この電池の起電力を，Cu^{2+} の活量 $a_{Cu(II)}$ と Zn^{2+} の活量 $a_{Zn(II)}$ の関係式として示せ．
3) Cu^{2+} の活量が $a_{Cu(II)} = 1.00$ であり，Zn^{2+} の活量が $a_{Zn(II)} = 0.100$ のとき，電池の起電力を求めよ．

6. 遷移金属の化学

キーワード	出題箇所	キーワード	出題箇所
d軌道分裂	例題1, 2, 問題2, 4, 13, 17	禁制遷移	例題5
スピン状態	例題1	電荷移動遷移	例題6
磁性	例題1, 5, 問題3, 8, 18	錯体の色	例題7, 問題5, 14
分光化学系列	例題1	混合原子価	例題8
CFSE	例題1, 4, 問題2	スピンクロスオーバー	例題8, 問題11
カルボニル配位子	例題3, 問題9	異性体	例題9, 問題8, 15, 20
18電子則	例題3, 問題19	構造	問題1, 6, 13
スピネル型構造	例題4, 問題10	トランス効果	問題7, 15
Jahn-Teller効果	例題5	光吸収強度	問題8, 12, 13
水和エンタルピー	例題5	反応性	問題21, 22

[**例題 6・1**] 〔2006年度 大阪府立大院理, 類題: 2) 2007年度 上智大院理工〕
遷移金属錯体に関する以下の問いに答えよ.
1) 真空中における気体状態の遷移金属イオンの3d軌道は五重に縮重しているが, 分子やイオンなどが配位することによりこの縮重は一部解ける. 以下の4種類の金属錯体における軌道の分裂を図示し, それぞれの軌道を帰属せよ.
　　i) 六配位八面体錯体　　ii) 正方にひずんだ六配位八面体錯体
　　iii) 平面四配位錯体　　iv) 正四面体錯体
2) 八面体錯体が基底状態において低スピン状態と高スピン状態の両方をとることが可能なd電子数をすべてあげよ. ついで, そのおのおのの場合について, 低スピン状態と高スピン状態の電子配置を示せ.
3) $[NiCl_4]^{2-}$ は常磁性を示すが $[Ni(CN)_4]^{2-}$ は反磁性を示す. いずれも四配位型Ni(II)d^8錯イオンでありながらこのような差が見られる現象はどのように理解することができるかを記せ.

6. 遷移金属の化学

[解答]

1)

iv) 正四面体　i) 六配位八面体　ii) 正方ひずみ六配位八面体　iii) 平面四配位

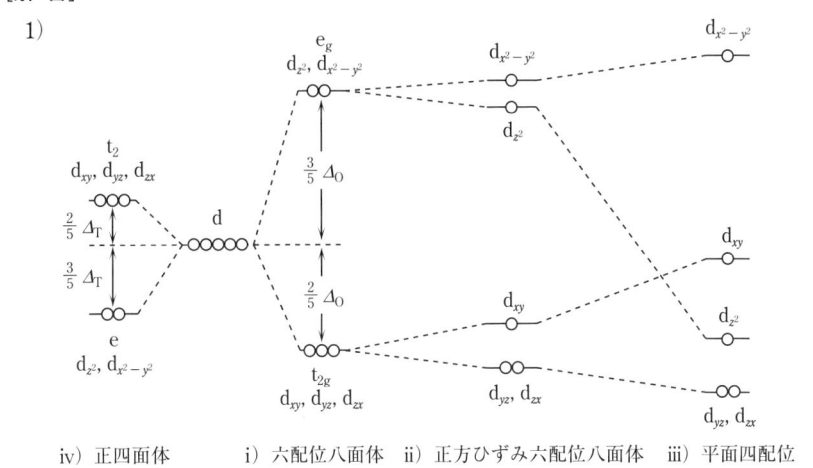

2) 八面体錯体が基底状態において低スピン状態と高スピン状態の両方をとることが可能な d 電子数は 4〜7 である．また，その電子配置は図 6・1 に示すとおりとなる．

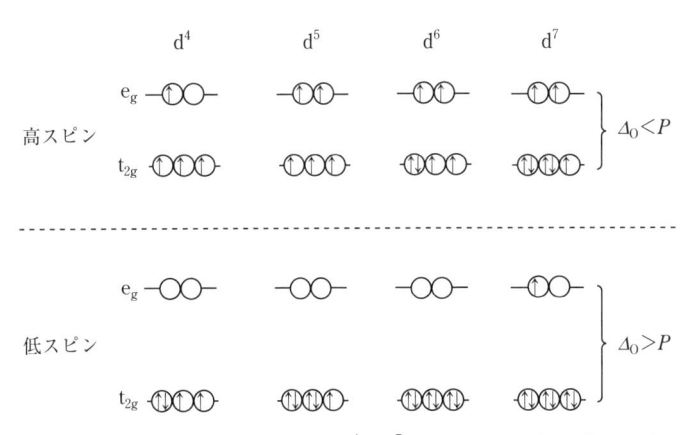

図 6・1　六配位八面体錯体における d^4〜d^7 の場合の高スピン状態および低スピン状態の電子配置（P: 電子対反発エネルギー）

3) 第一遷移系列（3d 系列）にある中心金属は原子半径が小さい．[NiCl$_4$]$^{2-}$ 錯体では Ni^{2+} の半径は小さく，また Cl$^-$ 配位子は比較的大きいので立体的な込み合いを避けるために，平面四配位ではなく正四面体構造をとると考えられる．一方，

[Ni(CN)$_4$]$^{2-}$ は分光化学系列の上位にある（大きく分裂させる）CN$^-$ 配位子をもつため d$_{xy}$ と d$_{x^2-y^2}$ の分裂幅（Δ）が大きくなる．この Ni 錯体は 8 個の d 電子をもつため，エネルギー準位の高い d$_{x^2-y^2}$ 軌道に電子を入れなくてよい平面四角形構造が電子配置の観点から有利となる．このため，[Ni(CN)$_4$]$^{2-}$ は立体的には少々不利であるが大きな配位子場の安定化の得られる平面四角形構造をとる．以上のことを考慮するとそれぞれの錯体における d^8 電子配置は以下のようになる．[NiCl$_4$]$^{2-}$ は不対電子を二つもつので常磁性を示す（図 6・2，左）．[Ni(CN)$_4$]$^{2-}$ は，d 軌道分裂が大きいため，d$_{xy}$ 軌道に電子が二つ入るので不対電子をもたず反磁性を示す（図 6・2，右）．

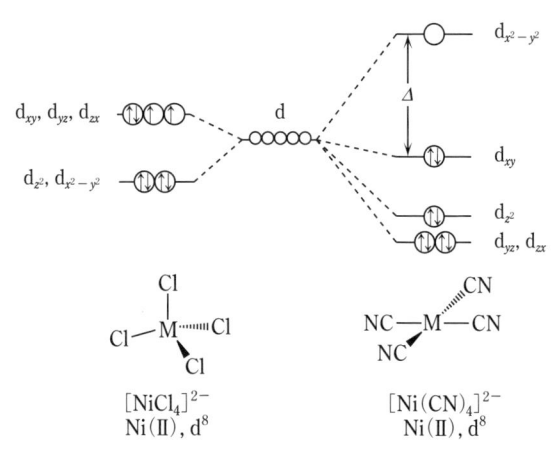

図 6・2 [NiCl$_4$]$^{2-}$ および [Ni(CN)$_4$]$^{2-}$ の d^8 電子配置

[**解説**] 1) 遷移金属には，以下に示す 5 種類の d 軌道が存在する（図 6・3）．

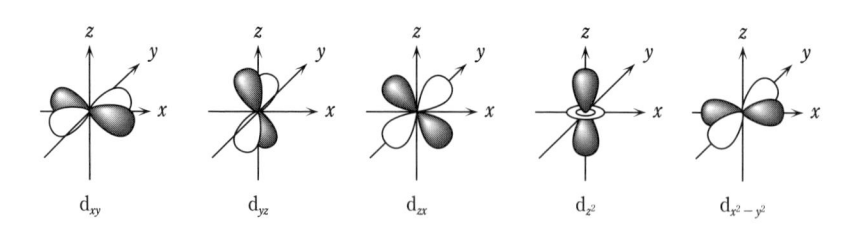

図 6・3 5 種類の d 軌道

　六配位八面体錯体を考える場合，遷移金属 M を原点におき，各座標軸方向に六つの配位子 L を配置する．そして結晶場理論では，金属の d 軌道に孤立電子対を供与する配位子を負の点電荷と考える．これらの遷移金属中にある 5 種類の d 軌道は錯体を形

成していない場合，同じエネルギーをもっており，五重に縮重している（図6・4a）．つぎに六つの点電荷が遷移金属のまわりを全体的に取囲んでいる（方向を特定しない）状態を考える．遷移金属自身が電子をたくさんもっているため，点電荷が近づくとその反発により，五つの軌道のエネルギーは上昇することになるが，今，点電荷が近づく方向を特定していないので，五つの軌道のエネルギーは等しく上昇することになる（図6・4b）．このように考えると，錯体を形成することで系全体が不安定化していることを表していることになる．しかし，これは電荷の反発のみを考えているためであり，実際には遷移金属と配位子により形成される分子軌道も考慮に入れる必要があり，錯体を形成した方が安定となる．ここでは，錯形成による軌道の分裂の様子を定性的に考察するので，電荷の反発のみを考える．つぎに球対称に分布した電荷を六配位方向に分散させる．五つのd軌道のうち，座標軸方向に軌道の広がりをもつd_{z^2}および$d_{x^2-y^2}$軌道は強い静電反発を受けるためエネルギーが上昇する．この二つの軌道の上昇するエネルギーは同程度であり，この同じエネルギー準位の二つの軌道（二重に縮重した軌道）をまとめてe_g軌道とよぶ．六つの点電荷を座標軸方向に配置しただけなので全体的なエネルギーの総量は図6・4bの場合と同じである．そのため，e_g軌道が上昇したことに伴い残りの座標軸方向の間に軌道の広がりをもつ三つのd_{xy}, d_{yz}, d_{zx}軌道は同程度エネルギーが低下し，三重に縮重したt_{2g}軌道となる（図6・4c）．このとき，e_g軌道とt_{2g}軌道のエネルギーの差をΔ_Oとすると，二つの軌道（d_{z^2}, $d_{x^2-y^2}$）の上昇と三つの軌道（d_{xy}, d_{yz}, d_{zx}）の降下が同じエネルギーであるために上昇（不安定化）は$\frac{3}{5}\Delta_O$となり，降下（安定化）は$\frac{2}{5}\Delta_O$となる．

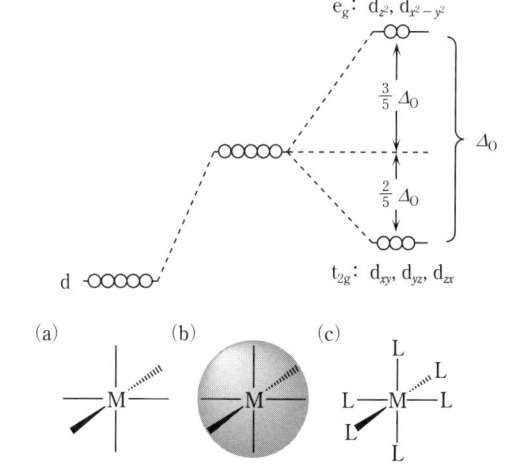

図6・4 六配位八面体錯体における金属d軌道．(a) 配位子をもたない遷移金属のd軌道，(b) 点電荷が遷移金属のまわりを球対称に取囲んでいるときのd軌道，(c) 点電荷が座標軸方向にある場合の遷移金属のd軌道

i) 六配位八面体錯体の場合は上記で説明したとおりである（図6・5左）.

ii) 正方にひずんだ六配位八面体錯体の場合は，六配位八面体錯体の状況から z 軸上の配位子を遠ざけていくことで表される．z 軸上の配位子を遠ざけると静電反発が弱まるため，z 方向の成分をもつ軌道（d_{z^2} および d_{yz}, d_{zx}）のエネルギーが下がる（安定化する）ことになる．このとき，d_{z^2} の安定化した分だけ $d_{x^2-y^2}$ が不安定化する．また d_{yz} および d_{zx} が安定化した分の総和だけ d_{xy} が不安定化する（図6・5中央）.

iii) さらに z 軸上の配位子を遠ざけると z 軸が関与する d 軌道のエネルギーが下がる．相互作用がなくなるまで遠ざけると最終的に平面四配位錯体となる．$d_{x^2-y^2}$ 軌道と d_{xy} 軌道には z 軸成分が含まれていない．したがって，i）から z 軸上の配位子を遠ざけていき最終的に iii) になる過程で，$d_{x^2-y^2}$ 軌道と d_{xy} 軌道のエネルギー準位はともに上昇するが，そのエネルギー差は一定のままである．つまり iii) の Δ は i) の Δ_O と同じ値となる（図6・5右）.

iv) 次に正四面体錯体の場合について考える（図6・6）．正四面体錯体では，配位

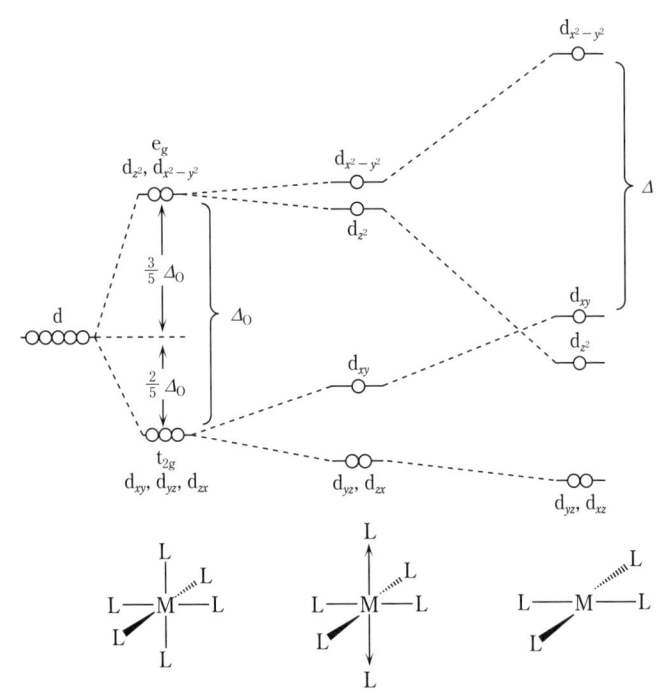

i) 六配位八面体　　ii) 正方ひずみ六配位八面体　　iii) 平面四配位

図 6・5　それぞれの幾何構造における d 軌道分裂

6. 遷移金属の化学

(a) [図: d_{zx}軌道と配位子の相互作用、真上から見た図、距離0.5]

(b) [図: d_{z^2}軌道と配位子の相互作用、真上から見た図、距離√2/2]

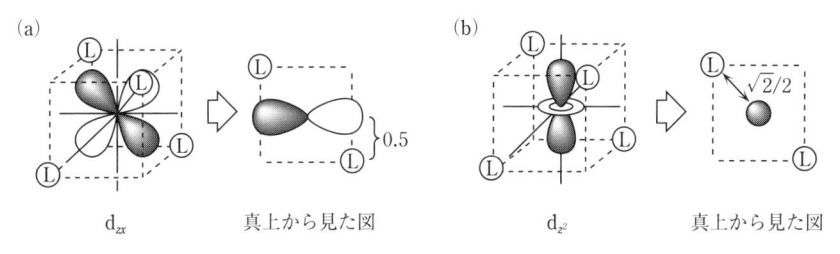

図 6・6 正四面体錯体における d_{zx} と d_{z^2} 軌道と配位子の相互作用

子は立方体の頂点に位置することになる。d_{zx} と d_{z^2} 軌道と配位子の相互作用について考える。どちらの相互作用が大きいかは一見するとわかりにくいが真上から見ると定性的には理解しやすい。立方体の一片の長さを 1 とすると d_{zx} 軌道の場合では配位子との距離が 0.5 であるのに対して（図 6・6 a），d_{z^2} 軌道の場合では $\sqrt{2}/2$ となり（図 6・6 b），d_{zx} 軌道の方が静電反発を強く受ける。そのため，d_{xy}，d_{yz}，d_{zx} 軌道からなる t_2 軌道（対称心がないため，偶 gerade，奇 ungerade の区別がない）は d_{z^2}，$d_{x^2-y^2}$ 軌道からなる e 軌道よりエネルギーが高くなる。このとき，t_2 軌道と e 軌道のエネルギーの差を Δ_T とすると，t_2 軌道は $\frac{2}{5}\Delta_T$ だけ重心より高く，e 軌道は $\frac{3}{5}\Delta_T$ だけ重心より低くなる（図 6・7）。正四面体錯体では，図 6・6 でも示したように配位子が直接 d 軌道の方向を向いているわけではないので，Δ_T の分裂幅は六配位八面体錯体の Δ_O より小

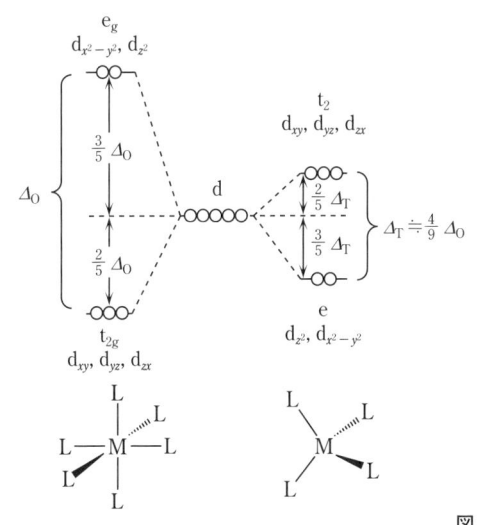

[図: 六配位八面体と正四面体のd軌道分裂。$\Delta_T \simeq \frac{4}{9}\Delta_O$]

i) 六配位八面体　　iv) 正四面体

図 6・7 正四面体錯体と六配位八面体錯体の d 軌道の分裂

さくなる（$\frac{4}{9}\Delta_O \fallingdotseq \Delta_T$）．

2）六配位八面体錯体では，d 電子数が 1～3 の場合には，Hund（フント）の規則に従い，平行スピンが多くなるように t_{2g} 軌道を電子が占める．d^4 以降の場合では，2 通りの電子の占め方があり，t_{2g} 軌道に入るか e_g 軌道に入るかのどちらかとなる．t_{2g} 軌道と e_g 軌道のエネルギー差 Δ_O よりも，同じ軌道に電子が入ることで生じる**電子対反発エネルギー P** の方が大きい場合には，e_g 軌道に電子が入ることになり，このような状態を高スピン状態とよぶ（図 6・1 上段）．逆に $\Delta_O > P$ の場合には t_{2g} 軌道に電子が入ることになり，このような状態を低スピン状態とよぶ（図 6・2 下段）．$d^8 \sim d^{10}$ では高スピン，低スピンの区別はない．正四面体錯体の場合には，Δ_T が小さいため，常に高スピン状態をとる．

3）結晶場分裂の大きさ Δ は，金属および配位子に依存する．

i）同じ中心金属をもつ錯体であれば酸化数が大きい方が分裂は大きくなる．同族の中心金属で比較すると，周期表の下にあるほど分裂は大きくなり，一段下がると Δ の大きさは約 50% 増加する．

ii）配位子の種類によっても分裂の幅は異なる．大きく分裂させるものから小さく分裂させるものの順に並べたものを**分光化学系列**という（下線を付してある原子が配位原子）．以下におもな配位子の分光化学系列を示す．

CO>$\underline{C}N^-$>P$\underline{P}h_3$>$\underline{N}O_2^-$>phen>bpy>en>$\underline{N}H_3$>py>CH$_3$$\underline{C}N$>$\underline{N}CS^-$>
H$_2$$\underline{O}$>C$_2$$\underline{O}_4^{2-}$>$\underline{O}H^-$>$\underline{F}^-$>$\underline{N}O_3^-$>$\underline{O}NO_2^-$>$\underline{C}l^-$>$\underline{S}CN^-$>$\underline{S}^{2-}$>$\underline{B}r^-$>$\underline{I}^-$

iii）錯体の幾何構造および配位子の数によっても分裂の程度と仕方は異なるが，ここでは詳しくは述べない．

［例題 6・2］ （2010 年度：関西学院大院理工）
配位子場理論では，配位結合を σ 結合のみで考えた場合と π 結合をも考慮した場合とでは d 軌道の分裂の様子が異なってくる．正八面体錯体の場合についてこれを解説せよ．

［解答］ 配位結合を σ 結合のみで考えた場合，配位子の σ 軌道の組合わせのなかに金属の t_{2g} 軌道の対称性をもつものはない．一方，π 結合を考慮した場合では，金属の t_{2g} 軌道は配位子の π 対称性をもつ軌道と重なり合うことができるため，配位子の π 受容性および π 供与性を考慮に入れる必要がある．それぞれの d 軌道の分裂の様子は図 6・8 に示したようになる．

［解説］ 配位子場理論においては金属の軌道と配位子の軌道から形成される分子軌

6. 遷移金属の化学

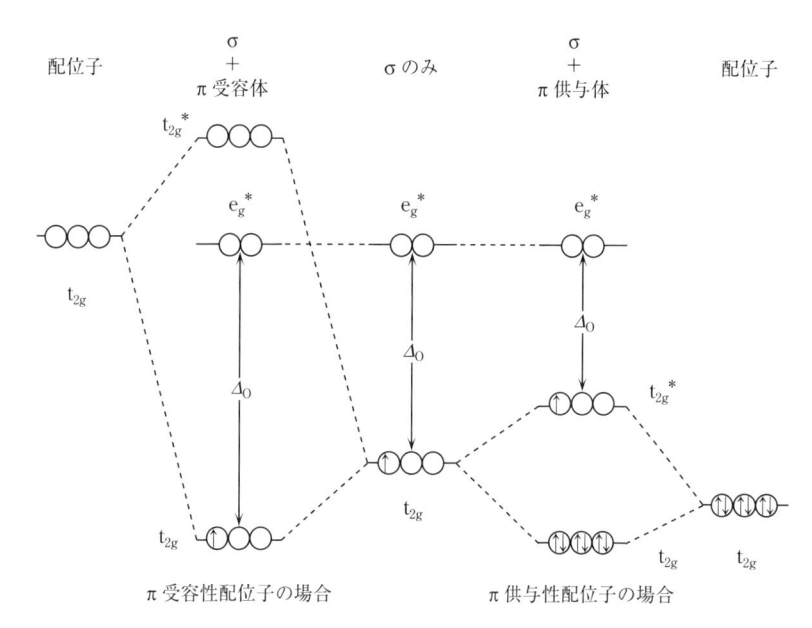

図 6・8 錯体のそれぞれの **d 軌道分裂の様子**. 配位子を σ 結合のみで考えた場合（図中央），π 受容性および π 供与性を考慮に入れた場合（それぞれ図左側および右側）．

道を考えて錯体の分子軌道をつくることになる．ここでは，一つ一つの軌道に注目するのではなく**群軌道**という考え方を採用する．たとえば，金属の d 軌道に関しては，d_{xy}, d_{yz}, d_{zx} は t_{2g}, d_{z^2} および $d_{x^2-y^2}$ は e_g として表すことができる．同様に s 軌道は，a_{1g}, p 軌道は，t_{1u} となる．それぞれ a は縮重なし，e は二重縮重，t は三重縮重していることを表している．一方，六つの配位子からは，a_{1g}, e_g, t_{1u} の群軌道が生成する．ここで金属および配位子の群軌道のうち，対称性が合うものどうしが分子軌道を形成することができる．配位結合を σ 結合のみで考えた場合，配位子の σ 軌道（a_{1g}, t_{1u}, e_g）の組合わせのなかに金属の t_{2g}（d_{xy}, d_{yz}, d_{zx}）軌道の対称性をもつものがない（図 6・9）．そのため t_{2g} は配位子と分子軌道をつくらずエネルギー準位に変化はない．金属および配位子の対称性の合う群軌道どうしはそれぞれ結合性および反結合性分子軌道をつくるため，σ 結合のみを考えた場合は図 6・10 に示した分子軌道が形成される．

一方，π 結合を考慮した場合では，金属の t_{2g} 軌道は配位子の π 対称性をもつ軌道と重なり合うことができる（図 6・9）．そのため，新たに結合性および反結合性軌道をつくる．このとき配位子が π 受容体の場合（たとえば CO 配位子），金属の t_{2g} 軌道と対称性が合う CO 配位子の π^* 軌道は，それ自体 CO 多重結合の反結合性軌道なので，電子が入っておらずエネルギー準位が高い．そのため金属と配位子の t_{2g} 軌道どうしが

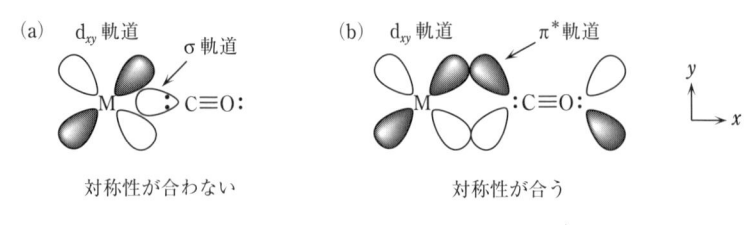

(a) d$_{xy}$ 軌道　σ軌道　　(b) d$_{xy}$ 軌道　π*軌道

対称性が合わない　　　　対称性が合う

図 6・9　d$_{xy}$ 軌道と炭素の σ 軌道 (a), d$_{xy}$ 軌道と π* 軌道 (b)

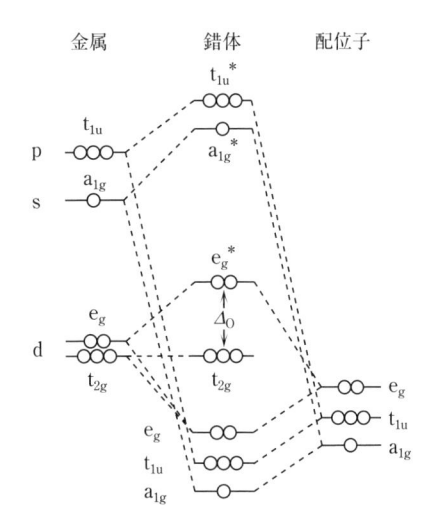

図 6・10　σ 結合のみで考えた正八面体錯体の軌道分裂の様子

分子軌道をつくると, d 電子が収容される結合性 t$_{2g}$ 軌道は分子軌道をつくる前の金属の t$_{2g}$ 軌道よりエネルギー準位が下がる. その結果, Δ_O は大きくなる. 分光化学系列で CO 配位子が上位に位置するのはこのためである (図 6・8 左を参照). 一方, 配位子が π 供与体の場合 (たとえばハロゲン), 電子の詰まった π 対称性の軌道はエネルギー準位が低い. そのため, 金属の t$_{2g}$ 軌道と分子軌道をつくった場合には, d 電子が t$_{2g}^*$ 軌道に入ることになり, Δ_O が減少する結果となる (図 6・8 右を参照). 分光化学系列でハロゲン配位子が下位に位置するのはこのためである.

[例題 6・3]　〔1) 2005 年度 九州大院理, 2) 2005 年度 大阪市立大院理, 3) 2010 年度 大阪府立大院理, 類題: 2010 年度 静岡大院理, 2008 年度 名古屋大院理ほか〕
遷移金属カルボニル錯体に関して, 以下の問いに答えよ.

1) 一般に, 金属イオン M に CO 分子が配位すると C−O 結合距離が長くなる. 図を示しながらこの理由を説明せよ.
2) [Fe(CO)$_5$] と [FeBr$_2$(CO)$_4$] の赤外線吸収スペクトルを測定した場合, カルボニルの伸縮振動 (ν_{CO}) は, どちらの錯体が低波数側に観測されるか.
3) 以下の錯体 **1**～**5** に含まれる CO 配位子の個数 a～e を答えよ. ただし, いずれの錯体も 18 電子則を満たすものとする.
 (**1**) [Mn(CO)$_a$][B(C$_6$H$_5$)$_4$] (**2**) [(C$_6$H$_5$)$_4$P][V(CO)$_b$]
 (**3**) [(η^5-C$_5$H$_5$)Co(CO)$_c$] (**4**) [(η^4-C$_4$H$_6$)Fe(CO)$_d$] (**5**) [Mn$_2$(CO)$_e$]

[解答と解説]

1) カルボニル (CO) 分子は図 6・11(a) に示したように, 炭素原子と酸素原子の間に三重結合をもち, どちらにも孤立電子対をもっている. 通常は, より塩基性が高い炭素原子上の孤立電子対が金属 M に配位する. このとき炭素の孤立電子対が金属の空の d 軌道へ供与されてできる結合を **σ 供与結合** とよぶ (図 6・11 b). また M の電子充填 d 軌道から一酸化炭素の空の反結合性 π 軌道 (π*軌道) への逆供与 (π 逆供与) によりできる結合を **π 逆供与結合** とよぶ (図 6・11 c). これらの 2 種の結合により金属 M と CO 分子の配位は成り立っている. σ 供与が起こると金属 M の電子密度が高くなり, これにより π 逆供与も強くなる. π 逆供与では CO 三重結合の反結合性軌道に電子が流れ込むため, CO の三重結合が弱くなる. そのため C−O 結合距離が長くなる.

(a)

:C≡O:
カルボニル配位子の電子配置

(b) 空の d$_{x^2-y^2}$ 軌道   (c) 反結合性 π 軌道 (π*軌道)
                充填 d$_{xy}$ 軌道

 σ 供与結合   π 逆供与結合

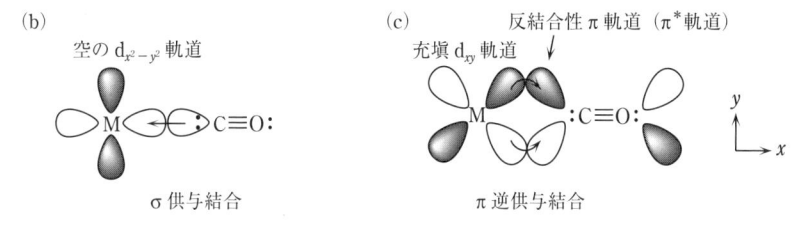

図 6・11 カルボニル配位子の電子配置 (a), σ 供与結合 (b), π 逆供与結合 (c)

2) [Fe(CO)$_5$] 中の鉄は形式酸化数が 0 (Fe(0)) で, d 電子数は 8 (d^8) である. 一方, [FeBr$_2$(CO)$_4$] は Fe(II), d^6 である. そのため d 電子の数が多い [Fe(CO)$_5$] の

方が [FeBr$_2$(CO)$_4$] よりも π 逆供与が強く起こる．これにより C≡O 三重結合の反結合性軌道に多くの電子が流れ込むため，C≡O 三重結合は弱くなり，ν$_{CO}$ は低波数側に観測される．d 電子の数が同じ場合でも錯体自身の電荷がより負の方が，また CO 以外の配位子がより電子供与性の方が中心金属からの π 逆供与が大きくなり，ν$_{CO}$ は低波数側に観測される．

3) $a=6$, $b=6$, $c=2$, $d=3$, $e=10$

電子数の数え方には 2 通りの方法があるが，ここでは，金属は 0 価として d 電子の数を求めた後，錯体の全体の電荷を考慮するやり方で考える．いずれの錯体も 18 電子則を満たすので，0 価のときの中心金属の d 電子数，配位子の供与する電子数，錯体全体の電荷を考え，合計が 18 となるように計算すればよい．

(1) [Mn(CO)$_a$][B(C$_6$H$_5$)$_4$]   Mn(0) で d^7, $18=7+(2\times a)-1$ $a=6$
(2) [(C$_6$H$_5$)$_4$P][V(CO)$_b$]   V(0) で d^5, $18=5+(2\times b)+1$ $b=6$
(3) [(η^5-C$_5$H$_5$)Co(CO)$_c$]   Co(0) で d^9, $18=5+9+(2\times c)$ $c=2$
(4) [(η^4-C$_4$H$_6$)Fe(CO)$_d$]   Fe(0) で d^8, $18=4+8+(2\times d)$ $d=3$
(5) [Mn$_2$(CO)$_e$]   Mn(0) で d^7, $18=7+1+(2\times e/2)$ $e=10$

[例題 6・4] （類題: 2009 年度 北海道大院理ほか）
NiFe$_2$O$_4$ が正スピネル型構造をとるか，逆スピネル型構造をとるかを答えよ．

[解 答]　NiFe$_2$O$_4$ は正スピネル型構造の場合は $\frac{4}{5}\Delta_T$ の安定化，逆スピネル型構造の場合は $\frac{6}{5}\Delta_O$ の安定化が得られるため，逆スピネル型構造をとる．

[解 説]　スピネルとは A^{II}B$^{III}_2$O$_4$ の組成式をもつ金属酸化物のことである．ここで A^{II} は +2 価の金属イオン，B^{III} は +3 価の金属イオンを表す．この化合物中で酸素原子は

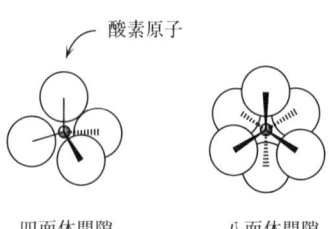

酸素原子

単位格子中に　四面体間隙　　八面体間隙
　　　　　　　8 箇所　　　　4 箇所

図 6・12　スピネル型構造における四面体間隙と八面体間隙

立方最密充塡構造をとる．このような充塡構造をとると，単位格子中に四つの酸素原子で囲まれたすきま（四面体間隙）が 8 箇所と，六つの酸素原子で囲まれたすきま（八面体間隙）が 4 箇所できることになる（図 6・12；3 章例題 3・4 参照）．

これらの間隙に 1 分子の A^{II} と 2 分子の B^{III} が入ることになるが，その入り方には以下の 2 通りの方法が知られており，おのおの正スピネル型構造，逆スピネル型構造とよばれている（表 6・1）．

表 6・1 正スピネル構造と逆スピネル構造における A^{II} および B^{III} の占める位置

	A^{II}	B^{III}	B^{III}
正スピネル型構造	四面体間隙	八面体間隙	八面体間隙
逆スピネル型構造	八面体間隙	四面体間隙	八面体間隙

金属が四面体間隙に入ることは，酸素が配位した四面体錯体を形成することに対応し，また八面体間隙に入ることは酸素が配位した八面体錯体を形成することに対応する．酸素が配位原子であるので，いずれの場合も弱い配位子場を形成することになる．

$NiFe_2O_4$ を例として，これが正スピネル型構造をとるか，逆スピネル型構造をとるかを考えてみる．どちらの構造をとるかは，より大きな結晶場安定化エネルギー（CFSE）が得られるのはどちらの構造かを考えることである．

まず，正スピネル型構造について考える．この場合，d 電子を 8 個もつ Ni^{II} は四面体錯体を形成し，そのときの CFSE は $\frac{4}{5}\Delta_T$ となる．また d 電子を 5 個もつ Fe^{III} は二つとも八面体錯体を形成するので CFSE は 0 となる．したがって，合計の CFSE は $\frac{4}{5}\Delta_T$ となる（図 6・13）．

Ni^{II}　　CFSE $= \frac{4}{5}\Delta_T$

Fe^{III}　　CFSE $= 0\,\Delta_O$

Fe^{III}　　CFSE $= 0\,\Delta_O$

[合計の CFSE $= \frac{4}{5}\Delta_T$]

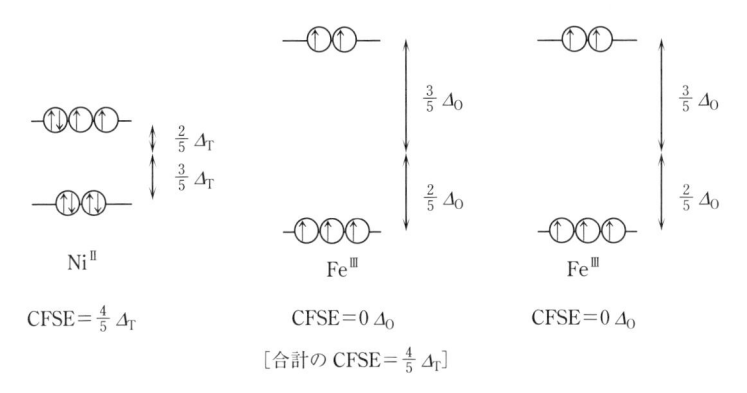

図 6・13 正スピネル型構造の場合の結晶場安定化エネルギー（**CFSE**）

つぎに，逆スピネル型構造の場合について考える．Ni^{II}は八面体錯体を形成しそのCFSEは$\frac{6}{5}\Delta_O$となる．また一つのFe^{III}は四面体錯体，もう一つのFe^{III}は八面体錯体を形成するが，いずれの場合もCFSEは0となる．したがって，合計のCFSEは$\frac{6}{5}\Delta_O$となる（図6・14）.

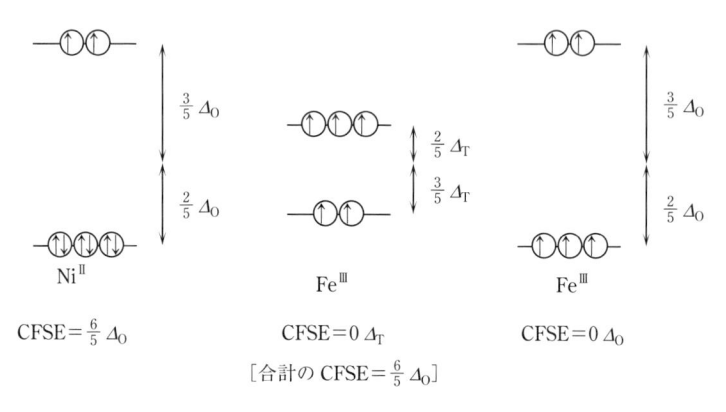

図6・14 逆スピネル型構造の場合の結晶場安定化エネルギー（CFSE）

正スピネル型構造の場合は$\frac{4}{5}\Delta_T$の安定化，逆スピネル型構造の場合は$\frac{6}{5}\Delta_O$の安定化が得られる．これらを直接比較するには，$\Delta_T = \frac{4}{9}\Delta_O$の関係を用いる．つまり$\frac{4}{5}\Delta_T = \frac{4}{5} \times \frac{4}{9}\Delta_O = \frac{16}{45}\Delta_O < \frac{6}{5}\Delta_O$となり，逆スピネル型構造をとった方がCFSEが大きいことがわかり，$NiFe_2O_4$は逆スピネル型構造の方を好むことが予想できる．実際，この化合物は逆スピネル型構造をとる．

[例題 6・5]（2010年度 同志社大院工，類題: 2007年度 名古屋大院理ほか）
遷移金属イオンに関する次の問いにそれぞれ答えよ．
 1) 次のア～エの遷移金属イオンが高スピン型正八面体配位子場にある場合，不対電子数を考慮して有効磁気モーメントを求めよ．ただし，μ_B（ボーア磁子）単位で表し，有効数字は3桁とする．
　　ア）Cr^{3+}　　イ）Fe^{3+}　　ウ）Ni^{2+}　　エ）Cu^{2+}
 2) 問1)のア～エのイオンが，高スピン型正八面体配位子場にある場合，可視光吸収係数が他のイオンと比べて著しく小さいものを一つ選び，記号で答えよ．また，その理由を簡潔に記せ．
 3) 問1)のア～エのイオンが，高スピン型八面体錯体を形成する場合，Jahn-

6. 遷移金属の化学   133

Teller 効果によってひずむ可能性のあるものをすべて選び，記号で答えよ．

4) 図 6·15 は +2 価の金属イオンの水和エンタルピー ($\Delta H^\ominus$) を示している（発熱を正とするため $-\Delta H^\ominus$ をプロットしている）．高スピン型正八面体の配位子場安定化エネルギー (LFSE) を考えて，この図の意味することを説明せよ．

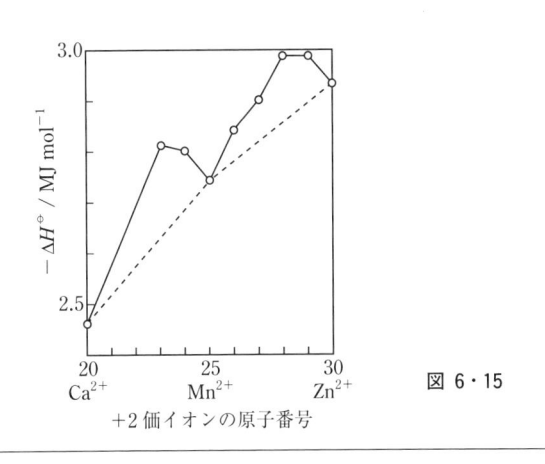

図 6·15

[解答] 1) ア) $3.87\,\mu_B$　イ) $5.92\,\mu_B$　ウ) $2.83\,\mu_B$　エ) $1.73\,\mu_B$
2) イ．Fe^{3+}，d^5 の場合はスピン禁制遷移となるため，他のイオンと比べて著しく小さくなる．
3) エ．Cu^{2+} は d^9 なので，ひずむ可能性がある．
4) 水和エンタルピーの実測値は ○ で表されている．この結果から高スピン型正八面体の配位子場安定化エネルギー (LFSE) を差し引くと破線で表されるイオン半径のみを考慮したときに予想される水和エンタルピー変化となる．

[解説] 磁気モーメントは軌道角運動量とスピン角運動量の両方により生じる．しかし錯体の場合，一般的に軌道角運動量の寄与はあまり考えなくてよい．そのためスピン角運動量のみ（スピンオンリー）で考えた場合，磁気モーメントは $\mu = \sqrt{N(N+2)}\,\mu_B$ で表される ($N =$ 不対電子数)．ア〜エ のイオンが，高スピン型正八面体配位子場にある場合，d 電子の配置は図 6·16 のようになる．

ア) Cr^{3+}, d^3　イ) Fe^{3+}, d^5　ウ) Ni^{2+}, d^8　エ) Cu^{2+}, d^9

図 6·16

ア) 不対電子数が 3 個なので，$\mu = \sqrt{3(3+2)}\ \mu_B = 3.87\ \mu_B$
イ) 不対電子数が 5 個なので，$\mu = \sqrt{5(5+2)}\ \mu_B = 5.92\ \mu_B$
ウ) 不対電子数が 2 個なので，$\mu = \sqrt{2(2+2)}\ \mu_B = 2.83\ \mu_B$
エ) 不対電子数が 1 個なので，$\mu = \sqrt{1(1+2)}\ \mu_B = 1.73\ \mu_B$

2) 分裂した d 軌道間での電子遷移 (d-d 遷移) には 2 種類ある．一つは，スピンの向きの変化を伴わないもので，これはスピン許容遷移である (図 6・17 a)．もう一つは，原則として許されていないスピンの向きの変化を伴うもので，スピン禁制遷移となる (図 6・17 b)．Fe^{3+}，d^5 の場合だけ，電子が t_{2g} 軌道から e_g 軌道に遷移する際にスピンの配向を逆にしなければならないスピン禁制遷移となる (図 6・17 c)．このため，遷移がきわめて起こりにくく，可視光吸収係数が他のイオンと比べて著しく小さくなる．

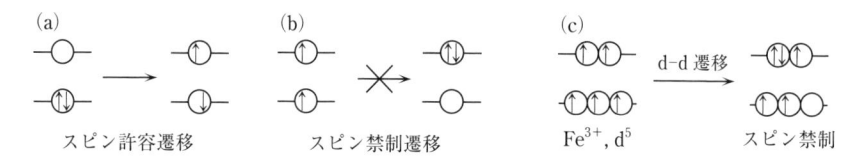

図 6・17 スピン許容遷移とスピン禁制遷移

3) 六配位八面体構造において，配位子と中心金属の距離が z 軸方向に伸び，x および y 軸方向に縮むような場合，もしくは z 軸方向に縮み，x および y 軸方向に伸びるような場合，対称性が低下して，そのため縮重が解かれ，系全体のエネルギーが安定になることがある．これを **Jahn-Teller 効果** とよぶ．配位子が z 軸方向に伸びている場合の正方ひずみ六配位八面体の軌道を考える (図 6・18)．このとき z 軸方向の成分をもつ e_g 軌道では d_{z^2} 軌道が，t_{2g} 軌道では d_{yz} および d_{zx} 軌道のエネルギーは電子反発が減少するために低下する．その安定化エネルギーをそれぞれ δ，δ' とすると，$d_{x^2-y^2}$ 軌道のエネルギーは δ，d_{xy} 軌道のエネルギーは $2\delta'$ だけ上昇することになる．たとえば，d^1 錯体の場合では，分裂した t_{2g} のエネルギーが低い方の軌道に電子が一つだけ入ることになるため，六配位八面体構造のときと比べて正方ひずみ六配位八面体構造の方が δ' 分だけエネルギーが安定化する．同様に d^2 錯体，高スピン状態の d^4，d^6 錯体，低スピン状態の d^4，d^5，d^7 錯体，そして d^9 錯体では正方ひずみ六配位八面体構造の方が有利となることがある．d^3 錯体の場合では，t_{2g} の三つの軌道にそれぞれ一つずつ電子が入るため，$2 \times \delta' - 2\delta' = 0$ となり安定化エネルギーは得られないのでわざわざひずむ必要はなく六配位八面体構造をとる．z 軸方向に縮む場合も同様に考えて，Jahn-Teller 効果が期待できる．実際，Jahn-Teller 効果は Cu^{2+}，d^9 錯体で最も起こることが知られており，その他の例はあまり多くない．今回の場合は，$Cr^{3+}(d^3)$，

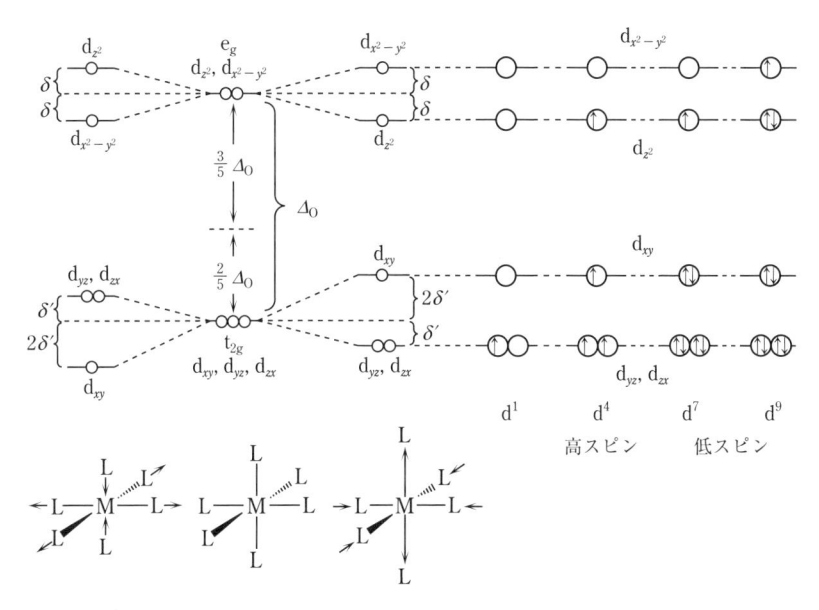

図 6・18 Jahn-Teller 効果が起こる場合の d 軌道分裂の様子

Fe^{3+}(d^5), Ni^{2+}(d^8), Cu^{2+}(d^9) なので エ のときにひずむ可能性がある.

4) 水和エンタルピーに関して，+2価の金属イオンのイオン半径のみを考慮した場合，Ca^{2+} から Zn^{2+} までのイオン半径が順に減少していくので，金属イオンと H$_2$O 配位子の結合が順次強くなっていくと考えられる．しかし，遷移金属イオンの場合は配位子場安定化エネルギー (LFSE) も併せて考える必要がある．六配位八面体錯体において (t$_{2g}$)^x(e$_g$)^y 配置をもつ錯体では LFSE は $(0.4x-0.6y)\Delta_O$ と表される．高スピン型正八面体の配位子場安定化エネルギーを計算すると表6・2のとおりである．

表 6・2 高スピン型正八面体の配位子場安定化エネルギー (LFSE)

	LFSE		LFSE		LFSE
d^0	0 Δ_O	d^4	0.6 Δ_O	d^8	1.2 Δ_O
d^1	0.4 Δ_O	d^5	0 Δ_O	d^9	0.6 Δ_O
d^2	0.8 Δ_O	d^6	0.4 Δ_O	d^{10}	0 Δ_O
d^3	1.2 Δ_O	d^7	0.8 Δ_O		

d^0 から d^3 まで増加し，その後 d^5 に向かっていったん減少した後，再び d^8 まで増加し，そこから d^{10} まで減少する．この LFSE の傾向とイオン半径から考えられる傾向

を併せたものが図 6・19 の ○ となり，これが実際の水和エンタルピーを表している．破線で表される直線は，実測値から LFSE を差し引いたもので，イオン半径のみを考慮したときに予想されるエンタルピー変化を表している．

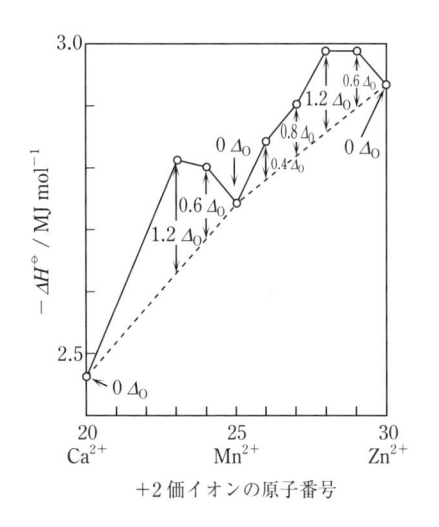

図 6・19

[例題 6・6] （2007 年度: 東京大院工）
遷移金属錯体における光吸収の原因となる d-d 遷移（配位子場遷移）と電荷移動遷移について解説し，それぞれのモル吸光係数の大きさについて比較せよ．

[解答と解説] d-d 遷移は，d 軌道どうしの間で原則的にスピンの変化を伴わず起こる．一方，電荷移動遷移のうち，配位子 L の軌道がおもな成分である軌道から金属 M の軌道がおもな成分である軌道への遷移を配位子-金属電荷遷移（LMCT, ligand to metal charge transfer）とよぶ．また金属 M の軌道がおもな成分である軌道から配位子 L の軌道がおもな成分である軌道への遷移を，金属-配位子電荷遷移（MLCT, metal to ligand charge transfer）とよぶ．電子遷移は，偶（g）関数の軌道と奇（u）関数の軌道の間で起こり，偶関数の軌道から偶関数の軌道（g→g）への遷移，または奇関数の軌道から奇関数の軌道（u→u）への遷移は禁制とされている．これを Laporte 禁制とよぶ．八面体六配位錯体の d 軌道（t_{2g} および e_g）の間で起こる d-d 遷移は g から g への遷移であり，Laporte 禁制となるため，遷移が起こりにくくモル吸光係数（ε）が小さい．一方，四面体錯体の d 軌道（e および t_2）は対称中心をもたないので，

d-d 遷移が Laporte 禁制とならないため，モル吸光係数は比較的大きい．また配位子は t_{1u} などの奇関数の軌道があるため，LMCT や MLCT では Laporte 許容の遷移が存在するため吸光係数が非常に大きくなる．モル吸光係数の大きさに関しては，六配位八面体錯体の d-d 遷移では大きくともだいたい，100 $dm^3\,mol^{-1}\,cm^{-1}$ 程度までであり，対称中心をもたない四面体錯体でも 500 $dm^3\,mol^{-1}\,cm^{-1}$ 以下であるのに対して，電荷移動遷移は 1000～50000 $dm^3\,mol^{-1}\,cm^{-1}$ と 100 倍ほど強く表れる．

[例題 6・7] （2007 年度: 静岡大院理）
Mn^{2+} イオンを含む水溶液がほとんど無色であるのに対して，この水溶液を酸化して得た，Mn^{3+} イオンを含む水溶液が着色する理由を説明せよ．

[解答と解説] Mn^{n+}（$n = 2, 3$）イオンは水溶液中では水が配位して（水和して），$[Mn(H_2O)_6]^{n+}$（$n = 2, 3$）錯体となっていると予想できる．例題 6・1 問 1）で述べたが，Mn は第一遷移系列の金属で Δ_O が小さいため，高スピン状態をとると考えられる．そのため，Mn^{2+} イオン（d^5）ではすべての d 軌道に電子が一つずつ入っているためにスピンの変化を伴うスピン禁制遷移となる．そのため，この遷移はほとんど起こらないので Mn^{2+} イオンを含む水溶液は無色となる（図 6・20 a）．一方，Mn^{3+} イオンは d^4 で e_g 軌道の一つが空いているため，d-d 遷移はスピンの変化を伴わなくてもできるためスピン許容遷移となる（図 6・20 b）．その結果，水溶液が着色する．

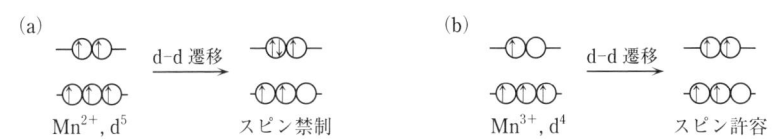

図 6・20　Mn^{2+} および Mn^{3+} の d-d 遷移の様子

[例題 6・8] （2010 年度: 東京大院理）
以下の金属錯体について，それぞれ一つ例をあげ，必要な場合は図示しながら 100～150 字程度で説明せよ．
　1）アクア錯体　　2）混合原子価錯体　　3）スピンクロスオーバー錯体

[解 答] 1）水分子 H_2O が遷移金属に配位している錯体．たとえば，$[Ni(H_2O)_6]^{2+}$ などである．
　2）分子内に酸化数の異なる金属イオンをもつ錯体のことでクラス I～III に分類さ

れる．クラス I は金属間にまったく相互作用がなく電荷が局在化しているもの．逆にクラス III は電荷が非局在化しているもの．クラス II はある程度相互作用があるもので，$[(NH_3)_5Ru(4,4'\text{-bpy})Ru(NH_3)_5]^{5+}$ などが代表的である．

3) $d^4 \sim d^7$ 電子をもつ六配位八面体遷移金属錯体は，高スピン状態と低スピン状態をとり得るが，それらの間にエネルギー差がほとんどなく，温度や圧力あるいは光などの外部刺激により最も安定な状態（基底状態）のスピン状態が変化する錯体のこと．たとえば，$[Fe(phen)_2(NCS)_2]$ は低温（<184 K）では反磁性，高温（>188 K）では常磁性を示す．

[**解説**] $[Ni(H_2O)_6]^{2+}$ をアンモニア NH_3 と反応させることで置換反応が起こり，$[Ni(H_2O)_{6-n}(NH_3)_n]^{2+}$ が生成する．このように水分子が他の配位子と置換する反応を**アネーション反応**という．逆は**アクア化反応**とよばれる．

[例題 6・9] （2009 年度：名古屋大院理）
六配位金属錯体について，Δ 体と Λ 体，シス（*cis*）体とトランス（*trans*）体，ファク（*fac*）体とメル（*mer*）体をおのおのの違いがわかるように，下図にならって図示せよ．

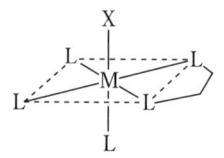

[解答と解説]

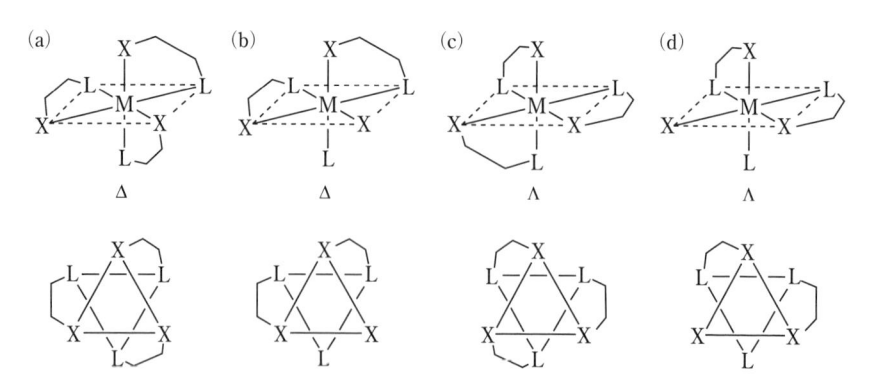

(a) Δ　(b) Δ　(c) Λ　(d) Λ

図 6・21　六配位八面体金属錯体における絶対配置

[M(XCH$_2$CH$_2$L)$_3$] および [M(XCH$_2$CH$_2$L)$_2$XL] 錯体の構造を3回回転軸方向から見た(つまり三つのXがつくる三角形を手前,三つのLがつくる三角形を奥に配置した)場合,手前から奥に向かう軸に沿ってらせんが時計回りになるものが Δ (図6・21 a, b),反時計回りになるものが Λ である (図6・21 c, d).対象とする二つの配位子Xどうしが中心金属を挟んで 90°の位置関係にある場合は *cis* 体,180°の位置関係にある場合は *trans* 体である.対象とする三つの配位子Xが八面体の一つの三角形の面の角を占めるように配置されている場合は *fac* (facial の略:面の意味) 体,三つの配位子が子午線上にあるとみなせる場合は *mer* (meridional の略:子午線の意味) 体である (図6・22).

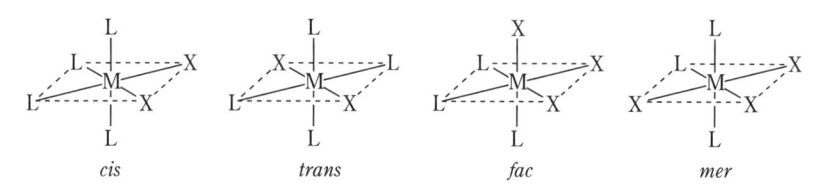

図6・22 六配位八面体金属錯体における構造異性体

◀問 題

6・1 遷移金属錯体において配位数が4の場合の一般的な幾何構造をすべて図示せよ.

6・2 [Cr(NH$_3$)$_6$]$^{3+}$ について,以下の問いに答えよ.
 1) 結晶場理論に基づいて,この錯体の d 軌道分裂の様子を図示せよ.
 2) 上で求めた d 軌道分裂図に,必要な数だけ d 電子を記入せよ.
 3) 分裂した軌道群の名称と,そこに属する d 軌道の名称を示せ.
 4) この錯体の結晶場安定化エネルギー (CFSE) を求めよ.

6・3 [NiCl$_4$]$^{2-}$ および [Fe(CN)$_6$]$^{3-}$ の磁気モーメント(単位はボーア磁子,μ_B)をスピンオンリーの式を用いてそれぞれ推定せよ.

6・4 [Co(H$_2$O)$_6$]$^{2+}$,[Co(NH$_3$)$_6$]$^{2+}$,[CoCl$_4$]$^{2-}$ の錯体について,d 軌道はどのように分裂するかを述べよ.また,d 軌道分裂の一番大きい錯体と一番小さい錯体はどれか.

6・5 Sc^{3+} 化合物は無色であるが,Ti^{3+} および V^{3+} 化合物が呈色するのはなぜか.

6・6 以下の錯体 ア～オ の構造を記せ.
 ア) *trans*-dibromobisethylenediaminecobalt(Ⅱ)

イ) *cis*-dichloroethylenediamineplatinum(II)
ウ) *cis*-tetraaquachloronitrocobalt(III) ion
エ) *mer*-triamminetriiodoiridium(III)
オ) *fac*-bis(diethylenetriamine)manganese(II) ion

6・7 トランス効果の大きさの順が $NH_3 < Cl^- < NO_2^-$ であること念頭に置き，以下の問いに答えよ．

ア) $[PtCl_4]^{2-}$ に 2 当量の NH_3 を反応させたときの置換生成物を推定せよ．
イ) $[Pt(NH_3)_4]^{2+}$ に 2 当量の Cl^- を反応させたときの置換生成物を推定せよ．
ウ) $[PtCl_4]^{2-}$ に NH_3，ついで NO_2^- を反応させたときの置換生成物を推定せよ．
エ) $[PtCl_4]^{2-}$ に NO_2^-，ついで NH_3 を反応させたときの置換生成物を推定せよ．

6・8 (2009 年度：群馬大院工)
次の六配位八面体金属錯体 **ア〜エ** に関して，以下の問いに答えよ．

ア) $[RhBrCl(NH_3)_4]^+$　　イ) $[Mo(edta)]^-$　　ウ) $[Mn(H_2O)_6]^{2+}$
エ) $[WCl_2(H_2O)_2(NMe_3)_2]$

1) **ア〜エ** それぞれの錯体について，日本語名称を記せ．また，中心金属の元素名を英語で記せ．
2) 反磁性を示す可能性のある錯体を一つ選び，理由とともに記せ．
3) 錯体 **ウ** の d-d 吸収のモル吸光係数は，他の錯体と比べて非常に小さい．その理由を記せ．
4) 錯体 **ア** および **イ** の構造を例にならって記せ．幾何異性体，光学異性体などが存在する場合は，それらすべてを記すこと．

6・9 (2009 年度：東京工業大院総合理工)
金属カルボニルは中心金属が低酸化状態のとき，オキソ錯体（混合配位子オキソ錯体も含む）は中心金属が高酸化状態のとき，それぞれ安定化する．金属と配位分子の間の電子授受に基づいて，この現象を説明せよ．

6・10 (2010 年度：北海道大院理・改)
スピネル型構造に関する以下の問いに答えよ．

1) スピネル型構造をとる AB_2O_4 酸化物は，酸化物イオンが最密充填に並び A, B 陽イオンが四面体間隙および八面体間隙のどちらかに入った結晶構造をとっている．A, B 陽イオンはどちらの間隙をどの程度，占めているか答えよ．

2) スピネル型構造には正スピネル型構造と逆スピネル型構造がある．その構造の違いを簡単に記せ．
3) 化合物 $FeAl_2O_4$, $CoAl_2O_4$, $NiAl_2O_4$ の中で，どれが最も逆スピネル型構造をとりやすいか．その根拠も示せ．

6・11（2007 年度：慶應義塾大院理工）
$[Fe^{III}(pap)_2](ClO_4)$（下図）は，スピンクロスオーバー現象を示す Fe(III)錯体である．すなわち，低温（<150 K）において低スピン，高温（180 K<）において高スピン状態をとる．

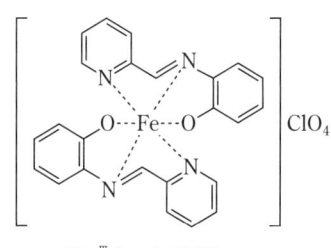

$[Fe^{III}(pap)_2](ClO_4)$

1) 磁化率の温度変化を測定したときの，横軸を温度（単位 K），縦軸を有効磁気モーメント（単位 μ_B）としたグラフの概略を示せ．
2) このように，温度によってスピン転移をする錯体は，スピン転移を示さない通常の錯体に比べてどのような特徴をもっているか．配位子やエネルギーの観点から論ぜよ．

6・12（2008 年度：神戸大院理）
八面体錯体では，d-d 遷移による光吸収強度が四面体錯体と比べて相対的に弱い．これはなぜか．Laporte の選択律をもとに説明せよ．

6・13（2010 年度：東北大院理）
Re は第 6 周期第 7 族に属する原子で原子番号は 75 である．$[Re_2Cl_8]^{2-}$ は金属間結合をもつ化合物として有名である．以下の問いに答えよ．

1) Re の酸化数と電子配置を例にならって答えよ．
   解答例：Ru^{II}, $1s^2 2s^2 2p^6 3s^2 3p^6 3d^{10} 4s^2 4p^6 4d^6$ または $[Kr]4d^6$
2) この化合物の化学構造を図示せよ．金属間の結合が何重結合か，Cl^- の立体配置が Re-Re 軸に対し，重なり形（eclipsed）とねじれ形（staggered）のどちらであるか判別できるよう明瞭に描くこと．
3) 二つの Re を結ぶ方向を z 軸としたとき，Re-Re 間の結合のうち，d_{zx}（または

d_{yz} 軌道からなる分子軌道と d_{xy} 軌道からなる分子軌道を図示し, 結合の型 (σ 結合など) を答えよ (座標軸も図示せよ).

4) この化合物の電子遷移による最長波長吸収帯は 680 nm に現れ, モル吸光係数は約 2300 dm^3 mol^{-1} cm^{-1} である. この吸収帯はどのような電子遷移に基づくと考えられるか答えよ. (解答例: n–σ* 遷移)

6・14 (2008 年度: 大阪大院理・改)
次の 1)〜3) に書かれている色の変化は, どのような反応によるものか. 下記のなかから最も適切な反応名を一つ選んで説明せよ.

反応名: アクア化反応, アネーション反応, 還元反応, 幾何異性化反応, 酸化反応, 多面体構造変換反応, 結合異性化 (連結異性化) 反応

1) 赤色の塩化コバルト(II)六水和物を濃塩酸に溶かすと青色になる.
2) 紫色のヘキサアンミンニッケル(II)錯体の水溶液に 1 M 硝酸を加えると緑色になる.
3) 黄色のペンタアンミンニトリト-κN-コバルト(III)錯体に光を当てると赤色になる.

6・15 〔1) 2010 年度 静岡大院理, 2) 2010 年度 名古屋大院工, 類題: 2010 年度 静岡大院理ほか, 3) 2010 年度 静岡大院理, 4) 2006 年度 北海道大院理〕
白金錯体に関する以下の問いに答えよ.

1) チオシアン酸イオン (SCN$^-$) は, 硫黄あるいは窒素のどちらでも配位することができる. Pt(II) 錯体ではどちらの原子で配位する場合が多いか. 理由とともに記せ.
2) クロロ白金錯体に関する次の問いに答えよ.
   i) テトラクロロ白金酸ナトリウムの化学式を書け.
   ii) テトラクロロ白金酸ナトリウムに NH$_3$ を 1 当量加え錯体 **A** を得た. 錯体 **A** にさらに 1 当量の NH$_3$ を反応させたところ, シス錯体 **B** を得た. 錯体 **A** および **B** の化学式を異性体が区別できるように示せ.
   iii) *trans*-ジアンミンジピリジン白金に Cl$^-$ を 1 当量ずつ順次反応させた場合, *trans*-ジクロロジピリジン白金が生成した. ii) と iii) の結果から, NH$_3$, Cl$^-$, ピリジン (py) 配位子のトランス効果の強さを不等号を用いて示せ.
   iv) NO$_2^-$ のトランス効果は, iii) で比較した三つの配位子より大きい. テトラクロロ白金酸イオンを出発原料として, 下図に示した錯体を合成する手順を示せ.

$$\begin{array}{c} H_3N \diagdown \diagup py \\ Pt \\ Cl \diagup \diagdown NO_2 \end{array}$$

3) 一連の平面形 Pt(II) 錯体, $[PtCl_n(NH_3)_{4-n}]^{(2-n)+}$ ($n=1\sim 4$) の水溶液中でのアクア化反応

$$[PtCl_n(NH_3)_{4-n}]^{(2-n)+} + H_2O \longrightarrow [PtCl_{n-1}(H_2O)(NH_3)_{4-n}]^{(3-n)+} + Cl^-$$

の反応速度を調べたところ, 出発錯体の n の数による違いはごくわずかであり, いずれもほぼ同程度であった. この結果から反応は, 解離的交替機構 (I_d) あるいは会合的交替機構 (I_a) のどちらで進行すると考えられるか. 理由とともに記せ.

4) シスプラチンとよばれる制がん剤は, Pt^{2+}, Cl^-, NH_3 よりなる中性の錯体であり, シスは幾何構造の名称に由来する. シスプラチンの立体構造を図示せよ. この錯体の, d 軌道の分裂の様子を示せ. その際, 各軌道は d_{xy}, d_{yz}, d_{zx}, d_{z^2}, $d_{x^2-y^2}$ で示し, 軸のとり方も明示せよ.

6・16（2007 年度: 関西学院大院理工）
次の語句について説明せよ.
1) Chelate Effect　　2) Hard and Soft Acids and Bases
3) Irving–Williams Series　　4) Inner–Sphere Mechanism

6・17（2009 年度: 名古屋大院理）
以下の問いに答えよ.
1) 正八面体金属錯体の分子軌道は, t_{2g}, e_g, a_{1g}, t_{1u} などの記号で分類される. a, e, t ならびに, 添字の u および g の意味を答えよ. また, このなかで中心金属原子の d 軌道に対応するものを答えよ.
2) 正四面体金属錯体の分子軌道では, 添字の u や g は使われない. その理由を答えよ.

6・18（2005 年度: 大阪市立大院理）
2 種類の鉄錯体, $[Fe(phen)_3]^{2+}$ (**a**) および $[Fe(en)_3]^{2+}$ (**b**) について, 以下の 1)~3) の問いに答えよ.

ただし, phen = , en = $H_2NCH_2CH_2NH_2$ である.

1) 錯体 **a** の鉄の酸化数を答えよ.
2) 錯体 **a** は反磁性, 錯体 **b** は常磁性を示す. この理由について述べよ.
3) 錯体 **a** および錯体 **b** を 1 電子酸化する場合の酸化電位はどちらが大きいと予想できるか. 理由とともに答えよ.

6・19（2007 年度: 筑波大院数理）
コバルトセンはフェロセンに比べて酸化を受けやすい. その理由を説明せよ.

6・20(2007年度: 名古屋大院理)
遷移金属錯体における配位子の結合様式に関する以下の問いに答えよ.
 1) 酢酸イオンが配位する際,とりうる配位様式(配位構造)をすべて図示せよ.
 2) NO_2^- イオンを配位子とする,2種類の結合異性(連結異性)体を図示せよ.
 3) 問2)と同様の結合異性を与える配位子を二つあげ,その配位様式を図示せよ.
 4) 問1)から問3)であげられた配位子の異なる配位構造を実験的に区別するには,錯体の結晶構造解析以外にどのような実験をすればよいか.上記の配位子〔問3)の配位子を含む〕のなかから一つを選び,その配位子について実験手法を提案し,その実験で配位構造の違いが区別できる理由を述べよ.

6・21(2007年度: 東北大院理)
図6・23はWilkinson錯体 *1* を触媒とするエチレンの水素化反応の可能な反応機構を図示したものである.これに関する次の問1)〜4)に答えよ.

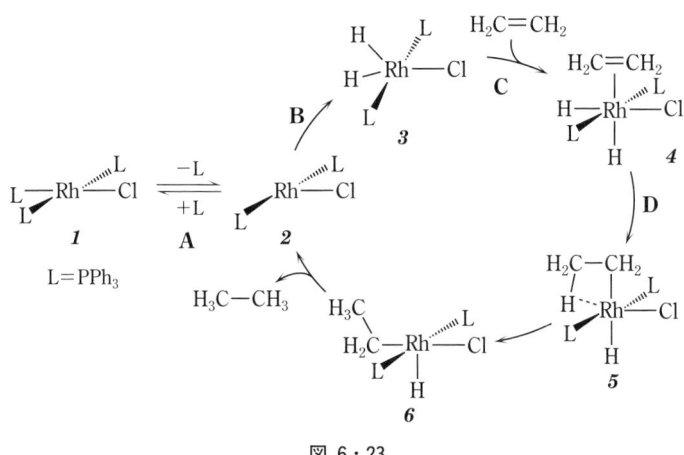

図 6・23

 1) 過程 **A〜D** のなかで,ロジウムの酸化数と価電子総数の両方が変化する過程が一つだけある.その過程の記号を示し,酸化数がいくつからいくつに変化したかも記せ.
 2) 錯体 *4* のエチレンの配位は,(a) σ供与結合および(b) π逆供与結合から成っている.それぞれの結合にはエチレン分子のどの軌道が使われているか.おのおのの軌道の名称を述べ,その概略図を描け.
 3) 錯体 *4* のエチレン配位子の炭素−炭素二重結合の距離は,遊離のエチレン分子のものと比べてどう変化していると予想されるか.根拠とともに簡潔に記せ.

4) この反応系に過剰のトリフェニルホスフィン（L）を加えた場合，触媒反応は促進されるかそれとも阻害されるか．根拠を示して答えよ．

6・22（2009 年度：東京大院工）
以下に示す鉄錯体 **A** はさまざまな鉄錯体の合成に使われている．たとえば，錯体 **A** は下記に示すような二つの反応経路を経て錯体 **E** を生成する．問 1)〜6)に答えよ．

反応 I：錯体 **A** は臭素と反応し，2 当量の錯体 **B** を生成する．
反応 II：錯体 **A** は金属ナトリウムと反応し，2 当量の錯体 **C** を生成する．
反応 III：錯体 **B** は MeLi と反応し，錯体 **D** と LiBr を生成する．
反応 IV：錯体 **C** は MeI と反応し，錯体 **D** と NaI を生成する．
反応 V：錯体 **D** は PPh$_3$ と反応し，錯体 **E** を生成する．

なお，錯体 **A** から **E** はすべて 18 電子則を満たしており，錯体 **B** から **E** は次の特徴をもっている．

B：末端 CO 配位子が二つ存在し，^{1}H NMR では 6 ppm 付近に一重線が観測される．質量スペクトルでは，256 と 258 にほぼ同じ強度の分子イオンピークが観測される．

C：末端 CO 配位子が二つ存在するナトリウム塩である．その CO の赤外線吸収（IR）スペクトルのピークは，錯体 **B** と比べると低波数側に観測される．^{1}H NMR では 4 ppm 付近に一重線が観測される．

D：末端 CO 配位子が二つ存在し，^{1}H NMR では 5 ppm 付近に 5H 一重線が，1 ppm 付近に 3H 一重線が観測される．

E：末端 CO 配位子が一つ存在し，その CO の IR スペクトルのピークは，錯体 **C** ほど低波数側ではないが，錯体 **D** よりも低波数側に観測される．また，1500 cm^{-1} 付近にもカルボニル基に帰属されるピークが観測される．^{1}H NMR では 7.5 ppm 付近に 15H 多重線が，5 ppm 付近に 5H 一重線が，また 3 ppm 付近に 3H 一重線が観測される．^{13}C{^{1}H} NMR では 40 ppm と 100 ppm 付近に一重線が，120〜140 ppm の間に芳

香族環に帰属されるシグナルが，また 180 ppm と 210 ppm 付近に $^2J_{CP}$ カップリングによる二重線が 2 本観測される．

1) 錯体 **A** が 18 電子則を満たしていることを示せ．
2) 錯体 **B**, **C**, **D**, **E** の構造を記せ．
3) 錯体 **B**, **C**, **D**, **E** の鉄の酸化数を答えよ．
4) 錯体 **D** から錯体 **E** を生成する反応 V の反応機構を説明せよ．
5) 錯体 **B** の質量スペクトルで，256 と 258 にほぼ同じ強度のピークが観測されるのはなぜか説明せよ．
6) 錯体 **C** の CO の IR スペクトルのピークが他の錯体と比較して低波数側に観測されるのはなぜか説明せよ．

7. 総合問題

7・1（2006年度：北海道大院理）
アルカリ金属の単体の融点，沸点，ならびに M⁺/M の標準電極電位を以下の表に示す．以下の問いに答えよ．

	Li	Na	K	Rb	Cs
融点 /℃	179	97.81	63.5	38.89	28.5
沸点 /℃	1317	882	774	688	690
M⁺/M/ V vs NHE	−3.04	−2.71	−2.94	−2.92	−3.03

1) 原子量が大きくなるほど，融点，沸点が下がる傾向がある．この理由を述べよ．
2) Cs の単体より融点の低い単体金属がある．この単体金属をあげ，おおよその融点を示せ．また，その金属の融点が低い理由を述べよ．
3) カリウム金属の単体は，800℃で KCl をナトリウム金属で還元する方法で得られる．上の表の Na および K のデータを参考にして，この方法の原理を述べよ．

7・2（2009年度：神戸大院理）
以下の文章を読み，1)～8) に答えよ．

　元素の金属結合半径および共有結合半径は，まとめて原子半径と称される．周期表のうえで原子半径を比べると，おおまかに以下のような傾向が認められる．すなわち，(ア)同族元素では周期が下がると増加し，同周期の元素では，(イ)s-および p-ブロック元素の場合，族番号が増えると減少する．周期表で第6周期第3族に属する元素群は（ A ）元素と称され，(ウ)原子半径は原子番号の増加に対して特有の変化を示す．この現象は（ B ）とよばれ，同様の傾向は，(エ)第7周期第3族の元素群，すなわち（ C ）と称される元素群でも認められる．なお，（ D ）元素とは，（ A ）元素に Sc と Y を加えたものの総称である．原子の特徴を示すパラメーターとしては，原子半径以外に，イオン半径，(オ)電子親和力，(カ)イオン化エネルギー，電気陰性度などがある．このうち電子親和力（第一電子親和力）は，同周期の元素では，（ E ）族元素が最小，（ F ）族元素が最大である．なお，(キ)12族元素の電子親和力は，両隣の族の元素に比べて顕著に小さい．

1) A〜F に入る適切な語句あるいは数字を答えよ.
2) 下線部 ア) の理由を記述せよ.
3) 下線部 イ) の理由を記述せよ.
4) 下線部 ウ) はどのような変化か,理由とともに述べよ.
5) 下線部 エ) の元素群にみられる電子配置の特徴を述べよ.
6) 下線部 オ) の用語の意味を記述せよ.
7) 18 族元素の第 1 周期から第 3 周期の元素について,下線部 カ) の値が小さい順に,元素記号で記せ.また,そのような順序になる理由も述べよ.
8) 下線部 キ) の理由を述べよ.

7・3(2009 年度: 京都大院工)
1)〜9)の記述を読み,記述が正しい場合には解答欄に"正しい"と記述し,誤っている場合には例を参考にして,どのように修正すれば正しい記述になるか示せ.なお,修正できる箇所は下線部に限られるものとする.また修正が困難と考える場合には,記述が誤っている理由を簡潔に説明してもよい.

(設問例) アルゴンは 17 族の元素である.
(解答例) 17 族 → 18 族

1) 周期表において,元素は原子量の大きくなる順に並べられている.
2) 1 族元素はアルカリ金属とよばれる.
3) d-ブロック元素とは 3 族から 11 族までの範囲にある元素と定義されている.
4) 周期表の周期番号は,典型元素において満たされていく殻の方位量子数(軌道角運動量量子数)に等しい.
5) 周期表の同一周期で比べると右に行くほど,最外殻電子が感じる有効核電荷は増加する.
6) $_{24}$Cr(中性原子)の基底状態における電子配置は [Ar]3d^{4}4s^2 である.
7) ランタノイド元素とその下の周期にあるアクチノイド元素は 3 族元素である.
8) 同一周期で比べたとき,電子親和力が一番大きいのは 17 族元素である.
9) 同一周期で比べたとき,一部の例外を除き周期表の下に行くほど電気陰性度は大きくなる.

7・4(2009 年度: 大阪市立大院理)
O_2 分子と CO 分子について次の問いに答えよ.
1) 両分子について,電子を点で表して Lewis 構造を書け.
2) 両分子の分子軌道エネルギー準位図を描き,結合次数を書け.
3) 両分子がヘム中心に end-on 配位した構造について,Fe 中心と酸素分子の二つの O,および Fe 中心と一酸化炭素の C と O の位置関係を図示せよ.

7. 総 合 問 題

7・5(2006 年度: 神戸大院理)

次にあげる4種類の分子について,以下の問いに答えよ.

$$BF_3 \quad XeF_4 \quad SF_4 \quad SF_6$$

1) それぞれの分子の形を,立体関係がわかるように図示せよ.
2) H_2O と同じ点群に属する分子をすべてあげよ.
3) 反転中心をもつ分子をすべてあげよ.
4) Lewis 酸として働く分子をすべてあげよ.また,その酸は,硬い酸,軟らかい酸のどちらに分類されるかを,理由とともに述べよ.

7・6(2006 年度: 東北大院理)

三ハロゲン化ホウ素に関する以下の問いに答えよ.

1) (a) BF_3 および,(b) BF_3 とアンモニアの付加体のそれぞれについて,分子構造を記述するとともに,そのような構造をとる原因を,原子軌道の相互作用の観点から述べよ.
2) 三ハロゲン化ホウ素 BF_3,BCl_3 および BBr_3 の Lewis 酸としての強さの序列を示せ.またそのようになる理由を説明せよ.

7・7(2006 年度: 神戸大院理)

15 族元素について記述した以下の文を読み,各問いに答えよ.

p-ブロックの 15 族元素のうち,P の単体の固体には,多くの同素体が存在する.P の同素体の一つに白リン(黄リン)がある.白リンは,四面体形の (a)P_4 分子からなる固体である.この固体を約 800 ℃ 以上に加熱すると,別の同素体である気体状の (b)P_2 分子の平衡濃度が高くなる.

P が P_4 の分子性固体として存在しうるのに対し,(c)N は常温,常圧で N_2 分子としてしか存在しえない.N_2 分子は通常,化学反応に対して不活性であるが,活性化した金属触媒上で H_2 と反応し,(d)NH_3 に変換される.

1) 下線部(a)につき,P_4 分子の Lewis 構造を描け.
2) 下線部(a)の P_4 分子中の P−P 結合距離と,下線部(b)の P_2 分子中の P−P 結合距離には差があると考えられるか.もし,差があるとするなら,どちらの分子中の P−P 結合距離の方が長くなると考えられるか.理由とともに答えよ.
3) 下線部(c)となる理由を,$N_2(g)$ 2 分子から,仮想的な四面体形の $N_4(g)$ 分子が生成するときの標準 Gibbs(ギブス)エネルギーの観点から説明せよ.必要であれば,以下の平均結合エンタルピー B の値を用いよ.

  N−N 単結合 $B = 163 \text{ kJ mol}^{-1}$ N−N 二重結合 $B = 409 \text{ kJ mol}^{-1}$
  N−N 三重結合 $B = 946 \text{ kJ mol}^{-1}$

4) 原子価殻電子対反発モデル (valence-shell electron pair repulsion model, VSEPR モデル) とは何か説明せよ．また，VSEPR モデルに基づき下線部(d)の分子の分子形を推定せよ．

7・8（2010年度：東京工業大院総合理工・改）
銅イオンに関する次の問いに答えよ．
1) 次に Cu^{2+} の還元半反応の標準電極電位を示す．

$$Cu^{2+} + e^- \longrightarrow Cu^+ \qquad 0.16\ V$$
$$Cu^{2+} + 2e^- \longrightarrow Cu \qquad 0.34\ V$$

次の還元半反応の標準電極電位を求めよ．

$$Cu^+ + e^- \longrightarrow Cu$$

2) I^-, Br^-, Cl^- を Cu^+ に対する錯形成定数が大きい順に並べよ（例：A>B>C）．また，硬い酸・塩基および軟らかい酸・塩基の概念を用いて，その理由を3行程度で述べよ．

3) 二座配位子であるエチレンジアミン（en）と Cu^{2+} の錯形成反応（反応 A）の平衡定数は，単座配位子であるアンモニア2分子と Cu^{2+} の錯形成反応（反応 B）の平衡定数に比べて非常に大きい．この理由について3行程度で述べよ．

反応 A: $[Cu(OH_2)_6]^{2+} + en \rightleftharpoons [Cu(en)(OH_2)_4]^{2+} + 2H_2O$
反応 B: $[Cu(OH_2)_6]^{2+} + 2NH_3 \rightleftharpoons [Cu(NH_3)_2(OH_2)_4]^{2+} + 2H_2O$

4) Ni^{2+} と Cu^{2+} のエチレンジアミンとの反応における逐次形成定数を比べると，1番目と2番目の配位子に関する形成定数 K_1 および K_2 は Cu^{2+} の方が大きいが，3番目の配位子に関する形成定数 K_3 は Cu^{2+} の方が著しく小さい．Cu^{2+} の K_3 が著しく小さくなる理由を述べよ．

7・9（2007年度：京都大院工）
A～**G**の反応に関して 1)～4) の問いに答えよ．

A: 硫酸の自己プロトリシス
B: 酢酸中での塩化水素のプロトン解離
C: アクア酸 $[Fe(H_2O)_6]^{3+}$ のプロトン解離
D: 三フッ化ホウ素とアンモニアの錯形成
E: CH_3HgCl とヨウ化水素の反応
F: 酸性条件下での塩素酸イオンから亜塩素酸イオンへの還元の半反応
G: 酸性条件下での亜塩素酸の不均化反応

1) 例にならって**A**～**G**の反応を式で表せ．

> 例 問題: 三酸化硫黄の水への溶解による硫酸水素イオンの生成
> 解答: $SO_3 + H_2O \longrightarrow H^+ + HSO_4^-$ (i)
> または
> 解答: $SO_3 + 2H_2O \longrightarrow H_3O^+ + HSO_4^-$ (ii)

2) 上の問題の例に示した式 (i) の反応は置換反応と考えることができる．すなわち，一つの Lewis 酸（または Lewis 塩基）を別の Lewis 酸（または Lewis 塩基）で置換するものである．この反応における Lewis 酸と Lewis 塩基をすべてあげ，酸か塩基かわかるように答えよ．
3) **E** の反応において，原料および生成物をすべて等モル混合したとき，反応はいずれの向きに進行するか，その理由とともに答えよ．
4) 次の図は酸性水溶液中における電位図（Latimer 図）である．矢印の上の数値は，矢印で結ばれている二つの化学種からなる酸化還元系の標準電位（標準電極電位）の値を V（ボルト）単位で示している．この図を参考に，**G** の反応の標準反応 Gibbs エネルギー $\Delta_r G^\ominus$ を計算し，反応が熱力学的に進行するか否かを答えよ．なお，Faraday 定数を 9.65×10^4 C mol^{-1} として計算せよ．

酸性溶液

$ClO_4^- \xrightarrow{1.20} ClO_3^- \xrightarrow{1.18} HClO_2(aq) \xrightarrow{1.67} HClO(aq) \xrightarrow{1.63} Cl_2(g) \xrightarrow{1.36} Cl^-$

7·10（2009 年度: 群馬大院工）
系統的な分離分析を利用した陽イオンの定性分析では，溶液中に含まれるイオンを適当な沈殿剤（分属試薬）を用いて第 1 属から第 6 属に分属した後，ここのイオンに特異的に起こる反応を利用してその存在を確認する．陽イオンの定性分析に関する以下の記述を読み，1)〜5)の問いに答えよ．

第 1 属に属する陽イオンは**ア**，**イ**，Hg_2^{2+} の 3 種で，これらは難溶性の塩化物の沈殿をつくるので，2 mol dm^{-3} 塩酸を添加して沈殿させ，第 2 属以降の陽イオンから分離する．**ア**の塩化物沈殿は日光にさらすと灰色を呈する．**イ**はクロム酸イオンと反応して (a)黄色沈殿を生じる．

第 2 属に属する陽イオンには**ウ**，**エ**，Cd^{2+} などがあり，これらは酸性溶液からでも硫化物の沈殿をつくるので，(b)溶液を約 0.3 mol dm^{-3} 塩酸酸性とした後，硫化水素を通じて沈殿させ，第 3 属以降の陽イオンから分離する．これらの沈殿を酸に溶解後，6 mol dm^{-3} アンモニア水を過剰に加えると**ウ**は (c)深青色の水溶性錯体となり，**エ**は (d)白色沈殿を生じる．**エ**の白色沈殿に亜スズ酸ナトリウムを加えると黒変する．

第3属に属する陽イオンには **オ**，**カ**，Al^{3+} などがあり，これらは (e)塩化アンモニウムを加えた後，$6\ mol\ dm^{-3}$ アンモニア水を添加し，溶液を塩基性にして，水酸化物として沈殿させ，第4属以降の陽イオンから分離する．**オ** の沈殿は酸に溶解した後，チオシアン酸カリウムを加えると赤血色となる．(f)**カ** の沈殿は水酸化ナトリウム水溶液と過酸化水素水を加えて溶解した後，酢酸鉛溶液を加えると黄色沈殿を生じる．

1) **ア**～**カ** それぞれにあてはまるイオンを記せ．
2) 下線部(a)，(c)，(d)の化合物を化学式で記せ．
3) 下線部(b)で，溶液を約 $0.3\ mol\ dm^{-3}$ 塩酸酸性にする理由を説明せよ．
4) 下線部(e)で，塩化アンモニウムを添加する理由を説明せよ．
5) 下線部(f)の反応を化学反応式で表せ．

7・11 (2008年度: 立命館大院理工)

以下の式で示される酸化還元平衡にある化合物の紫外可視スペクトルを解析し，実験的に標準電極還元電位（$E^{\ominus\prime}_{Ox/Red}$）を求めることを考える．

$$Red \rightleftharpoons Ox + ne^-$$

$$E = E^{\ominus\prime}_{Ox/Red} + \frac{RT}{nF} \ln \frac{[Ox]}{[Red]} \quad (7\cdot1)$$

ただし，Red は還元体を，Ox は酸化体を意味し，ある波長 λ における吸光度 A は，

$$A = \varepsilon_{ox}[Ox] + \varepsilon_{red}[Red] \quad (7\cdot2)$$

で表せるとする．ただし，光路長 l は 1 cm とし，ε_{ox} ならびに ε_{red} は，それぞれ，ある波長 λ における Ox ならびに Red に対するモル吸光係数とする．

1) (7・1)，(7・2)式を組合わせて変形することにより，さまざまな E に対して，

$$A = \frac{A_{ox}\eta + A_{red}}{1 + \eta} \quad (7\cdot3)$$

が成り立つことを示せ．

ただし，$C_{total}(=[Ox]+[Red])$ は一定であり，すべてが酸化体の場合（[Red]=0）の吸光度を A_{ox}，すべてが還元体の場合（[Ox]=0）の吸光度を A_{red} と表す．また，η は，

$$\eta = \exp\left\{\frac{RT}{nF}(E - E^{\ominus\prime}_{Ox/Red})\right\} = \frac{[Ox]}{[Red]}$$

を意味するものとする．

2) さまざまな E に対して，

$$E = E^{\ominus\prime}_{Ox/Red} + \frac{RT}{nF} \ln \frac{A - A_{red}}{A_{ox} - A} \quad (7\cdot4)$$

が成り立つことを示せ．また，(7・4)式を用いて，実験的に標準電極電位を求める方法について具体的に説明せよ．

7・12（2008 年度：大阪大院理）
17 族元素に関する以下の問いに答えよ．
1) F_2, Cl_2, Br_2, I_2 の結合エネルギーは，I_2, Br_2, Cl_2 の順に大きくなるが，F_2 の結合エネルギーは，Cl_2 のものに比べて極端に小さくなる．その理由を述べよ．
2) Hg^{2+} に対する F^- と I^- の親和性は，I^- の方が F^- よりも大きい．この理由を説明せよ．

7・13（2010 年度：同志社大院工）
金属イオン M と配位子 L から錯体 ML_n が生成する錯形成反応 $M + nL \to ML_n$ において，連続変化法における吸光度の測定結果を図 7・1 に示す．ここで，それぞれの化学種濃度を $[M]$, $[L]$, $[ML_n]$ とし，n は組成比を示す．また金属イオンと配位子の全濃度を M_t および L_t とする．次の問いに答えよ．
1) M_t および L_t を $[M]$, $[L]$, $[ML_n]$, n のうち必要なものを用いて表せ．
2) 錯形成定数が十分に大きい場合は，吸光度が最大のとき，錯体を形成していない金属イオンと配位子の濃度はゼロと考えられる．このとき，図の横軸 $\dfrac{L_t}{M_t + L_t}$ を組成比 n を用いて表せ．
3) 問 2) で得られる関係式と図 7・1 を使って，組成比 n を求めよ．

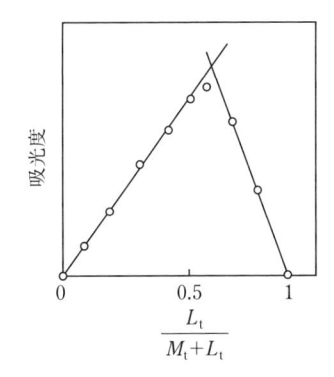

図 7・1 連続変化法における吸光度と $L_t/(M_t+L_t)$ の関係

7・14（2008 年度：同志社大院工）
Werner（ウェルナー）型錯体における錯形成反応を Lewis（ルイス）の酸・塩基の考え方から説明せよ．

7・15（2006 年度：筑波大院数理）
我々の身近にある鉄は多くの酸化数をとることが知られている．特に高等動物では，

鉄ポルフィリンが O_2 の輸送や貯蔵の活性中心として利用されている．これら中心原子である鉄の +2 価イオンと O_2 との結合状態について，Fe(II)－O_2 結合などを含むモデル錯体を用いた多くの研究もなされている．これらに関連して，下記の 1)～4) に答えよ．ただし，鉄は 8 族である．

1) 鉄の +2 価イオンは八面体配置をしていると考えられる．この鉄 +2 価イオンの可能な電子配置を示し，それらが一般的に何型錯体とよばれているか述べよ．
2) 鉄の +2 価イオンの可能な電子配置と磁性との関係を述べよ．
3) 中心原子である鉄の +2 価イオンに O_2 がどのように結合しているかを推定し，その結合の形を図示せよ．
4) 低酸化数である鉄を中心原子とする錯体 [Fe(CO)$_5$] の構造について，鉄原子の酸化数と電子配置を考慮して推定し，その立体構造と推定理由を述べよ．

7・16（2008 年度：東京大院工）
以下に示す錯体 [MoH$_4$(dppe)$_2$] (**A**) と [Mo(CO)(H$_2$)(dppe)$_2$] (**B**)〔dppe：1,2-bis(diphenylphosphino)ethane〕について，次の問いに答えよ．

錯体 **A**　　錯体 **B**　　$\begin{pmatrix} P \\ P \end{pmatrix}$ ＝ PPh$_2$C$_2$H$_4$PPh$_2$ (dppe)

1) dppe はキレート配位子の一つである．一般的なキレート効果について説明せよ．
2) 錯体 **A**，**B** それぞれの金属の酸化数，d^n 電子配置，原子価電子数を答えよ．計算の過程も記せ．なお Mo の原子番号は 42 である．
3) なぜ錯体 **A** はヒドリド錯体で，錯体 **B** は分子状水素錯体になるのか次のポイントに留意して理由を答えよ．① 分子状水素錯体の結合様式，② 分子状水素錯体からヒドリド錯体が形成されるための条件，③ 一酸化炭素錯体の結合様式，④ 金属上の電子密度
4) 水素原子が錯体にヒドリドとして配位しているのか，あるいは分子状水素として配位しているのかを識別するための一般的な分析方法を答えよ．
5) 錯体 **B** の dppe 配位子を depe (1,2-bis(diethylphosphino)ethane) に変えて錯体を合成したところヒドリド錯体 [Mo(CO)H$_2$(depe)$_2$] が得られた．その理由を答えよ．

問題の解答と解説

1章

1・1 1) 原子核中の陽子の数（＝中性原子の電子の数）
2) 軌道の物理的性質を示す量子数の一つで，その軌道の広がり，つまりその軌道のもつエネルギーを示す．
3) 一つの原子内で，すべての量子数が同じになるような電子は2個以上存在しないという原理．

1・2 1) $n=4, l=0$ 2) $n=2, l=1$ 3) $n=3, l=2$

1・3 1) $1s^22s^22p^3$ 2) $1s^22s^22p^63s^23p^2$ 3) $1s^22s^22p^63s^23p^63d^{10}4s^1$

1・4 1) F 2) P 3) Ar 4) Fe

1・5 1) 基底状態にある気体状原子から真空中で電子1個を取除いて陽イオンにするのに必要なエネルギー
2) 取除かれる電子はともに2s軌道の電子であるので，その電子の有効核電荷が大きい方が大きなIEをもつことになる．Beの2s電子の方が大きな有効核電荷をもつので，$IE(\mathrm{Li}) < IE(\mathrm{Be})$ となる．
3) Beからは2s電子が，Bからは2p電子が取除かれる．2p軌道の方が2s軌道よりエネルギー準位が高いので$IE(\mathrm{Be}) > IE(\mathrm{B})$ となる．
4) いずれの場合も2p軌道の電子が取除かれる．よって有効核電荷の大きな電子ほどIEが大きくなり，$IE(\mathrm{B}) < IE(\mathrm{C}) < IE(\mathrm{N})$ となる．
5) N原子から取除かれる電子は電子間反発を受けていないのに対して，O原子から取除かれる電子は，電子間反発を受けている．そのため$IE(\mathrm{O})$ は小さくなる．

1・6 1) 真空中で基底状態にある気体状原子に電子を与えて陰イオンにするときに発生するエネルギー
2) (a) Li．Liの方がエネルギー準位の低い2s軌道に電子が入るため．
(b) C．Nではすでに電子の入っている軌道に電子が与えられるため，電子間反発が生じるので$EA(\mathrm{N})$ は小さくなる．
(c) Cl．電子が入る軌道のエネルギー準位はClの方が低いため．
(d) Si．電子の入る軌道はいずれも3p軌道で，またいずれにも電子が存在しない．したがって，入る電子が感じる核電荷が大きいSiの方がEAは大きくなる．

1・7 1) $1s^22s^22p^63s^23p^4$

2) $n=3$, $l=1$
3) Cl. 電子の入る軌道はいずれも 3p 軌道で,またいずれにも電子が存在する.したがって,入る電子が感じる核電荷が大きい Cl の方が EA は大きくなる.
4) S. O は第 2 周期の元素であるため電子の入る 2p 軌道が小さく,そのため電子間反発が非常に大きくなる.そのため $EA(O) < EA(S)$ となる.

1・8 1) 水素原子の発光スペクトルは,主量子数の大きな軌道(エネルギー準位の高い軌道)にある電子が,主量子数の小さな軌道(エネルギー準位の低い軌道)に遷移するときに放出されるエネルギーである.$n \geq 2$ から $n=1$ への遷移が Lyman 系列,$n \geq 3$ から $n=2$ への遷移が Balmer 系列,$n \geq 4$ から $n=3$ への遷移が Paschen 系列とよばれている.

2) Rydberg 定数 = 109678 cm^{-1}. 水素原子(1 mol 当たり)のイオン化エネルギー = 1.31×10^3 kJ mol^{-1}

Rydberg の式より,水素原子の発光スペクトル線(波数)は以下のように表される(例題 1・1 参照).

$$\tilde{\nu} = R\left(\frac{1}{n^2} - \frac{1}{m^2}\right)$$

主量子数 ∞ の軌道から主量子数 1 の軌道への電子の遷移を考えると

$$\tilde{\nu} = R\left(\frac{1}{1^2} - \frac{1}{\infty^2}\right) = R$$

よって図 1・12(p.19)より $R = 109678$ cm^{-1} となる.1 mol 当たりのイオン化エネルギー(IE)は

$IE = h\nu = hc\tilde{\nu}$
  $= 6.63 \times 10^{-34}$ (J s) $\times 3.00 \times 10^8$ (m s^{-1}) $\times 109678$ (cm^{-1}) $\times 6.02 \times 10^{23}$ (mol^{-1})
  $= 1.31 \times 10^3$ (kJ mol^{-1})

1・9 1) F [He]2s^{2}2p^5
2) V [Ar]3d^{3}4s^2 3d よりも 4s 軌道の方がエネルギー準位が低いので,4s 軌道から先に電子が入っていく(例題 1・2 解説を参照).
3) Fe^{3+} [Ar]3d^5 第一遷移系列の元素(Cr と Cu は除く)は,中性では 3d^{n}4s^2 の電子配置,+2 価陽イオンでは 3d^{n}4s^0 の電子配置をとる.
4) Se [Ar]3d^{10}4s^{2}4p^4
5) Cd^{2+} [Kr]4d^{10}
6) Cr [Ar]3d^{5}4s^1 d 軌道が半閉殻構造(d^5)あるいは完全閉殻構造(d^{10})になる場合には,特に全体のエネルギーが安定化する.したがって,中性原子でも s 軌道から 1 電子を d 軌道に移動させると半閉殻構造となる Cr は,[Ar]3d^{4}4s^2 ではなく [Ar]3d^{5}4s^1 となる.また Cu は,[Ar]3d^{9}4s^2 ではなく [Ar]3d^{10}4s^1 となる.

1・10 1) 原子中に電子が複数存在する場合には,電子どうしの反発があるので,電子は

原子核中の正電荷をその量よりは少なく感じることになる．ある電子が実際に感じる核の電荷を有効核電荷という．

2) 主量子数が大きくなると，その内殻に存在する電子数も増加し，遮蔽効果も大きくなるから．

3) 動径分布関数とは，核を中心とした電子分布を示す関数で，1s, 2s, 2p の軌道については下図のようになる．1s 電子は最も核の近くに分布し，2s と 2p 電子はほぼ同じ空間的広がりを示す．しかし，2s 電子はより核近くに貫入している（極大が核近くにある）ため，2s 電子の方がわずかに大きな有効核電荷を示す．

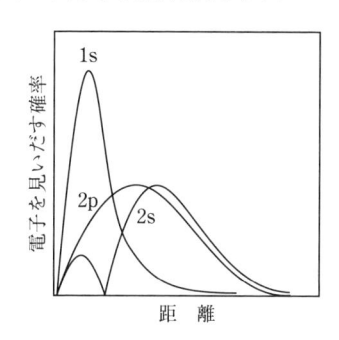

1・11 有効核電荷の説明については，問題 1・10 問 1) の解答を参照．

C, N, O, F 原子において，最もエネルギーの高い電子はいずれも 2p 電子である．2p 電子の有効核電荷は C, N, O, F の順で大きくなるので，イオン化エネルギーもこの順で大きくなることが予想でき，大まかにはこの順となっている．しかし，N よりも O の値が少し小さい．これは，O 原子より右の原子は一つの 2p 軌道に電子が二つずつ入るようになるので，電子間反発が生じ，その分イオン化エネルギーが少なくなるためである．

1・12 1) ア) 大きく　　イ) 大きく　　ウ) 小さく　　エ) 大きく　　オ) 大きい　　カ) 小さい

2) ランタノイド収縮：第 6 周期の原子は 5d 軌道に電子が詰まっていく段階の原子である．これらの原子については，遮蔽効果の小さい 4f 軌道に電子がすでに詰まっており，有効核電荷が大きくなる．そのため第 5 周期と第 6 周期の原子の原子半径はほぼ同じになる〔例題 1・4 解説 5) 参照〕．

3) 同一周期では電子が詰まっていく軌道の主量子数は同じである．したがって最外殻電子の有効核電荷が原子半径に大きく影響する．周期表で右の元素ほど有効核電荷は大きくなるので原子半径は小さくなる．

4) Mg では 3s 軌道の電子が取除かれるのに対して，Al では 3p 軌道の電子となる．3s 軌道より 3p 軌道の方がエネルギー準位が高いので Al の第一イオン化エネルギーは小さくなる．

1・13 1) 共有結合半径: 同種の原子が共有単結合で結合した分子の核間距離の半分の距離

2) イオン半径: イオン結晶において最近接の陽陰両イオン間の距離を，その両イオンの半径の和となるように両イオンに割り当てた値

3) van der Waals 半径: 原子間に結合がないときの最近接距離の半径

　一般に，原子間距離が van der Waals 半径の和より短い場合には，その原子間に相互作用 (結合) があると考えられるので，共有結合半径＜van der Waals 半径 となる．また，通常は陽イオン半径は共有結合半径より短く，陰イオン半径は van der Waals 半径より長い．したがって，次のようになる．

　　　陽イオン半径 ＜ 共有結合半径 ＜ van der Waals 半径 ＜ 陰イオン半径

[参考] 同一原子で陽イオンにも陰イオンにもなる原子は数少ないが，通常は陽イオン半径は共有結合半径より短く，陰イオン半径は van der Waals 半径より長い（H⁻ のイオン半径は 1.94 Å, H の van der Waals 半径は 1.20 Å）.

1・14 1) 第 2 周期の元素はいずれも主量子数が 2 である．主量子数が同じ場合は，一般的には最外殻電子の有効核電荷が重要となる．周期表を右に行くと，有効核電荷は増加するので，IE_1 も増加する．

2) Be は 2s 電子が引抜かれるのに対して，B は 2p 電子が引抜かれる．2s 軌道よりは 2p 軌道の方がエネルギー準位が高いので，B の IE_1 の方が小さくなる．N と O はいずれも 2p 電子が引抜かれるが，O の場合には一つの 2p 軌道に電子が 2 個入っているので，電子間反発があり，その分 O の IE_1 は減少する．

1・15 ア) B　　イ) C　　ウ) Li

元素群中の四つの元素のなかで，一番小さい第一イオン化エネルギーを示すのは Li なので，ウ が Li と予想できる．また，第四イオン化エネルギーが存在しないことから 3 電子しかもたないことが想像でき，これからも ウ が Li であることがわかる．

ア の第四イオン化エネルギーが極端に大きいので，$1s^2 2s^2 2p^1$ の電子配置をもつ B であることが予想できる．

イ は ア（つまり B）よりも大きい第一イオン化エネルギーをもっているので，その点だけを考えれば Be と C のいずれの可能性もある．Be と C の電子配置はそれぞれ $1s^2 2s^2$ および $1s^2 2s^2 2p^2$ である．Be から 2 個目の電子が引抜かれる場合は 2s 電子，3 個目の電子が引抜かれる場合は 1s 電子と，主量子数が異なる電子が引抜かれることになるので，第三イオン化エネルギーが極端に大きくなることが予想できる．しかし実際にはそうなっていないので，イ は Be ではないと予想できる．よって，ア＝B，イ＝C，ウ＝Li となる．

1・16 1) ア) 基底　　イ) 真空　　ウ) 陽　　エ) 増大　　オ) 減少　　カ) 増大　　キ) 増大

2) Be と B．Be は 2s 軌道の電子が引抜かれ，B はよりエネルギー準位の高い 2p 軌道の電子が引抜かれるため．

NとO．Nは$1s^22s^22p^3$，Oは$1s^22s^22p^4$の電子配置をとる．Oは一つの2p軌道に2個の電子を収容しており，電子間反発があるため．

1・17 1) 原子に電子を加えたときに放出するエネルギーが電子親和力であるので，最低空軌道のエネルギー準位が低い原子ほど電子親和力が大きくなる．しかし，第2周期の典型元素は小さく，また加えられる電子が入る2p軌道にはすでに5個の電子が存在する．したがって1電子を加えるときの電子間反発がかなり大きくなる．そのためFはClよりも電子親和力が小さくなる．

2) 電気陰性度は結合に使われる電子を自分の方に引き寄せる能力の尺度であり，電子親和力が大きいほど，またイオン化エネルギーが大きいほど，大きくなる．FはClより電子親和力は小さいが，イオン化エネルギーは大きいので，その結果としてClよりFの電気陰性度の方が大きくなる．

1・18 1) ア）原子番号　イ）主量子数

2) Be^{3+}の電子配置は$1s^1$であり，Hと同じ状況である．しかし，両者では核電荷が異なる．イオン化エネルギーは核電荷の二乗に比例するので，Be^{3+}のイオン化エネルギーはHのイオン化エネルギーの16倍となる．したがって，$13.6 \times 16 = 217.6$であるので，答は218 eVとなる．

3) 同一周期の原子は同じ主量子数をもつので，イオン化エネルギーはおおむね最外殻電子の有効核電荷に対応する．原子番号の増加とともに有効核電荷が増加するので，イオン化エネルギーも増加する．

4) 負の電子親和力をもつものは$He(1s^2)$，$Be(1s^22s^2)$，$N(1s^22s^22p^3)$，$Ne(1s^22s^22p^6)$である．いずれも閉殻あるいは半閉殻構造をしている．HeとNeの場合は，主量子数が一つ上の軌道に，Beの場合は方位量子数が一つ上の軌道に電子が入るので電子親和力が負となる．またNの場合にはすでに電子がいる軌道に新たに電子を入れるので電子間反発が生じ，そのため負の電子親和力を示す．

5) (a) Beからは2s電子が引抜かれるのに対して，Bからは2p電子が引抜かれる．2p軌道は2s軌道よりもエネルギー準位が高いので，BeよりもBのイオン化エネルギーの方が小さくなる．

(b) Nは3個の2p軌道におのおの1個ずつ電子を収容しているのに対して，Oは1個の2p軌道に2電子を収容しており，電子間反発がある．そのためNよりもOのイオン化エネルギーが小さくなる．

1・19 1) $\chi_H = 2.20$, $\chi_{Cl} = 3.25$

定義より
$$\chi_A - \chi_B = \sqrt{\Delta H_{AB}} \quad (1\cdot3)$$
$$\Delta H_{AB} = H_{AB} - \langle H_{AB} \rangle = H_{AB} - \sqrt{H_{AA} \times H_{BB}} \quad (1\cdot4)$$

まず，HFの値を用いてχ_Hの値を求める．
式(1・4)より

$$\Delta H_{HF} = H_{HF} - \sqrt{H_{HH} \times H_{FF}} = \frac{565}{96.5} - \sqrt{\frac{436}{96.5} \times \frac{155}{96.5}} = 3.16$$

式(1・3) より $3.98 - \chi_H = \sqrt{3.16}$

$\chi_H = 2.20$

つぎに HCl の値を用いて χ_{Cl} を求める.

式(1・4) より

$$\Delta H_{HCl} = H_{HCl} - \sqrt{H_{HH} \times H_{ClCl}} = \frac{431}{96.5} - \sqrt{\frac{436}{96.5} \times \frac{242}{96.5}} = 1.10$$

式(1・3) より $\chi_{Cl} - 2.20 = \sqrt{1.10}$

$\chi_{Cl} = 3.25$

2) Mulliken によれば,電気陰性度は第一イオン化エネルギーと電子親和力の平均値となる.電子親和力は Cl の方が F よりも大きいが,イオン化エネルギーは F の方が Cl よりも大きい.その結果として χ_F の方が χ_{Cl} より大きくなっている.

3) 有効核電荷が増加すると,電子は核に強く引きつけられるので,χ は増加する.

4) イオン化エネルギー: $IE = E(A^+) - E(A)$ $\delta q = +1$

電子親和力: $EA = E(A) - E(A^-)$ $\delta q = -1$

$IE + EA = E(A^+) - E(A^-)$
$= (a \times 1 + b \times 1^2) - \{a \times (-1) + b \times (-1)^2\}$
$= a + b + a - b = 2a$

$\chi = \dfrac{IE + EA}{2} = \dfrac{2a}{2} = a$

5) $\chi_H(\delta q) = \chi_{Cl}(-\delta q)$

式(1・2) より $a_H + 2b_H \delta q = a_{Cl} - 2b_{Cl}(\delta q)$

$$\delta q = \frac{a_{Cl} - a_H}{2b_H + 2b_{Cl}} = \frac{9.38 - 7.17}{2(6.42 + 5.65)} = 0.0915$$

1・20 1) 電子親和力   2) イオン化エネルギー   3) Pauli の排他原理
4) Hund の規則

1・21 1) Pm　プロメチウム　(promethium)

2) ランタノイド収縮　(lanthanoid contraction)

3) Ln^{3+} の電子配置は $[Xe]4f^n$ である.4f 軌道の電子は遮蔽効果が非常に小さいので,原子番号が増加するにつれて最外殻電子の有効核電荷が増加し,強く核に引きつけられるようになり,イオン半径は減少する.

4) f 軌道が空 (f^0),半閉殻 (f^7),そして完全閉殻 (f^{14}) の場合は安定になる.Ce^{4+} は f^0,また Eu^{2+} は f^7 となるので,安定に存在できる.

2章

2·1 窒素分子 N_2　　:N≡N:　　酸素分子 O_2　　Ö=Ö

2·2 Ö=Ö⁺–Ö:⁻ ⟷ :Ö⁻–Ö⁺=Ö

2·3 1) S: 0　2) S: +4, O: −2　3) Na: +1, I: −1　4) Mg: +2, Br: −1
5) P: +3, Cl: −1　6) Cl: +7, O: −2　7) H: +1, O: −1

2·4 s軌道とs軌道　　s軌道とp軌道　　p軌道とp軌道

2·5 π結合性（d軌道とp軌道）　　δ結合性（d軌道とd軌道）

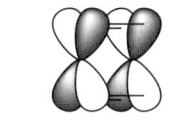

2·6 s軌道とs軌道　　s軌道とp軌道　　p軌道とp軌道

2·7

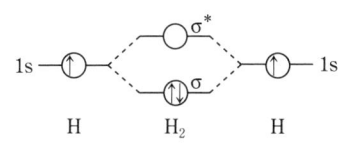

2·8 HOMO（最高被占軌道）　　LUMO（最低空軌道）

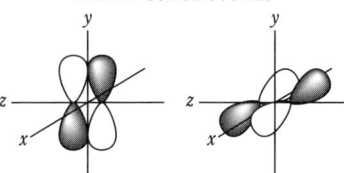

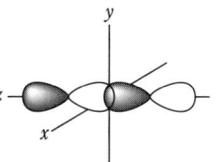

2·9 1) 結合次数: N–O 結合 $(2+1+1)/3 = 4/3\ (=1.33)$

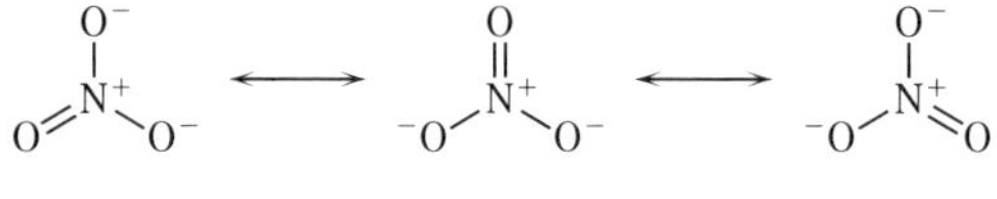

2) 結合次数: S–C 結合 $(2+1)/2 = 3/2\ (=1.5)$, C–N 結合 $(2+3)/2 = 5/2\ (=2.5)$

$$S=C=N^- \longleftrightarrow {}^-S-C\equiv N$$

共鳴構造における結合次数は（各極限構造式における着目する結合の結合次数の和/極限構造の数）で求められる．

2・10

1) (a) F–Cl(F)(F) with lone pairs　　(b) C_2 軸と 2 種類の σ_v 面　　(c) C_{2v}

2) (a) Ni(CO)₄ 四面体構造　　(b) 四つの C_3 軸，三つの C_2 軸，三つの S_4 軸，六つの σ_d 面　　(c) T_d

3) (a) PF₅ 三方両錐構造　　(b) C_3 軸，三つの C_2 軸，S_3 軸，σ_h 面，三つの σ_d 面　　(c) D_{3h}

4) (a) SF₄ (lone pair あり)　　(b) C_2 軸と 2 種類の σ_v 面　　(c) C_{2v}

（電子対間の反発の大きさは，lp と bp ＞ bp と bp の順となる）

2・11

架橋の B–H–B 結合は，2 個の電子が三つの原子に共有された三中心二電子結合（3c, 2e 結合）である．この結合は末端の 2c, 2e 結合である B–H 結合よりも長くなっている．

2・12 1) 炭素原子の電子配置は $1s^2 2s^2 2p^2$ であり，三つの 2p 軌道のうちの二つに一つずつ電子が平行スピンで入っている．2s 軌道に入っている電子が空の 2p 軌道に昇位し，$1s^2 2s^1 2p_x^1 2p_y^1 2p_z^1$ となり，2s 軌道と一つの 2p 軌道が二つの等価な sp 混成軌道をつくる．C–C 結合軸が z 軸方向とすると，この等価な混成軌道は $h_1 = s + p_z$, $h_2 = s - p_z$ で表される．これは z 軸上にあるので，図のように，sp 混成軌道どうしの相互作用により C–C 間に，sp 混成軌道と H 原子の 1s 軌道の相互作用により C–H 間に，それぞれ σ 結合を同一直線上に形成する．

問題の解答と解説：2章

また，残った $2p_x$ および $2p_y$ 軌道は，それぞれ C–C 間に π 結合をつくるので，C–C 間には，σ 結合一つと π 結合二つの相互作用により，三重結合が形成されることになる．

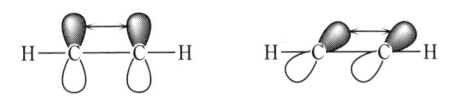

2) 硫黄原子の電子配置は $[Ne]3s^23p^4$ であり，六つの結合を形成するために，二つの 3d 軌道を用いて六つの等価な sp^3d^2 混成軌道を形成する．硫黄原子は，これら六つの混成軌道を用いて，六つのフッ素原子と結合をつくり，結合電子対の反発が最小となるように，八面体形の構造をとる．2d 軌道は存在しないので，酸素原子は sp^3d^2 混成軌道を形成できないため，六フッ化酸素は存在しない．

（注：混成軌道の概念からの説明は上記のようになるが，分子軌道理論では，d 軌道の存在は必ずしも必要ではない．また，六フッ化酸素が存在しないのは，より小さな酸素原子のまわりに多くの原子を配置することが幾何学的に困難であることが，大きな要因である）

2・13

1) オクテット則を満たすためには，窒素原子とホウ素原子の間に二重結合が必要となり，分子は平面構造となる．
2) 二つの原子で価電子数の和が 8 となる組合わせを考える．
4) 総価電子数は 34 であり，すべての原子がオクテット則を満たすためには，分子内に二重結合が二つ必要となる．シュウ酸イオンは，原子の価電子数の和は 32 であるが，2 価の陰イオンであるので，総価電子数は 34 となる．

2・14 中心原子の孤立電子対のみを示す．

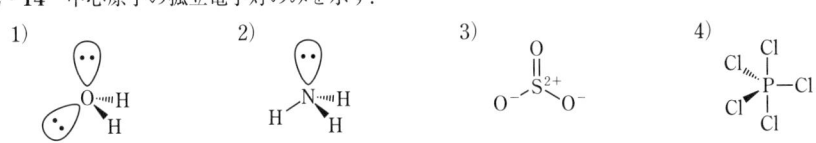

5) [構造: I に Cl が結合、孤立電子対あり]⁻ 6) [構造: I に3つの Cl、孤立電子対あり]⁻ 7) F₃S=O の2構造

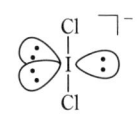

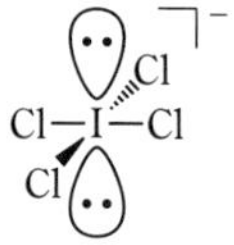

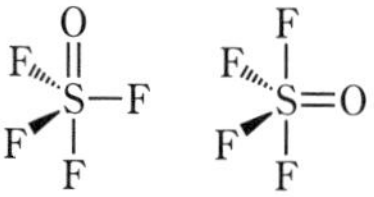

8) XeO₃ (孤立電子対あり) 9) F-Xe-F 共鳴構造 ⇌ 共鳴により直線形構造となる

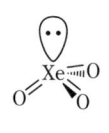

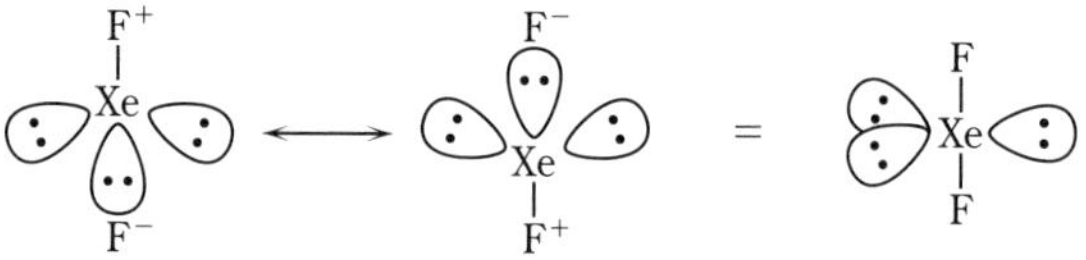

10) [SeF₆]²⁻ 構造

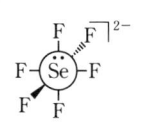

Se は一つの孤立電子対をもつが，これは球対称の 4s 軌道に入っているので，分子の形に影響を与えない（立体化学的に不活性）．

2·15

[Lewis 構造]

1) :C⁻≡O⁺:   2) S²⁺ と3つのO（一つは二重結合）   3) :F:-Cl-:F: （孤立電子対あり）

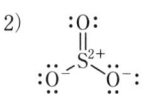

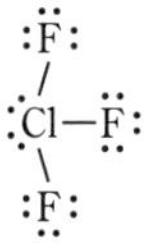

[分子の形と推定の根拠]

2) 正三角形: 中心の S 原子に孤立電子対がなく，三つの結合電子対が互いに最も離れたところに位置するため．また，三つの S-O 結合は共鳴により等価となる．

3) T字形: 中心の Cl 原子には二つの孤立電子対と，三つの結合電子対があるので，基本構造として三方両錐形構造をとる．

　孤立電子対は，より反発の少ないエクアトリアル位に位置し，アキシアルの C-F 結合は，孤立電子対との反発を避けるようにエクアトリアルの C-F 結合側に傾く．したがって，より正確には，この分子の構造は，ひずんだ T 字形である．

2·16

1) Cl-Be-Cl   2) BF₃   3) H₂O   4) NH₃

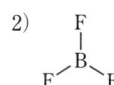

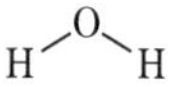

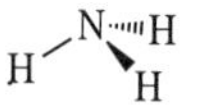

結合角の大きさ: 3) < 4) < 2) < 1)

2・17

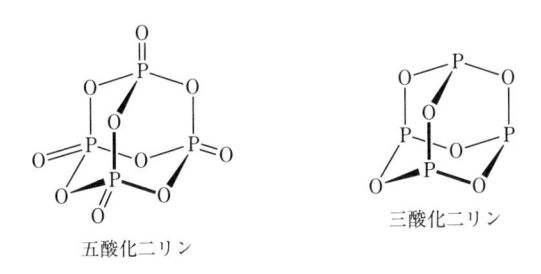

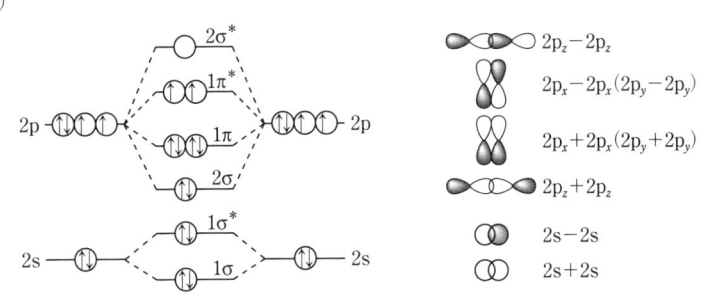

五酸化二リン

三酸化二リン

2・18

1) （分子軌道図：$2\sigma^*$, $1\pi^*$, 1π, 2σ, $1\sigma^*$, 1σ と 2s, 2p 原子軌道の組合せ）

$2p_z - 2p_z$
$2p_x - 2p_x (2p_y - 2p_y)$
$2p_x + 2p_x (2p_y + 2p_y)$
$2p_z + 2p_z$
$2s - 2s$
$2s + 2s$

原子軌道の重なりにより（上図右），結合性軌道と反結合性軌道ができる．酸素原子は，2s 軌道と 2p 軌道に合計 6 個の電子をもっている．O_2 の基底状態は分子軌道にエネルギーが低い準位から順に 12 個の価電子を入れたものになる．縮重した軌道には，電子はまず別々の軌道にスピンが平行になるように入る．

2) 結 合 次 数　　O_2^+: 2.5　　O_2: 2　　O_2^-: 1.5　　O_2^{2-}: 1
　　不対電子数　　O_2^+: 1　　O_2: 2　　O_2^-: 1　　O_2^{2-}: 0
　　磁性をもつもの　　O_2^+, O_2, O_2^-

結合次数 b は，$b = (n - n^*)/2$ と表される．（n = 結合性軌道にある電子数，n^* = 反結合性軌道にある電子数）

2・19

1) x 軸．$2p_x$ 軌道の相互作用により，σ_{2p_x} 結合性軌道と $\sigma^*_{2p_x}$ 反結合性軌道が形成されているから．

2) B_2, O_2

3) C_2, O_2

4) O 原子の方が大きい．O_2 分子では O 原子の 2p 軌道のエネルギー準位よりも不安定化した π^* 軌道から，電子が抜けるので第一イオン化エネルギーは小さくなると考えられる．

5) O_2^+ イオン，O_2 分子，O_2^- イオン，O_2^{2-} イオン

O_2 分子の結合次数は2であり，O_2^+ イオンは O_2 分子の反結合性軌道から電子が1個抜けているので，結合次数は2.5となる．また O_2^- イオン，O_2^{2-} イオンはそれぞれ O_2 分子の反結合性軌道にそれぞれ1個あるいは2個の電子が入るため，結合次数がそれぞれ1.5および1と小さくなる．結合次数が大きい方が結合距離は短くなると考えられるので，結合次数の最も大きい O_2^+ イオンから，O_2 分子，O_2^- イオン，O_2^{2-} イオンの順に結合距離が長くなっていく．

2・20 1) H 原子および He 原子は，それぞれ $1s^1, 1s^2$ の電子配置をもつ（下図）．H_2 分子と He_2 分子では，それぞれ二つの原子軌道の重なりによって，二つの分子軌道，つまり結合性軌道 σ と反結合性軌道 σ* がつくられる．H_2 分子では2個の，He_2 分子では4個の価電子が，これらの分子軌道に入る．H_2 分子の場合には，電子は結合性軌道だけを占め，これによって H−H 単結合が形成される．それに対し He_2 分子では，4個の電子が，結合性軌道だけでなく反結合性軌道も占めるため，結合次数がゼロとなり He−He 結合が形成されない．よって He_2 分子は不安定となる．

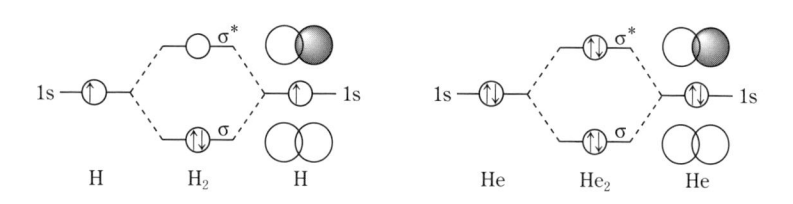

2) He 原子と He* 原子は，それぞれ $1s^2$ と $1s^1 2s^1$ の電子配置をもつ（下図）．He 原子の 1s 軌道と He* 原子の 1s および 2s 軌道の重なりによって HeHe* 分子の三つの分子軌道が形成される．三つの分子軌道のなかで最低エネルギー準位の 1σ 軌道は結合性軌道，最高エネルギー準位の 3σ 軌道は反結合性軌道である．中間の 2σ 軌道は，He 原子の 1s 軌道と He* 原子の 1s 軌道の重なりによる反結合性に加えて，He 原子の 1s 軌道と He*

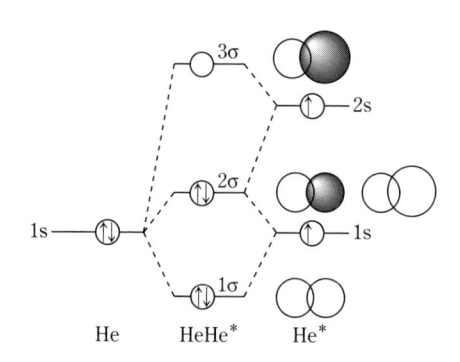

原子の 2s 軌道の重なりによる結合性をおびる．HeHe* 分子の 4 個の価電子は，低エネルギー準位側から，結合性軌道および結合性と反結合性の混じった軌道を占めることになり，HeHe* 分子では，He 原子間に弱い結合を形成する．

2・21

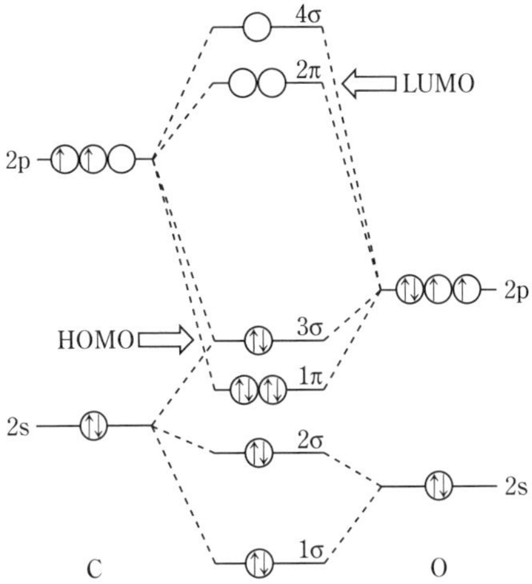

2・22　1）σ_2 軌道および π_2 軌道

2）結合次数はそれぞれ NO 2.5，NO^+ 3，NO^- 2

3）NO および NO^-

4）NO^{2-}

2・23

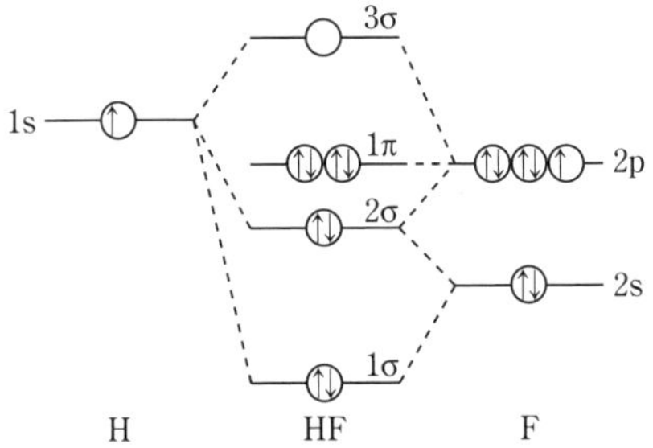

電気陰性度の大きい F 原子の 2s，2p 軌道は，H 原子の 1s 軌道より安定でエネルギー準位は低い．これらの原子軌道の相互作用によって分子軌道が形成されるとき，低エネルギー側の結合性軌道 1σ，2σ は，これらの分子軌道にエネルギー準位が近い，低いエネルギー準位の F 原子の原子軌道の寄与が大きくなる．よって結合性軌道に主として寄与する原子軌道は電気陰性度の大きい方の原子の原子軌道である．

2・24

1)

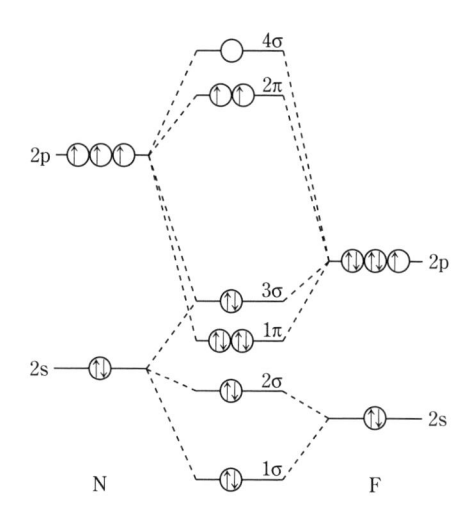

[分子軌道エネルギー準位図: N原子の2s, 2p軌道とF原子の2s, 2p軌道からNF分子の1σ, 2σ, 1π, 3σ, 2π, 4σ軌道が形成される図]

NよりもFの電気陰性度が大きいので, Nの2s軌道よりも, Fの2s軌道のエネルギー準位が低いことに注意.

2) 結合次数2. 1σ, 1π, 3σ が結合性軌道で, 2σ, 2π, 4σ が反結合性軌道なので, 結合次数 = (8−4)/2 = 2 となる.

3) 多重度は (スピン量子数の総和)×2 + 1 で表される. 2個, 三重項状態

2・25

1)

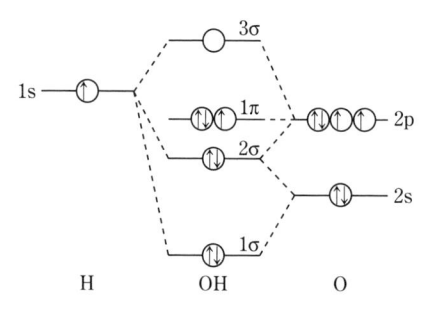

[分子軌道エネルギー準位図: H原子の1s軌道とO原子の2s, 2p軌道からOH分子の1σ, 2σ, 1π, 3σ軌道が形成される図]

原子軌道のエネルギーが与えられているので, 各原子軌道の上下関係 (エネルギーの大小関係) を正確に記述することに注意せよ.

2) OH⁻ イオンでは, OH分子より電子が1個多いが, この電子は非結合性軌道 1π を占めるため, OH⁻ イオンと OH分子の結合距離は, ほとんど変わらない. これに対し,

OH⁻ イオンより電子が1個多い OH²⁻ イオンでは，この電子が反結合性軌道 3σ を占めるため，OH²⁻ イオンの結合距離は，OH⁻ イオンよりも長くなる．

2·26

1) [図: C_2 軸と σ_v, σ_v' 面を示す水分子の対称要素]

2) a, b

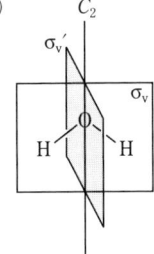

3) [図: H—O—H 分子の双極子モーメントを示す矢印]

4) 並進の自由度 3，回転の自由度 3，振動の自由度 3
   分子の自由度の総数は，原子数を N としたとき $3N$ で表される．

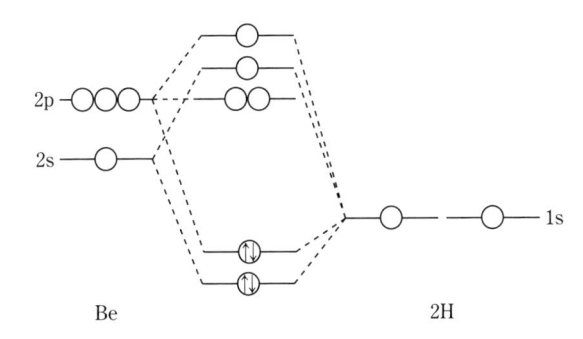

5) [図: Be と 2H の分子軌道エネルギー準位図]

6) $2p_y$ 軌道

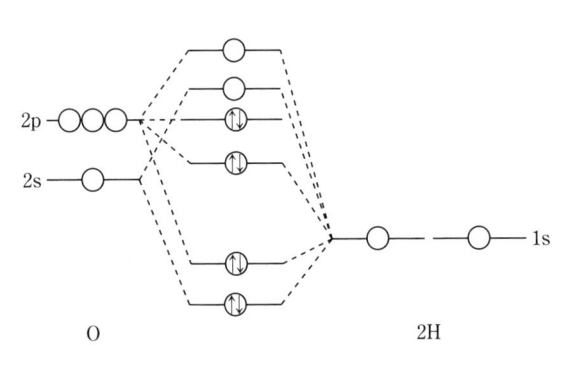

7) [図: O と 2H の分子軌道エネルギー準位図]

8) 水分子の場合には，電子は低エネルギー側から四つの軌道を占有する．分子が折れ曲がることによって，直線形のときに縮重していた二つの非結合性軌道のうちの一つが，2個の水素原子の 1s 軌道と重なり，結合性相互作用により安定化するので，分子全体が安定化する．

3 章

3・1 $d = \dfrac{\sqrt{3}}{3}a$ （立方体の対角線の3等分）

3・2 0.21 nm. 面心立方構造の立方格子の (111) 面の面間隔に等しい（問題 3・1 参照）. 面心立方の1辺の長さ a は原子半径を r とすると, $a = 2\sqrt{2}r$ である.

3・3 2.4 g cm^{-3}. 単位格子中には炭素原子が4個含まれている. 炭素原子間距離を a, 層間距離を b とすると, 単位格子は上面が1辺の長さ $\sqrt{3}a$ の平行四辺形, 高さが $2b$ の四角柱であるから, その体積は $\sqrt{3}a \times \dfrac{3}{2}a \times 2b$ である.

3・4 (a) 6 (b) 4 (c) 8 (d) 4 (e) 4 (f) 1
イオン半径は Cu$^+$ < Na$^+$ < Cs$^+$ の順に大きい.

3・5 正方晶. C$_2^{2-}$ の軸の方向に結晶軸が長くなるため, $a = b \neq c$ である.

3・6 Ca: 八配位   F: 四配位

3・7 1.11 倍.
NaCl と KCl は同じ NaCl 型の結晶構造であるため, Madelung 定数は等しい. イオン間距離 $d_{\text{NaCl}} = 283$ pm, $d_{\text{KCl}} = 319$ pm であるから, 格子エネルギーの比は,

$$\frac{d_{\text{NaCl}} - d}{d_{\text{KCl}} - d} \times \frac{d_{\text{KCl}}^2}{d_{\text{NaCl}}^2} = 1.109$$

3・8 $F_{111} = f_{\text{Cl}} - f_{\text{Cs}}$ 立方格子の各頂点に Cl 原子, 中心 $\left(\dfrac{1}{2}, \dfrac{1}{2}, \dfrac{1}{2}\right)$ に Cs 原子が存在する. 頂点の原子は8個の格子で共有していることを考慮して, 構造因子を計算すると,

$F_{111} = \dfrac{1}{8} f_{\text{Cl}} [(-1)^0 + (-1)^2 + (-1)^2 + (-1)^2 + (-1)^4 + (-1)^4 + (-1)^4 + (-1)^6]$
$\quad + f_{\text{Cs}}(-1)^3$

3・9

1)

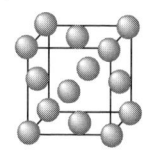

2) 8.4 g cm^{-3}. 単位格子の密度を考えればよい. 面心立方の単位格子には原子が4個入るため,

$$\text{密度} \quad \rho = \frac{4 \times (59 \div 6.02 \times 10^{23})}{(0.36 \times 10^{-7})^3} = 8.4$$

3・10

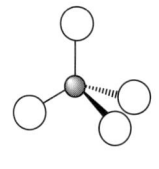

4 個 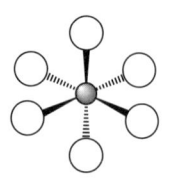   6 個

3・11 1) Ⅰ: 1個, Ⅱ: 3個, Ⅲ: 4個　　総数　8個
2) 密度 5.77 g cm^{-3}　結合距離 2.81 Å
$$\rho = \frac{8 \times (118.7 \div 6.02 \times 10^{23})}{(6.49 \times 10^{-8})^3} = 5.77$$ 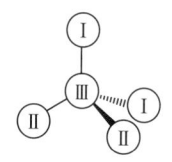
図のような Sn 原子が接した正四面体を考えると，結合距離 (I-Ⅲ および Ⅱ-Ⅲ の距離) は正四面体の頂点から重心までの距離である．結晶格子の 1 辺の長さを a とすると，Ⅲ の原子は Ⅰ と Ⅱ の原子を頂点にもつ，1 辺 $\frac{a}{2}$ の立方体の中心にあるため，結合距離を r とすると，$2r = \sqrt{3} \times \frac{a}{2}$ である．
したがって，$r = \frac{\sqrt{3}}{4} \times 6.49 = 2.81$

3) (a) 1.26 倍．立方格子 1 個が正方格子 2 個分に相当するため，体積の増加は，
$$\frac{6.49^3}{2 \times (5.83^2 \times 3.18)} = 1.26$$
(b) 粉末 X 線回折

3・12 塩化セシウム型構造をとると，四つの水素原子のある正四面体の頂点方向に Cl$^-$ が存在し，最多の水素結合が可能であるため．

3・13 0.358 nm.
塩化セシウム型構造の単位格子 (立方晶) には Cs と Cl が各 1 個存在する．したがって格子の長さを a nm とすると，
$$\frac{(132.9 + 35.45) \div (6.02 \times 10^{23}) \times 10^{-3}}{(a \times 10^{-9})^3} = 3.97 \times 10^3$$
より，$a = 0.4129$．原子間距離を r とすると，$2r = \sqrt{3}a$ より，$r = 0.358$

3・14 閃亜鉛鉱型構造: 四配位　　ウルツ鉱型構造: 四配位

3・15 閃亜鉛鉱型構造 (注: AgI の結晶は γ 形が閃亜鉛鉱型，β 形がウルツ鉱型である) の (111) 面

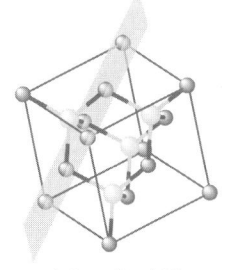

AgI の (111) 面

六方格子をもつ氷の安定面は 3 回対称性をもっているが，面心立方格子の対角線が 3 回回転軸であることから，この軸に垂直な面である (111) 面が考えられる．(111) 面での原子の間隔は $\frac{\sqrt{2}}{2} \times 0.6473 = 0.4577$ nm であり，氷の格子定数に近い値であることが確認できる．

3・16 ダイヤモンド，α-スズなど．結晶構造については問題 3・11 の図 3・14 を参照．

3・17 1) ad $= 2r_B + 2r_O$，af $= 2r_A + 2r_O$ より，$r_A + r_O = \sqrt{2}\,r_B + \sqrt{2}\,r_O$

2) (a) 0.844　　(b) 1.06　　(c) 0.838　　ペロブスカイト型構造は (a) と (c).

$t = \dfrac{r_A + r_O}{\sqrt{2}(r_B + r_O)}$ より，各結晶についてトレランスファクターを計算する．

3・18 910 kJ mol^{-1}．$U_0 = 127 + 284 + 121 + 727 - 349 = 910$

3・19 静電エネルギーの計算では，イオン相互作用のみを考えており，LiClではイオン性が高いために一致するが，結合に共有結合性をもつAgCl結晶では差が生じる．

3・20 2.13

NaClの結晶格子を用いて，ある一つのNaイオンに対する各隣接イオンの個数と距離を数えると，

　　第一隣接イオン(Cl)　　個数：6個　　距離 a
　　第二隣接イオン(Na)　　個数：12個　　距離 $\sqrt{2}\,a$
　　第三隣接イオン(Cl)　　個数：8個　　距離 $\sqrt{3}\,a$

であるから，これらのイオンとのCoulomb力による静電エネルギー V を計算すると，

$$V = -6 \times \dfrac{e^2}{4\pi\varepsilon_0}\dfrac{1}{a} + 12 \times \dfrac{e^2}{4\pi\varepsilon_0}\dfrac{1}{\sqrt{2}\,a} - 8 \times \dfrac{e^2}{4\pi\varepsilon_0}\dfrac{1}{\sqrt{3}\,a}$$

である．$-V$ が格子エネルギー U となることを考慮すれば，Madelung定数 M は，

$$M = 6 - 12 \times \dfrac{1}{\sqrt{2}} + 8 \times \dfrac{1}{\sqrt{3}} = 2.13$$

実際のMadelung定数は，無限大に離れたイオンまで考慮した数式から得られる値である．

3・21 1) ア) $\dfrac{1}{a}$　　イ) $\boldsymbol{G} = \boldsymbol{k} - \boldsymbol{k}_0$

逆格子は実際の結晶で定義される面の法線方向のベクトルを考え，その長さを面間隔の逆数としたものである．結晶での回折条件は散乱ベクトル $\boldsymbol{q} = \boldsymbol{k} - \boldsymbol{k}_0$ と逆格子ベクトルが一致することである．

2) (102)面　$\theta = 53°$，$|\boldsymbol{k}_0| = \dfrac{5\pi}{2a}$，(103)面　$\theta = 37°$，$|\boldsymbol{k}_0| = \dfrac{10\pi}{3a}$ の二つ．

$\boldsymbol{k}_0 = \left(0, 0, -\dfrac{|\boldsymbol{k}_0|}{2\pi}\right)$，$\boldsymbol{k} = \left(\dfrac{|\boldsymbol{k}_0|}{2\pi}\sin\theta\cos\varphi, \dfrac{|\boldsymbol{k}_0|}{2\pi}\sin\theta\sin\varphi, \dfrac{|\boldsymbol{k}_0|}{2\pi}\cos\theta\right)$ と表す．逆格子ベクトルは $\boldsymbol{G} = \left(\dfrac{h}{a}, \dfrac{k}{a}, \dfrac{l}{a}\right)$ であるから，Bragg反射の条件はこれが $\boldsymbol{k} - \boldsymbol{k}_0$ と一致することである．$\boldsymbol{k}_0 + \boldsymbol{G}$ の大きさが $\dfrac{|\boldsymbol{k}_0|}{2\pi}$ であるためには，

$h^2 + k^2 + l^2 = \dfrac{2a|\boldsymbol{k}_0|l}{2\pi}$ を満たす必要がある．変形すると，$|\boldsymbol{k}_0| = \dfrac{2\pi}{a} \times \dfrac{h^2 + k^2 + l^2}{2l}$ である．

$\dfrac{2\pi}{a} < |\boldsymbol{k}_0| < \dfrac{4\pi}{a}$ の条件を満たす hkl 面は (111)(102)(012)(112)(103)(013) の六つであり，このうち xz 平面に反射するのは $k = 0$ の面のみである．

3) (111)面からの反射．$\theta = 71°$，$\varphi = 45°$

問題の解答と解説：4章　　173

$90°<\theta\leq180°$ より $-1\leq\cos\theta<0$ であるから，$|\boldsymbol{k}_0|>\dfrac{2\pi}{a}\times l$ が条件となるが，これを満たすのは（111）面からの反射のみであり，$|\boldsymbol{k}_0|=\dfrac{3\pi}{a}$ となる．

3・22　1）154 pm
（200）面からの反射をBragg（ブラッグ）の式にあてはめると（$n=1$），
$$\lambda = 2\times 282.1 \times \sin(31.69°/2) = 154.0$$

2）ア）（111）面からの反射
　　NaClの格子定数 $a=282.1\times 2=564.2$ pm である．回折線1の面間隔は 326.0 pm であるから，$d_{hkl}=\dfrac{a}{\sqrt{h^2+k^2+l^2}}$ より，$h^2+k^2+l^2=\left(\dfrac{564.2}{326.0}\right)^2=3.00$ である．これを満たす整数は $h=k=l=1$ である．

　　イ）170.1　　同様に，$d_{311}=\dfrac{564.2}{\sqrt{3^2+1^2+1^2}}=170.1$ である．

3）面心立方格子の場合，構造因子が0とならないのは，h, k, l がすべて奇数またはすべて偶数の場合である．（100）面や（110）面からの反射はこの消滅則により現れない．

4）K^+ と Cl^- の電子密度はほぼ同じであるため，NaClと同じ消滅則に加えて，Cl^- による散乱と K^+ による散乱が打ち消し合う回折が現れる．

4章

4・1　(a) Brønsted酸：HCl　　Brønsted塩基：NH_3　　Brønsted酸の共役塩基：Cl^-
　　　(b) Brønsted酸：NH_4^+　　Brønsted塩基：H_2O　　Brønsted酸の共役塩基：NH_3

4・2　(a) Lewis酸：Mn^{2+}　　Lewis塩基：H_2O
　　　(b) Lewis酸：$B(OH)_3$　　Lewis塩基：H_2O

4・3　1）　　$H_2S \rightleftharpoons HS^- + H^+$　　　$K_{a1}=\dfrac{[H^+][HS^-]}{[H_2S]}$

　　　　　　$HS^- \rightleftharpoons S^{2-} + H^+$　　　$K_{a2}=\dfrac{[H^+][S^{2-}]}{[HS^-]}$

2）$[H^+]=[HS^-]+2[S^{2-}]+[OH^-]$

4・4　$[Sc(OH_2)_6]^{3+}>[Zn(OH_2)_6]^{2+}>[Ca(OH_2)_6]^{2+}$

4・5　第一酸解離定数：$pK_{a1}=3$，第二酸解離定数：$pK_{a2}=8$，第三酸解離定数：$pK_{a3}=13$

4・6　硬い酸：Li^+, Ca^{2+}, H^+, BF_3　　　硬い塩基：NO_3^-, H_2O
　　　軟らかい酸：Cd^{2+}, Ag^+　　　軟らかい塩基：$S(CH_3)_2$, I^-

4・7　1）$pK_a=5.2$．ピリジニウムイオンの pK_a の値は $14-8.8=5.2$ と計算される．
　　　2）安息香酸．安息香酸の pK_a 値はピリジニウムイオンの pK_a 値よりも小さいので，安息香酸がより強い酸である．

4・8　pH＝5.1．アンモニウムイオンという弱酸の水溶液とみなすことができる．アンモニアの共役酸であるアンモニウムイオンの pK_a は $14-4.8=9.2$ と計算されるので，例

題4・8解説で示した式を用いると次のように求められる.

$$\text{pH} = \frac{1}{2}(9.2 - \log 0.10) = 5.1$$

4・9 1) $SiO_2 + 6HF \longrightarrow 2H_2O + H_2SiF_6$

2) フッ化水素酸は水溶液中でフッ化物イオン F^- とプロトン H^+ との解離平衡にある. これらのうち, F^- は Lewis 塩基として Lewis 酸中心である Si に作用する. 一方, H^+ は O と結合して水分子を生じるので, HF は Brønsted 酸としても作用している.

4・10 1) 塩基性: ②<③<①<⑤<④

強酸 $HClO_4$ の共役塩基である ClO_4^- は塩基性が最も小さい〔例題4・7解説3）参照〕. リン酸 H_3PO_4 とフッ化水素酸 HF はともに弱酸であるが, HPO_4^{2-} の塩基性は第二酸解離定数が関係する. Pauling の規則によると, リン酸 H_3PO_4 の第一酸解離定数は $pK_{a1} = 8 - 5 \times 1 = 3$ と予想され, 第二酸解離定数は $pK_{a2} = 3 + 5 = 8$ と予想される（例題4・6解説参照）. よって, HPO_4^{2-} は F^- よりも塩基性が強いと考えられる. また, NH_3 は弱塩基であり, さらにプロトンが解離した NH_2^- はより強い塩基となる. 酸解離平衡式とその pK_a 値を以下に示す.

① $H_2PO_4^- \rightleftharpoons HPO_4^{2-} + H^+$　　　$pK_{a2} = 7.20$
② $HClO_4 \rightleftharpoons ClO_4^- + H^+$　　　$pK_a = -10$
③ $HF \rightleftharpoons F^- + H^+$　　　$pK_a = 3.17$
④ $NH_3 \rightleftharpoons NH_2^- + H^+$　　　$pK_a = 38$
⑤ $NH_4^+ \rightleftharpoons NH_3 + H^+$　　　$pK_a = 9.24$

2) (a) $SnCl_2 + KCl \longrightarrow SnCl_3^- + K^+$　　　Lewis 酸: $SnCl_2$　　　Lewis 塩基: Cl^-

塩化スズ(Ⅱ) $SnCl_2$ は Cl^- を受け入れて三方錐構造をもつ $SnCl_3^-$ を形成する. したがって, この反応において $SnCl_2$ は Lewis 酸, Cl^- は Lewis 塩基である. 塩化スズ(Ⅳ) $SnCl_4$ も Lewis 酸であり, Cl^- を受け入れて八面体構造をもつ $SnCl_6^{2-}$ などを形成する.

(b) $Co^{2+} + 6H_2O \longrightarrow [Co(H_2O)_6]^{2+}$　　　Lewis 酸: Co^{2+}　　　Lewis 塩基: H_2O

4・11 硬い酸と塩基はいずれも小さくて分極しにくく, π結合をつくりにくいものが多い. これに対して, 軟らかい酸と塩基は分極しやすく, π結合をつくりやすいものが多い. 硬い酸は硬い塩基と強く結合し, 軟らかい酸は軟らかい塩基と強く結合する. この経験則を hard and soft acids and bases の頭文字をとって HSAB 則という.

1) ア　MgF_2. F^- は硬い塩基なので, Hg^{2+} よりも硬い酸である Mg^{2+} と熱力学的に安定な化合物を形成する.

2) イ　PbS. S^{2-} は軟らかい塩基なので, Be^{2+} よりも軟らかい酸である Pb^{2+} と熱力学的に安定な化合物を形成する.

3) ア　AlF_3. Al^{3+} は硬い酸なので, I^- よりも硬い塩基である F^- と熱力学的に安定な化合物を形成する.

4) ア　$Cr(OH)_3$. Cr^{2+} と Cr^{3+} を比較した場合, 電荷の大きい Cr^{3+} の方がより硬い

問題の解答と解説：4章　175

Lewis 酸となる．OH⁻ は硬い塩基なので，Cr^{2+} よりも硬い酸である Cr^{3+} と熱力学的に安定な化合物を形成する．

5) イ　$[Cd(CN)_4]^{2-}$．CN⁻ は軟らかい塩基なので，Ca^{2+} よりも軟らかい酸である Cd^{2+} と熱力学的に安定な化合物を形成する．

4・12 1)

      A   B   C   D

2) ホウ素よりも窒素の方が，電気陰性度が大きいため，窒素原子上のπ電子密度が高くなる．その結果，窒素原子上には負の部分電荷が，ホウ素原子上には正の部分電荷が存在することになり，求電子試薬は N と，求核試薬は B と反応しやすくなる．

4・13 1) HClO (pK_a = 7.4) > HBrO (8.7) > HIO (11)

これらのオキソ酸は H−O−X (X = Cl, Br, I) の折れ線形構造をもつ．HClO > HBrO > HIO の順にハロゲン X の電気陰性度は減少するので，その順にプロトン解離が起こりにくくなる．

2) $H_4P_2O_7$ (pK_a = 1.52) > $H_3P_2O_7^-$ (2.36) > $H_2P_2O_7^{2-}$ (6.60) > $HP_2O_7^{3-}$ (9.25)

負の電荷が 1 単位増加するにつれて，プロトン解離が起こりにくくなる．

3) $[Fe(CO)_4]^{2-}$

$[Co(CO)_4]^-$ よりも $[Fe(CO)_4]^{2-}$ の方が負の電荷が大きいため，塩基性が強い．

4・14 1) オキソ酸 H_nEO_m を $EO_{m-n}(OH)_n$ と表す．

    一段目の酸性度定数：$pK_{a1} = 8 - 5(m-n)$
    二段目の酸性度定数：$pK_{a2} = 13 - 5(m-n)$

2) Pauling の規則を用いて H_3AsO_3 および H_3PO_3 の pK_{a1} を予想すると，$pK_{a1} = 8 - 5 \times 0 = 8$ となる．これは H_3AsO_3 の pK_a の実測値 9.4 には近いが，H_3PO_3 の pK_a の実測値 2.0 とは大きく異なっている．H_3PO_3 の酸性度の実測値が Pauling の規則による推定値よりも高い (pK_a 値が小さい) のは，ホスホン酸の構造が $EO_m(OH)_n$ のかたちでは表されないからである．H_3PO_3 の実際の構造は $O=PH(OH)_2$ で表される．そこでオキソ基の数を 1 とすると，$pK_{a1} = 8 - 5 \times 1 = 3$ となり，実測値に近くなる．

4・15 1) オキソ酸からプロトンが解離した後の 1 価陰イオンの共鳴構造の数は，ClO⁻，ClO_2^-，ClO_3^-，ClO_4^- に対してそれぞれ 1, 2, 3, 4 となり，この順に共鳴安定化が大きくなる．したがって，HClO，$HClO_2$，$HClO_3$，$HClO_4$ の順にプロトン解離が起こりやすくなる．また，HClO，$HClO_2$，$HClO_3$，$HClO_4$ の順にオキソ基の数が 0, 1, 2, 3 と増加する．その結果，HClO，$HClO_2$，$HClO_3$，$HClO_4$ の O−H 結合に対する電子求

引性が増大し，プロトン解離が起こりやすくなる．
2) 例題 4・8 で示した pK_{a1} ≒ 8−5m の式より予想される m の値は，硝酸: 2, オルトテルル酸: 0, オルト過ヨウ素酸: 1 である．

　　硝酸: $NO_2(OH)$　　　オルトテルル酸: $Te(OH)_6$　　　オルト過ヨウ素酸: $IO(OH)_5$

4・16 1) 平衡定数の式: $K_b = \dfrac{[BH^+][OH^-]}{[B]} = 1.8 \times 10^{-5} \, \text{mol dm}^{-3}$ 　　　(4・16)

　　　　　電荷均衡の式: $[H^+] + [BH^+] = [OH^-]$ 　　　(4・17)

　　　　　物質収支の式: $c_B = [B] + [BH^+]$ 　　　(4・18)

2) 上記の式と
$$K_w = [H^+][OH^-] = 1.0 \times 10^{-14} \, \text{mol}^2 \, \text{dm}^{-6} \quad (4 \cdot 19)$$
を用いて，$[OH^-]$ を変数とする方程式を導く．式(4・16) と式(4・18) より $[B]$ を消去すると次式が得られる．
$$c_B = K_b^{-1}[BH^+][OH^-] + [BH^+] = (K_b^{-1}[OH^-] + 1)[BH^+] \quad (4 \cdot 20)$$
この式と式(4・17) より次式が得られる．
$$c_B = (K_b^{-1}[OH^-] + 1)([OH^-] - [H^+])$$
$[OH^-] \gg [H^+]$ より，
$$c_B = (K_b^{-1}[OH^-] + 1)[OH^-]$$
$$c_B - [OH^-] = K_b^{-1}[OH^-]^2$$
が得られ，$c_B \gg [OH^-]$ より，
$$c_B = K_b^{-1}[OH^-]^2$$
$$[OH^-] = \sqrt{K_b c_B}$$
となる．これより pH を求める式が次のように導かれる．
$$\text{pH} = 14 - \text{pOH} = 14 - (-\log\sqrt{K_b c_B}) = 14 - \frac{1}{2}(\text{p}K_b - \log c_B)$$

3) $K_a K_b = [H^+][OH^-] = K_w = 1.0 \times 10^{-14}$
$$K_a = K_w/K_b = 1.0 \times 10^{-14}/1.8 \times 10^{-5} = 5.6 \times 10^{-10} \, \text{mol dm}^{-3}$$

4) 〔例題 4・8 問 3) と同様に式を組立てる〕
$$\text{pH} = 14 - \text{pOH} = 14 + \log\frac{K_b(c_B - c_{HCl})}{c_{HCl}} = 14 - \text{p}K_b = 14 - 4.7 = 9.3$$

4・17 1) 酢酸 (pK_a = 4.77) < トリクロロ酢酸 (pK_a = 0.46)
　　　　　　　　　　　　　　　　　< トリフルオロ酢酸 (pK_a = −0.25)

メチル基の水素が電気陰性度の高い塩素あるいはフッ素に置換されると，電子求引性誘起効果によってカルボニル酸素原子まわりの電子密度が減少する．その結果，カルボン酸の共役塩基であるカルボン酸イオンが安定化し，酸解離定数が大きくなるので，酸性度が増大する．

問題の解答と解説：4章

2)（例題 4・8 解説参照）
$$[\mathrm{H}^+] = \frac{K_\mathrm{a}(-1+\sqrt{1+4c_\mathrm{A}K_\mathrm{a}^{-1}})}{2} = \frac{0.10(-1+\sqrt{1+4})}{2} = 0.062\ \mathrm{mol\ dm}^{-3}$$

4・18 1)（例題 4・8 解説参照）
$$\mathrm{pH} = \frac{1}{2}(\mathrm{p}K_\mathrm{a} - \log c_\mathrm{A}) = \frac{1}{2}(4.7 - \log 0.10) = 2.9$$

2)（例題 4・10 で示した緩衝液の pH に関する式を用いる）
$$\mathrm{pH} = \mathrm{p}K_\mathrm{a} + \log\frac{\alpha}{1-\alpha} = 4.7 + \log\frac{\frac{3}{8}}{1-\frac{3}{8}} = 4.7 + \log\frac{3}{5} = 4.5$$

3) $\alpha = \dfrac{0.050\times 30 + 0.20\times 8}{0.050\times 50 + 0.050\times 30} = \dfrac{31}{40}$

$$\mathrm{pH} = \mathrm{p}K_\mathrm{a} + \log\frac{\alpha}{1-\alpha} = 4.7 + \log\frac{31}{9} = 4.7 + \log 3.44 = 5.2$$

4・19 1) 電気的中性より，$[\mathrm{H}^+] = [\mathrm{OH}^-]$ である．
$$\mathrm{pH} = -\log[\mathrm{H}^+] = -\log\sqrt{K_\mathrm{w}} = 6.8$$

2) 塩酸の濃度を c_A とすると，
$$c_\mathrm{A} = [\mathrm{HA}] + [\mathrm{A}^-] \fallingdotseq [\mathrm{A}^-] = 1.0\times 10^{-7}\ \mathrm{mol\ dm}^{-3}$$
また，$K_\mathrm{w} = [\mathrm{H}^+][\mathrm{OH}^-] = 2.5\times 10^{-14}\ \mathrm{mol}^2\ \mathrm{dm}^{-6}$ である．
電気的中性より，
$$[\mathrm{H}^+] = [\mathrm{A}^-] + [\mathrm{OH}^-]$$
となり，次の式が導かれる．
$$[\mathrm{H}^+] = c_\mathrm{A} + \frac{K_\mathrm{w}}{[\mathrm{H}^+]}$$
$$[\mathrm{H}^+]^2 - c_\mathrm{A}[\mathrm{H}^+] - K_\mathrm{w} = 0$$
この二次方程式を解くと pH＝6.7 となる．

3) 大気中の二酸化炭素 CO_2 が水に溶けて炭酸 $\mathrm{H}_2\mathrm{CO}_3$ が生じる．
$$\mathrm{CO}_2 + \mathrm{H}_2\mathrm{O} \rightleftharpoons \mathrm{H}_2\mathrm{CO}_3$$
$\mathrm{H}_2\mathrm{CO}_3$ の水溶液は次のような平衡を生じる．

$$\mathrm{H}_2\mathrm{CO}_3 \rightleftharpoons \mathrm{HCO}_3^- + \mathrm{H}^+ \qquad \mathrm{p}K_{\mathrm{a}1} = 6.35$$
$$\mathrm{HCO}_3^- \rightleftharpoons \mathrm{CO}_3^{2-} + \mathrm{H}^+ \qquad \mathrm{p}K_{\mathrm{a}2} = 10.33$$

上記の第一酸解離定数の実測値は CO_2 との平衡を含んでおり，$K_{\mathrm{a}1}$ は次のように表される．

$$K_{a1} = \frac{[\mathrm{H^+}][\mathrm{HCO_3^-}]}{[\mathrm{CO_2}] + [\mathrm{H_2CO_3}]}$$

二酸化炭素の溶解度は 38.9×10^{-3} mol/1L $\mathrm{H_2O}$ ($20\,°\mathrm{C}$, 1.01×10^5 Pa) で, 大気中の二酸化炭素濃度を 385 ppm とすると, Henry の法則により, 温度一定のもとで一定量の液体に溶ける気体の量は, その気体の分圧に比例するので, 大気と平衡に達した水溶液の二酸化炭素と炭酸の濃度は次のようになる.

$$[\mathrm{CO_2}] + [\mathrm{H_2CO_3}] = 38.9 \times 10^{-3} \times 0.000385 = 1.50 \times 10^{-5}\ \mathrm{mol\ dm^{-3}}$$

$K_{a1} \gg K_{a2}$ なので, 一段階目の解離のみを考えておよその pH を求めると 5.6 となる.

4) リン酸の第二解離平衡に対して, 例題 4・10 で示した緩衝液の pH に関する式を適用する.

$$\mathrm{pH} = \mathrm{p}K_a + \log\frac{\alpha}{1-\alpha} = \mathrm{p}K_{a2} + \log\frac{c_{\mathrm{K_2HPO_4}}}{c_{\mathrm{KH_2PO_4}}} = 7.40$$

$$\frac{c_{\mathrm{K_2HPO_4}}}{c_{\mathrm{KH_2PO_4}}} = 1.88 \qquad (4\cdot21)$$

また, リンの全濃度に関する式は次のようになる.

$$c_{\mathrm{PO_4}} = c_{\mathrm{KH_2PO_4}} + c_{\mathrm{K_2HPO_4}} = 4.0 \times 10^{-3}\ \mathrm{mol\ dm^{-3}} \qquad (4\cdot22)$$

式 (4・21) と式 (4・22) より, $\mathrm{KH_2PO_4}$ と $\mathrm{K_2HPO_4}$ の濃度は次のようなる.

$$c_{\mathrm{KH_2PO_4}} = 1.4 \times 10^{-3}\ \mathrm{mol\ dm^{-3}}$$

$$c_{\mathrm{K_2HPO_4}} = 2.6 \times 10^{-3}\ \mathrm{mol\ dm^{-3}}$$

4・20 13 MeV.　核反応の式は次のようになる.

$$2\,{}^{3}_{2}\mathrm{He} \longrightarrow {}^{4}_{2}\mathrm{He} + 2\,{}^{1}_{1}\mathrm{p}$$

(反応前の粒子の質量の和) - (反応後の粒子の質量の和) を計算して, $E = mc^2$ の関係式を用いると, 核反応により放出されるエネルギーは次のように求められる.

$$\frac{(5.008 \times 10^{-27} \times 2 - 6.646 \times 10^{-27} - 1.673 \times 10^{-27} \times 2) \times (2.998 \times 10^8)^2}{1.602 \times 10^{-19}}$$

$$= 1.3 \times 10^7\ \mathrm{eV} = 13\ \mathrm{MeV}$$

4・21 1) ${}^{14}_{6}\mathrm{C} \longrightarrow {}^{14}_{7}\mathrm{N} + \mathrm{e}^- + \bar{\nu}$

2) $-\dfrac{\mathrm{d}N}{\mathrm{d}t} = \lambda N,\ \ N = N_0 \mathrm{e}^{-\lambda t}$

3) 半減期を $t_{1/2}$ とすると, 次のように表される.

$$\ln\frac{N}{N_0} = -\lambda t,\ \ \ln\frac{1}{2} = -\lambda t_{1/2},\ \ t_{1/2} = \frac{\ln 2}{\lambda} = \frac{0.693}{\lambda}$$

これより, $\lambda = 0.693/5730 = 1.21 \times 10^{-4}/\mathrm{year}$ となる. これと $N_0 = 1$ g, $t = 1000$ year を 2) の式に代入すると, 1000 年後に残っている炭素-14 は次のように求められる.

$$N = N_0 \mathrm{e}^{-\lambda t} = 0.886\ \mathrm{g}$$

問題の解答と解説：5章

5章

5・1 1) Pb(O): +2, Pb(O$_2$): +4   2) Sn: +2   3) C: +4

5・2 1) Se: -2 2) O: +2   3) O: -2 4) O: -1 5) 中心のS: +6, 末端のS: -2, O: -2 6) S: +6, O: -2 7) S: +5   8) S: 0

5・3 1) H: +1, S: -2 2) K: +1, H: -1 3) Re: +7, H: -1
4) H: +1, S: +6, O: -2

5・4 1) 亜鉛および過マンガン酸イオンの半反応式（還元）は次のようになる．

$$Zn^{2+} + 2e^- \longrightarrow Zn$$
$$MnO_4^- + 8H^+ + 5e^- \longrightarrow Mn^{2+} + 4H_2O$$

この2式の電子数をつり合わせると，

$$5Zn + 2MnO_4^- + 16H^+ \longrightarrow 5Zn^{2+} + 2Mn^{2+} + 8H_2O$$

2) $\begin{cases} MnO_2 + 4H^+ + 2e^- \longrightarrow Mn^{2+} + 2H_2O \\ Cl_2 + 2e^- \longrightarrow 2Cl^- \end{cases}$

より， $MnO_2 + 4H^+ + 2Cl^- \longrightarrow Mn^{2+} + Cl_2 + 2H_2O$

3) $Ag^+ + e^- \longrightarrow Ag$
    $Cu^{2+} + 2e^- \longrightarrow Cu$

より， $2Ag^+ + Cu \longrightarrow 2Ag + Cu^{2+}$

5・5 1) ア: +5 イ: +4 ウ: +3 エ: +2 オ: +1
2) (a) $2NO_2 + H_2O \longrightarrow HNO_3 + HNO_2$ (b) $3HNO_2 \longrightarrow NO_3^- + 2NO + H_3O^+$
(c) $3NO \longrightarrow N_2O + NO_2$

5・6 ア: -0.277 V

$$\begin{array}{c} & E^\ominus & \Delta G^\ominus = -nE^\ominus \\ H_3PO_4 + H^+ + e^- \rightleftharpoons \frac{1}{2}H_4P_2O_6 + H_2O & -0.933 & +0.933 \\ +)\ \frac{1}{2}H_4P_2O_6 + H^+ + e^- \rightleftharpoons H_3PO_3 & +0.380 & -0.380 \\ \hline H_3PO_4 + 2H^+ + 2e^- \rightleftharpoons H_3PO_3 + H_2O & \boxed{-0.277} & +0.553 \end{array}$$

$$E^\ominus = -\frac{\Delta G^\ominus}{n}$$

イ: -0.502 V

$$\begin{array}{c} & E^\ominus & \Delta G^\ominus = -nE^\ominus \\ H_3PO_3 + 2H^+ + 2e^- \rightleftharpoons H_3PO_2 + H_2O & -0.499 & +0.998 \\ +)\ H_3PO_2 + H^+ + e^- \rightleftharpoons P + 2H_2O & -0.508 & +0.508 \\ \hline H_3PO_4 + 3H^+ + 3e^- \rightleftharpoons P + 3H_2O & \boxed{-0.502} & +1.506 \end{array}$$

$$E^\ominus = -\frac{\Delta G^\ominus}{n}$$

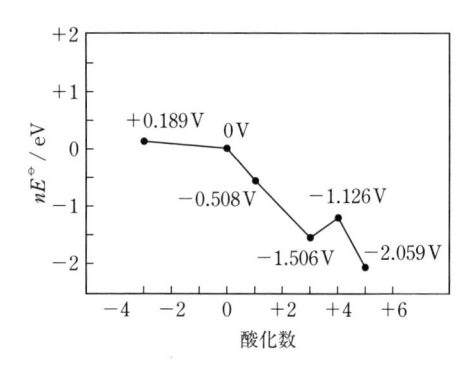

5・7 1) (a) $2Ag + Cu^{2+} = 2Ag^+ + Cu$　　　$\Delta E^{\ominus} = -0.46\,V$
　　　(b) $Zn + Cu^{2+} = Zn^{2+} + Cu$　　　$\Delta E^{\ominus} = +1.10\,V$

2) Nernst 式より，$\Delta E = \Delta E^{\ominus} - \dfrac{2.3RT}{nF}\log K$

(a) $\Delta E = -0.46 - \dfrac{0.060}{2}\log\dfrac{[Cu][Ag^+]^2}{[Cu^{2+}][Ag]^2}$

$= -0.46 - \dfrac{0.060}{2}\log\dfrac{(10^{-2})^2}{10^{-1}} = -0.37\,V$

(b) いずれの活量もほぼ 1 に等しいので，標準電極電位に等しい．$+1.10\,V$

5・8 1) (a) 問題 5・7 の 1) (a) の式で右から左へ
　　　(b) 問題 5・7 の 1) (b) の式で左から右へ

2) (a) $\Delta E^{\ominus} = \dfrac{2.3RT}{nF}\log K = \dfrac{0.060}{2}\log K$

$-0.46 = \dfrac{0.060}{2}\log K$

$\log K = -15.3$　　$K = 10^{-15.3}$

(b) $+1.10 = \dfrac{0.06}{2}\log K$

$\log K = 36.7$　　$K = 10^{36.7}$

5・9 ペルオキソ二硫酸の構造式:

$\dfrac{1}{2}S_2O_8^{2-}(aq) + H^+(aq) + e^- \longrightarrow HSO_4^-$　　　$E^{\ominus} = +2.12\,V$

に示されるように，ペルオキソ二硫酸イオンは酸性溶液中で強力な酸化剤であり，フッ化物イオンを除くすべてのハロゲン化物イオンを酸化してハロゲンとすることができる．たとえば，

$$S_2O_8^{2-} + I^- \longrightarrow 2SO_4^{2-} + I_2$$

また，Cr^{3+} を $Cr_2O_7^{2-}$ へ，Ce^{3+} を Ce^{4+} へ，Mn^{2+} を MnO_4^- へ酸化できる．漂白剤やラジカル開始剤としても使用できる．

5・10 1) カソードでは還元反応が起こり，金属が析出する．Ag^+ の方が Cu^{2+} よりも標準電極電位が正側に大きいので，還元されやすい．

2) Ag^+ の還元を始めるときの電位は

$$E = E^\ominus - \frac{0.059}{n}\log\frac{[Ag]}{[Ag^+]} = 0.80 - \frac{0.059}{1}\log\frac{1}{10^{-1}} = 0.80 - 0.059 \times 1$$
$$= +0.741\,\text{V}$$

反応終了時には

$$E = 0.80 - \frac{0.059}{1}\log\frac{1}{1\times10^{-5}} = 0.80 - 0.059 \times 5 = +0.505\,\text{V}$$

Cu^{2+} の還元を始めるときの電位は

$$E = 0.34 - \frac{0.059}{2}\log\frac{1}{0.1} = +0.311\,\text{V}$$

Ag^+ の還元が終了する時点でも Ag^+ の電位の方が Cu^{2+} の電位よりも正なので，Ag^+ と Cu^{2+} は電気分解により分離可能である．

5・11 1) (a)式+(b)式を行うと，半反応式が求まる．

$$\begin{array}{lcc} & E^\ominus & \Delta G^\ominus = -nE^\ominus \\ Fe^{2+}(aq) + 2e^- \rightleftharpoons Fe(s) & -0.44 & +0.88 \\ +)\ Fe^{3+}(aq) + e^- \rightleftharpoons Fe^{2+}(aq) & +0.77 & -0.77 \\ \hline Fe^{3+}(aq) + 3e^- \rightleftharpoons Fe(s) & -0.037 & +0.11 \end{array}$$

$$E^\ominus = -\frac{\Delta G^\ominus}{n}$$

Gibbs エネルギーに加成性が成り立つことを利用して，$E^\ominus$ を求める．以上より $E^\ominus(Fe^{3+}/Fe)$ は $-0.037\,\text{V}$ となる．

2) Frost 図（右図）より，Fe^{2+} は Fe^{3+} と Fe を結ぶ直線よりも下に位置するので，不均化反応は起こらない．

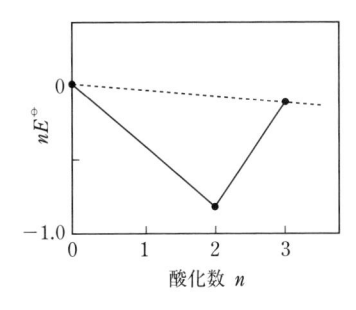

5・12 1) Cu^+ が Cu^{2+} と Cu^0 に不均化する反応式は以下のようにして求まる.

$$
\begin{array}{lcc}
 & E^\ominus & \Delta G^\ominus = -nE^\ominus \\
2Cu^+ + 2e^- \longrightarrow 2Cu & +0.52 & -1.04 \\
-)\ Cu^{2+} + 2e^- \longrightarrow Cu & +0.34 & -0.68 \\
\hline
2Cu^+ \longrightarrow Cu + Cu^{2+} & & -0.36
\end{array}
$$

よって, $\Delta G^\ominus = -0.36\ eV = -0.36F\ J\ mol^{-1}$ となる.

一方, $\Delta G^\ominus = -RT \ln K$ なので, $-RT \ln K = -RT \ln 10 \times \log K = -0.36F$

$$\log K = \frac{0.36F}{RT \ln 10} = \frac{0.36}{0.059} = 6.1$$

このように, 大きな平衡定数をもち, 不均化反応が自発的に進行するので, Cu^+ は水溶液中に存在しにくい.

2) $E^\ominus(Cu^{2+}/Cu^+)$ は以下のようにして求める.

$$
\begin{array}{lcc}
 & E^\ominus & \Delta G^\ominus = -nE^\ominus \\
Cu^{2+} + 2e^- \longrightarrow Cu & +0.34 & -0.68 \\
-)\ Cu^+ + e^- \longrightarrow Cu & +0.52 & -0.52 \\
\hline
Cu^{2+} + e^- \longrightarrow Cu^+ & \boxed{+0.16} & -0.16
\end{array}
$$

$$E^\ominus = -\frac{\Delta G^\ominus}{n}$$

これより $E^\ominus(Cu^{2+}/Cu^+) = +0.16\ V$ となる.

3) $E^\ominus(Cu^{2+}/CuI)$ (ここでは $E^\ominus_3$ とする) は以下のようにして求める.

$$
\begin{array}{lcc}
 & E^\ominus & \Delta G^\ominus = -nFE^\ominus \\
 & & (J\ mol^{-1}) \\
Cu^{2+} + e^- \longrightarrow Cu^+ & +0.16 & \Delta G^\ominus_1 \\
-)\ CuI \longrightarrow Cu^+ + I^- & & \Delta G^\ominus_2 \\
\hline
Cu^{2+} + I^- + e^- \longrightarrow CuI & \boxed{E^\ominus_3} & \Delta G^\ominus_3
\end{array}
$$

$$E^\ominus = -\frac{\Delta G^\ominus}{nF}$$

上式の ② の過程は $\Delta G^\ominus_3 = \Delta G^\ominus_1 - \Delta G^\ominus_2$ である.

$\Delta G^\ominus_2$ は溶解度積との関係式より $\Delta G^\ominus_2 = -RT \ln K_{sp}$

よって $\Delta G^\ominus_3 = \Delta G^\ominus_1 + RT \ln K_{sp}$

$E^\ominus = -\Delta G^\ominus / nF$ より, 両辺を $-nF$ で割ると

$E^\ominus_3 = E^\ominus_1 - (RT/nF) \ln K_{sp} = 0.16 - 0.059 \log K_{sp} = 0.16 + 0.708 = +0.868\ V$

よって, $E^\ominus(Cu^{2+}/CuI)$ は $E^\ominus(Cu^{2+}/Cu^+)$ より高い.

その差は $0.868 - 0.16 = +0.708\ V$

5・13 1) アノード反応では酸化反応が起こるので，
$$2H_2O \longrightarrow O_2 + 4H^+ + 4e^-$$

2) 反応 (5・22)：$E = 0.80 - \dfrac{RT}{F} \ln \dfrac{[Ag]}{[Ag^+]} = 0.80 + \dfrac{RT}{F} \ln 10 \times \log[Ag^+]$
$= 0.80 + 0.060 \log[Ag^+]$

反応 (5・23)：$E = 0.34 + 0.030 \log[Cu^{2+}]$

3) Ag が析出する反応は標準状態では以下のようになる．

		$E^{\ominus}$		$\Delta G^{\ominus} = -nE^{\ominus}$
$4Ag^+ + 4e^- \longrightarrow 4Ag$		$+0.80$	①	-3.20
$-)\ O_2 + 4H^+ + 4e^- \longrightarrow 2H_2O$		$+1.23$	①	-4.92	②
$4Ag^+ + 2H_2O \longrightarrow 4Ag + O_2 + 4H^+$		$\boxed{-0.43}$	③	$+1.72$

$$\boxed{\Delta E^{\ominus}} = -\dfrac{\Delta G^{\ominus}}{n}$$

標準状態では $\Delta G^{\ominus} > 0$（$\Delta E^{\ominus} < 0$）なので反応は進行しない．与えられた条件での各半反応の E を Nernst 式より求める．

$$E(Ag) = E^{\ominus}(Ag) - \dfrac{RT}{nF} \ln Q = 0.80 - 0.060 \log \dfrac{1}{0.1} = 0.74\ \text{V}$$

$$E(O_2) = E^{\ominus}(O_2) - \dfrac{RT}{nF} \ln Q = 1.23 - \dfrac{0.060}{4} \log \dfrac{1}{p(O_2)[H^+]^4}$$

空気中の酸素の分圧 $p(O_2) = 1/5$，$[H^+] = 1$ なので，$E(O_2) = 1.22\ \text{V}$
したがって，与えられた条件では以下のようになる．

		E		$\Delta G = -nE$
$4Ag^+ + 4e^- \longrightarrow 4Ag$		$+0.74$	①	-2.96
$-)\ O_2 + 4H^+ + 4e^- \longrightarrow 2H_2O$		$+1.22$	①	-4.88	②
$4Ag^+ + 2H_2O \longrightarrow 4Ag + O_2 + 4H^+$		$\boxed{-0.48}$	③	$+1.92$

$$\boxed{\Delta E} = -\dfrac{\Delta G}{n}$$

Gibbs エネルギーは状態量であるので加成性が成り立つが，電位には加成性は成り立たないので，E どうしの加減は通常は意味をなさない．したがって上式の①，②，③ の手順で ΔE を求めなければならない．しかし，電池反応式を求めるために二つの半反応式の電子数をそろえてから引いている．したがって，結果として E どうしの引き算（$\Delta E = E(Ag) - E(O_2) = 0.74 - 1.22 = -0.48\ \text{V}$）でも正しい値が求まることになる（①と③で同じ電子数が関与してくるため）．与えられた条件では $E < 0$ なので，Ag の析出は起こらないが，カソードに 0.48 V の電圧をかけて 0.74 V を 1.22 V にすれば，$\Delta E = 0$ となるので Ag の析出が始まる．

4) Cu が析出し始めるとき，式 (5・23) の単極電位としては

$E = 0.34 + 0.030 \log[\text{Cu}^{2+}] = 0.34 + 0.030 \log 0.1 = 0.34 - 0.03 = +0.31\,\text{V}$
この電位がかかっているとき，Ag^+ の濃度は
$$0.31 = 0.80 + 0.060 \log[\text{Ag}^+]$$
$$\log[\text{Ag}^+] = -8.17$$
$[\text{Ag}^+]$ はおよそ $10^{-8}\,\text{mol dm}^{-3}$ なので，$[\text{Ag}^+]/[\text{Cu}^{2+}] = 10^{-8}/10^{-1} = 10^{-7}$

5・14 1) $E^{\ominus}(\text{Cr}^{2+}/\text{Cr}) = -0.90\,\text{V}$

以下のようにして求める．

$$\begin{array}{lcc} & E^{\ominus} & \Delta G^{\ominus} = -nE^{\ominus} \\ \text{Cr}^{3+}(\text{aq}) + 3\text{e}^- \longrightarrow \text{Cr}(\text{s}) & -0.74 \;① & +2.22 \\ -)\;\text{Cr}^{3+}(\text{aq}) + \text{e}^- \longrightarrow \text{Cr}^{2+}(\text{aq}) & -0.42 \;① & +0.42 \quad ② \\ \hline \text{Cr}^{2+}(\text{aq}) + 2\text{e}^- \longrightarrow \text{Cr}(\text{s}) & \boxed{-0.90} \;③ & +1.80 \\ & E^{\ominus} = -\dfrac{\Delta G^{\ominus}}{n} & \end{array}$$

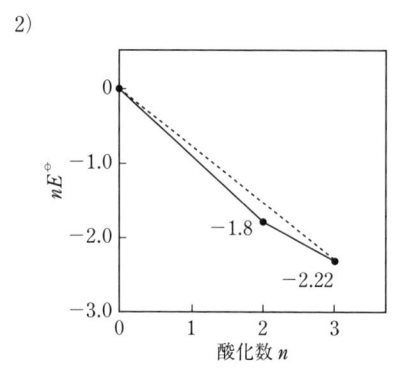

2)

3) Frost 図では，Cr^{2+} は Cr^{3+} と Cr を結ぶ直線よりも下に位置するので，不均化反応は起こらず，逆に均等化反応 $2\text{Cr}^{3+} + \text{Cr}(\text{s}) \longrightarrow 3\text{Cr}^{2+}$ が進行する．

5・15 1) $+1.0\,\text{V}$

$$E(\text{Cu}^{2+}/\text{Cu}) = 0.34 - \frac{0.059}{2}\log\frac{1}{0.01} = 0.34 - 0.059 = +0.281\,\text{V}$$

$$E(\text{Zn}^{2+}/\text{Zn}) = -0.76 - \frac{0.059}{2}\log\frac{1}{1} = -0.76\,\text{V}$$

$$E = E(\text{Cu}^{2+}/\text{Cu}) - E(\text{Zn}^{2+}/\text{Zn}) = 0.281 - (-0.76) = 1.041 = +1.0\,\text{V}$$

2) 起電力を測定するにはセルから電流が流れないようにして測定しなければならない．そのため，単純な電圧計を用いずポテンシオメーターにより外部からセル電圧と反対の向きに可変電圧をかけ，テストセルからはほとんど"電流"を引き出さないような方法で均衡点を決定する．高い電気抵抗をもつ電圧測定器（電位差計）を用いることもでき

る．界面を移動するイオンの移動度の差によって生じる"液間電圧差"を小さくする必要があるが，そのためには多量の無関係電解質を共存させる方法や塩橋を用いる必要がある．

3) $Cu^{2+} + Zn \longrightarrow Cu + Zn^{2+}$

4) 亜鉛板表面で Cu^{2+} が直接還元されて銅が亜鉛表面に析出する．

5・16 1) $E = 0.771 - \dfrac{RT}{F} \ln \dfrac{[Fe^{2+}]}{[Fe^{3+}]}$

2) $E = -0.440 + \dfrac{RT}{2F} \ln[Fe^{2+}]$

3) $+0.287\,\text{V}$

$$Fe^{3+} + 6CN^- \rightleftharpoons [Fe(CN)_6]^{3-} \qquad \dfrac{[Fe(CN)_6{}^{3-}]}{[Fe^{3+}][CN^-]^6} = 10^{43.6}$$

$$Fe^{2+} + 6CN^- \rightleftharpoons [Fe(CN)_6]^{4-} \qquad \dfrac{[Fe(CN)_6{}^{4-}]}{[Fe^{2+}][CN^-]^6} = 10^{35.4}$$

$$[Fe(CN)_6]^{3-} + e^- \rightleftharpoons [Fe(CN)_6]^{4-}$$

$$\dfrac{[Fe(CN)_6{}^{4-}]}{[Fe(CN)_6{}^{3-}]} = \dfrac{[Fe^{2+}][CN]^6 \times 10^{35.4}}{[Fe^{3+}][CN]^6 \times 10^{43.6}} = \dfrac{[Fe^{2+}]}{[Fe^{3+}]} \times 10^{-8.2}$$

Fe^{3+}/Fe^{2+} の標準電極電位と平衡定数の関係は

$$0 = 0.771 - \dfrac{RT}{F} \ln \dfrac{[Fe^{2+}]}{[Fe^{3+}]}$$

一方，$[Fe(CN)_6]^{3-}/[Fe(CN)_6]^{4-}$ の標準電極電位と平衡定数の関係より

$$0 = E^\ominus - \dfrac{RT}{F} \ln \dfrac{[Fe(CN)_6{}^{4-}]}{[Fe(CN)_6{}^{3-}]}$$

$$E^\ominus = \dfrac{RT}{F} \ln \left(\dfrac{[Fe^{2+}]}{[Fe^{3+}]} \times 10^{-8.2} \right) = \dfrac{RT}{F} \ln \dfrac{[Fe^{2+}]}{[Fe^{3+}]} - 8.2 \dfrac{RT}{F} \ln 10$$

$$= 0.771 - 8.2 \times 0.059 = +0.287\,\text{V}$$

5・17 1) (a) Li の方が Na よりもイオン半径が小さく，電子が Li 原子核の近くにあり，Na より強い Coulomb 引力を感じているから電子を取去りにくい（Li の最外殻電子は 2s 軌道にあるが，Na の最外殻電子は 3s 軌道にある．3s 軌道よりも 2s 軌道の方がエネルギー準位が低いので，Li からの方が電子を取去りにくい，と答えてもよい）．

(b) Li^+ や Na^+ は還元して Li や Na となるためには，配位している水分子を取除く必要がある．イオン半径が小さく，Na^+ よりも硬い酸である Li^+ は，硬い塩基である水分子との静電相互作用が強いのでより安定化している．

2) $Ag^+(aq)$ を還元して $Ag(g)$ とするには Ag^+ に配位している水分子を取除くのに必要な水和エンタルピーを補う必要があるが，AgCl では $Ag^+(aq)$ の水和エンタルピーよ

りも大きな格子エンタルピーを補う必要があるため.

3) pH=0 では　　$Fe^{3+} + e^- \longrightarrow Fe^{2+}$　　　　　　　　　　$E_{(pH\ 0)} = +0.771\,V$

　　pH=14 では　　$Fe(OH)_3(s) + H^+ + e^- \longrightarrow Fe(OH)_2(s) + H_2O$　　$E_{(pH\ 14)} = -0.556\,V$

　　pH=7 では　　$Fe(OH)_3 + 3H^+ + e^- \longrightarrow Fe^{2+} + 3H_2O$　　　　$E_{(pH\ 7)} = +0.26\,V$

pH=14 のとき

$$E = E^{\ominus} - \frac{RT}{F}\ln\frac{[Fe(OH)_2]}{[Fe(OH)_3][H^+]} = E^{\ominus} - \frac{RT}{F}\ln\frac{1}{[H^+]}$$

$$= E^{\ominus} - \frac{RT}{F}\ln 10 \times \log[H^+]^{-1}$$

$$= -0.556 - 0.059 \times pH$$

pH=7 のとき

$$E = E^{\ominus} - \frac{RT}{F}\ln\frac{[Fe^{2+}]}{[Fe(OH)_3][H^+]^3}$$

$$= E^{\ominus} - \frac{RT}{F}\ln 10 \times \log[Fe^{2+}] - \frac{RT}{F}\ln 10 \times 3\log[H^+]^{-1}$$

$$= E^{\ominus} - \frac{RT}{F}\ln 10 \times \log[Fe^{2+}] - 3\frac{RT}{F}\ln 10 \times pH$$

なので, 溶存種の活量が一定の場合には, どちらも pH が上昇すると電位が下がる.

5・18 1) まず, この酸化還元反応式とその標準起電力を以下のようにして求める.

　　　　　　　　　　　　　　　　　　　　　　　　　　$E^{\ominus}$　　　$\Delta G^{\ominus} - nE^{\ominus}$

　　$MnO_4^- + 5e^- + 8H^+ \rightleftharpoons Mn^{2+} + 4H_2O$　　　+1.51　①　　-7.55

$-)\ \ 5Fe^{3+} + 5e^- \rightleftharpoons 5Fe^{2+}$　　　　　　　　　　+0.771　①　　-3.855　②

$MnO_4^- + 5Fe^{2+} + 8H^+ \rightleftharpoons Mn^{2+} + 5Fe^{3+} + 4H_2O$　(+0.739)　③　-3.695

　　　　　　　　　　　　　　　　　　　　　　　　　$\Delta E^{\ominus} = -\frac{\Delta G^{\ominus}}{n}$

ΔE と K の間には, $\Delta E = \Delta E^{\ominus} - (RT/nF)\ln K$ の関係がある.

また平衡時には $\Delta E = 0$ なので, $\Delta E^{\ominus} = \frac{RT}{nF}\ln K = \frac{0.0592}{n}\log K$

$$\log K = 0.739 \times \frac{5}{0.0592} = 62.4$$

$$K = 10^{62.4}$$

2) 溶液中には $Fe^{2+} = 0.01\,mol$ が存在し, H^+ は $0.06\,mol$ である. Fe^{2+} が完全に反応するには $0.01/5 = 0.002\,mol$ の MnO_4^- が必要. つまり, $0.02\,mol\,dm^{-3}$ の MnO_4^- 溶液が $0.100\,dm^3$ 必要なので, 滴定終了後の溶液総量は $0.200\,dm^3$ となる. この時点での $[H^+]$ は $(0.06-0.016)\,mol/0.200\,dm^3 = 0.22\,mol\,dm^{-3}$

当量点での電位は次のいずれかで与えられる.

$$E = 0.771 - \frac{RT}{F} \ln \frac{[\text{Fe}^{2+}]}{[\text{Fe}^{3+}]} \tag{5・36}$$

$$E = 1.51 - \frac{RT}{5F} \ln \frac{[\text{Mn}^{2+}]}{[\text{MnO}_4^-][\text{H}^+]^8} \tag{5・37}$$

$(5・36) + 5 \times (5・37)$ より

$$6E = 0.771 + 1.51 \times 5 - \frac{RT}{F} \ln \frac{[\text{Fe}^{2+}][\text{Mn}^{2+}]}{[\text{Fe}^{3+}][\text{MnO}_4^-][\text{H}^+]^8}$$

当量点では,$[\text{Fe}^{2+}] = 5[\text{MnO}_4^-]$, $[\text{Fe}^{3+}] = 5[\text{Mn}^{2+}]$

$$6E = 0.771 + 1.51 \times 5 - \frac{RT}{F} \ln \frac{1}{[\text{H}^+]^8}$$

$$E = \frac{1}{6}(0.771 + 1.51 \times 5) + \frac{0.059 \times 8}{6} \log[\text{H}^+]$$

$$= 1.387 + 0.0787 \times \log 0.22 = +1.34 \text{ V}$$

5・19 1) i) 式$(5・31)$ と $(5・32)$ より

$$
\begin{array}{lcc}
& E^\ominus & \Delta G^\ominus = -nE^\ominus \\
\text{HClO} + \text{H}^+ + e^- \rightleftharpoons \frac{1}{2}\text{Cl}_2 + \text{H}_2\text{O} & +1.62 \quad ① & -1.62 \\
+) \quad \frac{1}{2}\text{Cl}_2 + e^- \rightleftharpoons \text{Cl}^- & +1.36 \quad ① & -1.36 \\
\hline
\text{HClO} + \text{H}^+ + 2e^- \rightleftharpoons \text{Cl}^- + \text{H}_2\text{O} & \boxed{+1.49} \quad ③ & -2.98 \\
\end{array}
$$

$$E^\ominus = -\frac{\Delta G^\ominus}{n}$$

よって,i) の標準電極電位は $+1.49 \text{ V}$ となる.

問題で与えられた式は,i) で求めた半反応式から式$(5・33)$ を引くことにより求まる.

$$
\begin{array}{lcc}
& E^\ominus & \Delta G^\ominus = -nE^\ominus \\
\text{HClO} + \text{H}^+ + 2e^- \rightleftharpoons \text{Cl}^- + \text{H}_2\text{O} & +1.49 \quad ① & -2.98 \\
-) \quad \text{HClO} \rightleftharpoons \text{H}^+ + \text{ClO}^- & & \boxed{+0.44} \\
\hline
\text{ClO}^- + 2\text{H}^+ + 2e^- \rightleftharpoons \text{Cl}^- + \text{H}_2\text{O} & \boxed{+1.71} \quad ③ & -3.42 \\
\end{array}
$$

$$E^\ominus = -\frac{\Delta G^\ominus}{n}$$

この中の□で囲った $\Delta G^\ominus = +0.44 \text{ eV}$ は,$\Delta G^\ominus$ と平衡定数(酸解離定数)の関係式より以下のようにして求める.

$$\Delta G^\ominus = -RT \ln K = -RT \times 2.3 \log K = -RT \times 2.3 \times (-\text{p}K_\text{a})$$
$$= -8.31 \times 298 \times 2.3 \times (-7.5) = 42718 \text{ J mol}^{-1} = 42718/96500 \text{ eV}$$
$$= +0.44 \text{ eV}$$

よって ii) の標準電極電位は +1.71 V となる.

2) 式(5・31) と (5・32) より

$$\frac{1}{2}Cl_2 + e^- \rightleftharpoons Cl^- \qquad\qquad E^\ominus \quad\quad \Delta G^\ominus = -nE^\ominus$$

$$\begin{array}{r} \frac{1}{2}Cl_2 + e^- \rightleftharpoons Cl^- \\ -)\ HClO + H^+ + e^- \rightleftharpoons \frac{1}{2}Cl_2 + H_2O \\ \hline Cl_2 + H_2O \rightleftharpoons Cl^- + HClO + H^+ \end{array} \qquad \begin{array}{c} +1.36 \\ +1.62 \\ \hline +0.26 \end{array} \qquad \begin{array}{c} -1.36 \\ -1.62 \\ \hline \end{array}$$

よって, 標準 Gibbs エネルギーは

$$\Delta G^\ominus = 0.26\,\text{eV} = 96500 \times 0.26\,\text{J mol}^{-1} = 25090\,\text{J mol}^{-1}$$

5・20 1) 式(5・34) を Fe と Ce の半反応式から誘導し, 標準起電力を求めると以下のようになる.

$$\begin{array}{r} Ce^{4+} + e^- \rightleftharpoons Ce^{3+} \\ -)\ Fe^{3+} + e^- \rightleftharpoons Fe^{2+} \\ \hline Fe^{2+} + Ce^{4+} \rightleftharpoons Fe^{3+} + Ce^{3+} \end{array} \qquad \begin{array}{c} E^\ominus \\ +1.61 \\ +0.77 \\ \hline +0.84 \end{array} \qquad \begin{array}{c} \Delta G^\ominus = -nE^\ominus \\ -1.61 \\ -0.77 \\ \hline -0.84 \end{array}$$

$$\Delta E^\ominus = -\frac{\Delta G^\ominus}{n}$$

$\Delta E^\ominus$ と K に関しては以下の式が成り立つ.

$$\Delta E^\ominus = \frac{RT}{nF}\ln K = \frac{RT}{nF}\ln 10 \times \log K$$

$$0.84 = 0.060 \times \log K$$

$$\log K = 14$$

2) この滴定後の Fe^{2+} と Fe^{3+} の濃度比は, $\dfrac{[Fe^{2+}]}{[Fe^{3+}]} = \dfrac{100-80}{80} = \dfrac{1}{4}$ となる.

Fe^{3+}/Fe^{2+} の Nernst 式より

$$E = E^\ominus - \frac{RT}{nF}\ln\frac{[Fe^{2+}]}{[Fe^{3+}]} = E^\ominus - 0.060\log\frac{[Fe^{2+}]}{[Fe^{3+}]}$$

$$= 0.77 + 0.060\log 4 = 0.77 + 0.12 \times 0.3 = +0.806\,\text{V}$$

3) 当量点では $[Fe^{3+}] = [Ce^{3+}]$ および $[Fe^{2+}] = [Ce^{4+}]$ の関係が成り立つ.

1)で求めた $K = \dfrac{[Fe^{3+}][Ce^{3+}]}{[Fe^{2+}][Ce^{4+}]} = 10^{14}$ に上記関係を適用すると

$$[Fe^{2+}] = [Fe^{3+}]/10^7$$

Fe^{3+}/Fe^{2+} の Nernst 式より

$$E = 0.77 - 0.060\log\frac{[Fe^{2+}]}{[Fe^{3+}]} = 0.77 - 0.060\log\frac{[Fe^{3+}]}{10^7[Fe^{3+}]} = 0.77 + 0.060 \times 7$$

$$= +1.19\,\text{V}$$

5・21 1) すべての化学種の濃度が $1\,\mathrm{mol\,dm^{-3}}$ なので,このときの起電力は標準起電力に相当する.以下の操作により,起電力が $-0.03\,\mathrm{V}$ と求まる.

$$\begin{array}{lcc} & E^{\ominus} & \Delta G^{\ominus}=-nE^{\ominus} \\ \mathrm{Fe^{3+}+e^{-}\rightleftharpoons Fe^{2+}} & +0.77 \quad ① & -0.77 \\ -)\;\mathrm{Ag^{+}+e^{-}\rightleftharpoons Ag} & +0.80 \quad ① & -0.80 \\ \hline \mathrm{Ag+Fe^{3+}\rightleftharpoons Ag^{+}+Fe^{2+}} & \boxed{-0.03} \;③ & +0.03 \\ & \boxed{\Delta E^{\ominus}}=-\dfrac{\Delta G^{\ominus}}{n} & \end{array}$$

2) $\Delta E^{\ominus}=\dfrac{0.060}{n}\log K$

$\log K=\dfrac{1\times(-0.03)}{0.060}=-0.5$

3) カソードでは還元反応　　　$\mathrm{Ag^{+}+e^{-}\longrightarrow Ag}$
アノードでは酸化反応　　　$\mathrm{Fe^{2+}\longrightarrow Fe^{3+}+e^{-}}$

4) $E(\mathrm{Fe^{3+}/Fe^{2+}})=+0.77-\dfrac{0.06}{1}\log\dfrac{0.0010}{0.100}=0.77-0.06\log 10^{-2}=0.77+0.12=0.89\,\mathrm{V}$

$E(\mathrm{Ag^{+}/Ag})=+0.80-\dfrac{0.06}{1}\log\dfrac{1}{0.01}=0.80-0.06\log 10^{2}=0.80-0.12=0.68\,\mathrm{V}$

$\Delta E^{\ominus}=E(\mathrm{Fe^{3+}/Fe^{2+}})-E(\mathrm{Ag^{+}/Ag})=0.89-0.68=+0.21\,\mathrm{V}$

よって式(5・35)の左側(Ag)が−極,右側(Pt)が+極.

5・22 1) $\mathrm{Fe+2H^{+}\longrightarrow Fe^{2+}+H_{2}}$　　　$E^{\ominus}=+0.44\,\mathrm{V}$

2) $\Delta_{\mathrm{r}}G^{\ominus}=-nFE^{\ominus}$　ここで $n=2$,F は Faraday 定数

$\Delta_{\mathrm{r}}G^{\ominus}=-2F\times(+0.44)=-0.88F$

のように,$\Delta_{\mathrm{r}}G^{\ominus}$ が負の値となるので,この反応は自発的に進行する.

3) 生じた $\mathrm{Fe^{2+}}$ は $\mathrm{O_{2}}$ により $\mathrm{Fe^{3+}}$ へ酸化される.このときの反応は以下のように表される.したがって,標準電極電位(標準起電力)は $+0.46\,\mathrm{V}$ となる.

$$\begin{array}{lcc} & E^{\ominus} & \Delta G^{\ominus}=-nE^{\ominus} \\ \mathrm{O_{2}(g)+4H^{+}(aq)+4e^{-}\longrightarrow 2H_{2}O(l)} & +1.23 \quad ① & -4.92 \\ -)\;\mathrm{4Fe^{3+}(aq)+4e^{-}\longrightarrow 4Fe^{2+}(aq)} & +0.77 \quad ① & -3.08 \\ \hline \mathrm{O_{2}(g)+4H^{+}(aq)+4Fe^{2+}(aq)\longrightarrow 4Fe^{3+}(aq)+2H_{2}O(l)} & \boxed{+0.46}\;③ & -1.84 \\ & \boxed{\Delta E^{\ominus}}=-\dfrac{\Delta G^{\ominus}}{n} & \end{array}$$

4) 鉄粉が残存しているということは $\mathrm{H^{+}}$ が少ないので,酸素分子による $\mathrm{Fe^{2+}}$ から $\mathrm{Fe^{3+}}$ への酸化反応が進まない.よって,部分的に反応してできた $\mathrm{Fe^{3+}}$ と $\mathrm{Fe\,(s)}$ の間で

$$\mathrm{2Fe^{3+}\,(aq)+Fe\,(s)\longrightarrow 3Fe^{2+}\,(aq)}$$

のような均等化反応が起こる．この反応式の標準電極電位は以下のようにして求め，+1.21 V となる．

$$
\begin{array}{rlll}
& & E^{\ominus} & \Delta G^{\ominus} = -nE^{\ominus} \\
2Fe^{3+}(aq) + 2e^- \longrightarrow 2Fe^{2+}(aq) & +0.77 & -1.54 \\
-)\ Fe^{2+}(aq) + 2e^- \longrightarrow Fe(s) & -0.44 & +0.88 \\
\hline
2Fe^{3+}(aq) + Fe(s) \longrightarrow 3Fe^{2+}(aq) & \boxed{+1.21} & -2.42
\end{array}
$$

$$\Delta E^{\ominus} = -\frac{\Delta G^{\ominus}}{n}$$

この均等化反応の $\Delta G^{\ominus}$ は負であるので，反応は自発的に進行する．この条件で安定な酸化状態は Fe^{2+} となる．

5・23 1) Daniell 電池の反応式 $Cu^{2+} + Zn \longrightarrow Cu + Zn^{2+}$ を以下のようにして Cu と Zn の半反応式から導き，標準 Gibbs エネルギーを求める．

$$
\begin{array}{rlll}
& & E^{\ominus} & \Delta G^{\ominus} = -nE^{\ominus} \\
Cu^{2+} + 2e^- \longrightarrow Cu & +0.337 & -0.674 \\
-)\ Zn^{2+} + 2e^- \longrightarrow Zn & -0.763 & +1.526 \\
\hline
Cu^{2+} + Zn \longrightarrow Cu + Zn^{2+} & \boxed{+1.100} & -2.200
\end{array}
$$

$$\Delta E^{\ominus} = -\frac{\Delta G^{\ominus}}{n}$$

$\Delta G^{\ominus} = -2.200$ eV $= -2.200 \times 96500$ J mol$^{-1} = -212300$ J mol^{-1}

2) $E = E^{\ominus} - \dfrac{RT}{nF} \ln 10 \times \log \dfrac{a_{Zn^{2+}}}{a_{Cu^{2+}}} = 1.100 - \dfrac{8.31 \times 298}{2 \times 96500} \times 2.30 \times \log \dfrac{a_{Zn^{2+}}}{a_{Cu^{2+}}}$

$= 1.100 - 0.0295 \times \log \dfrac{a_{Zn^{2+}}}{a_{Cu^{2+}}}$

3) $E = 1.100 - 0.0295 \times \log \dfrac{0.1}{1} = 1.100 + 0.0295 = 1.1295 = +1.13$ V

6 章

6・1

正四面体　　　平面四配位

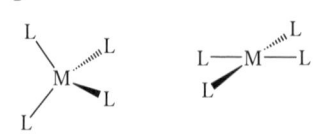

問題の解答と解説：6章

6・2

1) ─○○─
   ─○○○─ } Δ_O

2) ─○○─
   ─○↑↑↑─

3) ─○○─ e_g: d_{z^2}, $d_{x^2-y^2}$
   ─↑↑↑─ t_{2g}: d_{xy}, d_{yz}, d_{zx}

4) $\frac{6}{5}\Delta_O$

   t_{2g} 軌道に電子が1個入ると CFSE は $\frac{2}{5}\Delta_O$ である．したがって，t_{2g} 軌道に3個の電子が入っているこの系では CFSE は $\frac{6}{5}\Delta_O$ となる．

6・3 $[NiCl_4]^{2-}$: 2.83 μ_B　　$[Fe(CN)_6]^{3-}$: 1.73 μ_B

例題6・5問1)より，$\mu = \sqrt{N(N+2)}\ \mu_B$ である．Ni 錯体は四面体四配位の d^8 錯体であるので，不対電子数は2となり，$\mu = \sqrt{2(4)}\ \mu_B$．Fe 錯体は六配位八面体の低スピン d^5 錯体であるので，不対電子数は1となり，$\mu = \sqrt{3}\ \mu_B$．

6・4 $[Co(H_2O)_6]^{2+}$ および $[Co(NH_3)_6]^{2+}$ はエネルギーの低い三重縮重 t_{2g} 軌道とエネルギーの高い二重縮重 e_g 軌道に分裂し，$[CoCl_4]^{2-}$ はエネルギーの低い二重縮重 e 軌道とエネルギーの高い三重縮重 t_2 軌道に分裂する．d 軌道分裂が一番大きい錯体は $[Co(NH_3)_6]^{2+}$，一番小さい錯体は $[CoCl_4]^{2-}$ である．

6・5 錯体の色はおもにその d-d 遷移に起因している．Sc^{3+} は d^0 で d 電子をもたないため無色であり，Ti^{3+} および V^{3+} はそれぞれ d^1, d^2 であるため呈色する．

6・6

ア）　　　　　　イ）　　　　　　ウ）　　　　　　エ）　　　　　　オ）

6・7

ア）cis-$[PtCl_2(NH_3)_2]$　　　イ）$trans$-$[PtCl_2(NH_3)_2]$
ウ）cis-$[PtCl_2(NO_2)(NH_3)]^-$　　　エ）$trans$-$[PtCl_2(NO_2)(NH_3)]^-$

6・8 1) ア）テトラアンミンブロモクロロロジウム(Ⅲ), rhodium
　　イ）エチレンジアミンテトラアセタトモリブデン(Ⅲ)酸イオン, molybdenum
　　ウ）ヘキサアクアマンガン(Ⅱ), manganese
　　エ）ジアクアジクロロビス(トリメチルアミン)タングステン(Ⅱ), tungsten

2) ア）Rh(Ⅲ), d^6　イ）Mo(Ⅲ), d^3　ウ）Mn(Ⅱ), d^5　エ）W(Ⅱ), d^4
　以上より，錯体 ア または エ は d 電子数が偶数なので，反磁性の可能性がある．

3) 錯体 ウ において，中心金属が d^5 高スピンなので d-d 遷移はスピン禁制となるためモル吸光係数が他と比べて非常に小さくなる．

4) 錯体 ア には cis 体と $trans$ 体の幾何異性体が，錯体 イ には $\Lambda\Delta\Lambda$ と $\Delta\Lambda\Delta$ の光学異性体

がそれぞれ存在する．

[trans-[RhCl(NH₃)₄Br]⁺ と cis-[RhCl(NH₃)₄Br]⁺ の構造図，および ΛΔΛ と ΔΛΔ の Mo 錯体の構造図]

6・9 例題6・3で述べたようにカルボニル配位子は中心金属とσ供与およびπ逆供与により結合を形成する．このときπ逆供与がおもに結合形成に関与するため，中心金属の電子密度が高くなるほど，この逆供与は強くなる（下図 a）．このことが理由で，中心金属の電子密度が低い高酸化状態よりも，電子密度が高い状態（つまり低酸化状態）の方が安定化する．一方，オキソ配位子 O^{2-} はσ供与体であるだけでなく，二つのπ結合をつくることのできるπ供与体でもある．したがって，電子密度の低い高酸化状態の金属と強い結合をつくり安定な錯体を形成する（下図 b）．

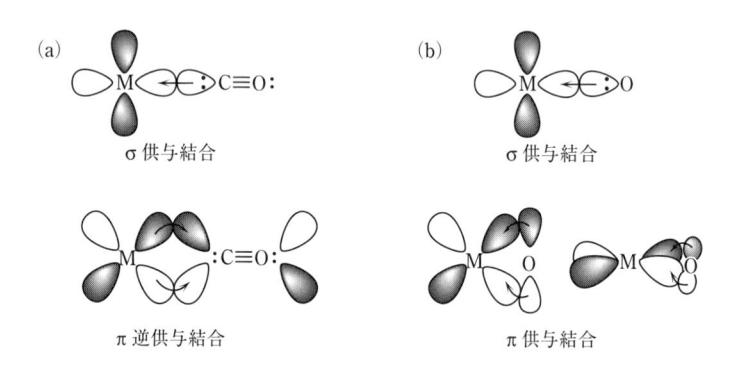

(a) σ供与結合，π逆供与結合 (M と C≡O)
(b) σ供与結合，π供与結合 (M と O)

6・10 1) A, Bは四面体間隙の1/8および八面体間隙の半分を占める．

2) Aが四面体間隙の1/8を占め，Bが八面体間隙の半分を占める構造を正スピネル型構造といい，AのすべてとBの半分が八面体間隙を占め，残り半分のBが四面体間隙を占めるのが逆スピネル型構造である．

3) Al^{III} は d^0 なので四面体間隙を占めても八面体間隙を占めても結晶場安定化エネルギーはゼロで変わりはない．したがって，逆スピネル型構造のとりやすさは，+2価の金属である A^{II} が四面体構造よりも八面体構造をとった方がどれだけ安定になるかが決め手となる．Fe^{II}, Co^{II}, Ni^{II} が四面体構造よりも八面体構造をとった場合にはそれぞれ $\frac{2}{15}\Delta_O$,

$\frac{4}{15}\Delta_O$, $\frac{38}{45}\Delta_O$ 安定化することになる．よって，NiAl$_2$O$_4$ が最も逆スピネル型構造をとりやすい．

6・11 1) スピンオンリーで考えた場合，磁気モーメントは $\mu = \sqrt{N(N+2)}\,\mu_B$ で表される (N = 不対電子数)．この錯体は Fe(III)，d^5 なので低スピン状態の場合は不対電子数が 1 で有効磁気モーメントは 1.73 μ_B であるのに対して，高スピン状態の場合は不対電子数が 5 で有効磁気モーメントは 5.92 μ_B となる．150 K では低スピン状態をとり，180 K では高スピン状態をとるので下図に示したようなグラフになる．

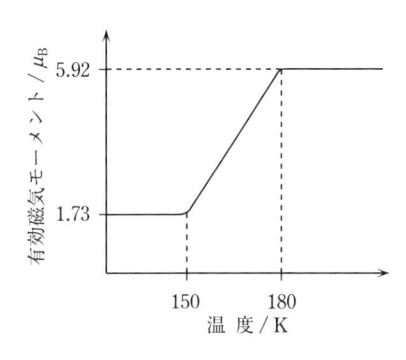

2) 温度によりスピン状態が変わるので，配位子場分裂のエネルギーと電子対反発エネルギーの差が非常に近いという特徴をもつ．また低スピン状態から高スピン状態へのスピン転移では，t$_{2g}$ 軌道からエネルギーが高い e$_g$ 軌道（反結合性軌道）に電子が移動するため，中心金属-配位子間の結合距離が長くなるという特徴をもっている．そのため，高スピン状態では遷移金属まわりの配位環境がひずんでいる場合が多い．さらに低スピン状態から高スピン状態になると d 軌道間のエネルギー差に変化が生じるので，錯体の色が変化するなどの特徴もある（サーモクロミズム）．

6・12 四面体錯体は分子軌道の対称性を考えた際に反転中心がない．一方，八面体錯体における中心対称性の場合は d-d 遷移は g↔g となり，Laporte の選択律で禁制遷移となる（例題 6・6 解説参照）．このため，相対的に八面体錯体の d-d 遷移が弱くなる．

6・13 1) Re^{III}，$1s^2 2s^2 2p^6 3s^2 3p^6 3d^{10} 4s^2 4p^6 4d^{10} 4f^{14} 5s^2 5p^6 5d^4$ または [Xe]$4f^{14} 5d^4$

2) Re^{III} は d^4 なので，二つの Re 中心で合計八つの d 電子をもっており，σ 結合が一つ，π 結合が二つ，δ 結合が一つからなる四重結合であると考えられる．この際に重要な δ 結合は，Re-Re 結合軸を z 軸方向とすると二つの金属の d$_{xy}$ 軌道どうしの重なりで形成される．したがって，下図に示した重なり形（eclipsed）をとる必要がある．

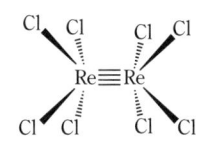

3) 下図 i) に示した d_{z^2} 軌道どうしからなる分子軌道では重なりが大きい σ 結合を形成する．図 ii) に示した z 成分をもつ d_{zx} 軌道および d_{yz} 軌道どうしからなる分子軌道では，それぞれ π 結合を形成する．図 iii) に示した d_{xy} 軌道からなる分子軌道においては z 軸成分をもっていないため軌道の重なりが小さい δ 結合を形成する．以上より，一つの σ 結合，二つの π 結合および一つの δ 結合から四重結合が形成されている．

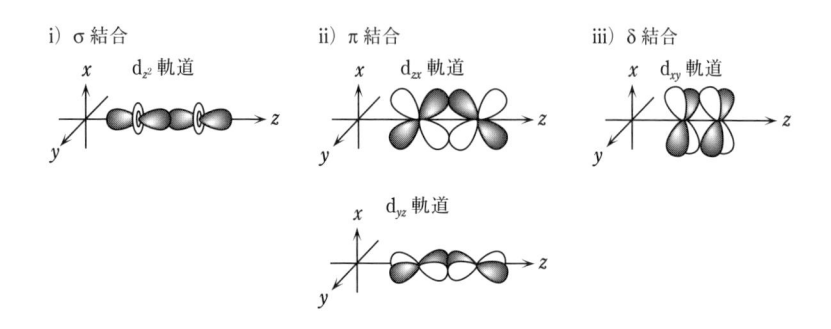

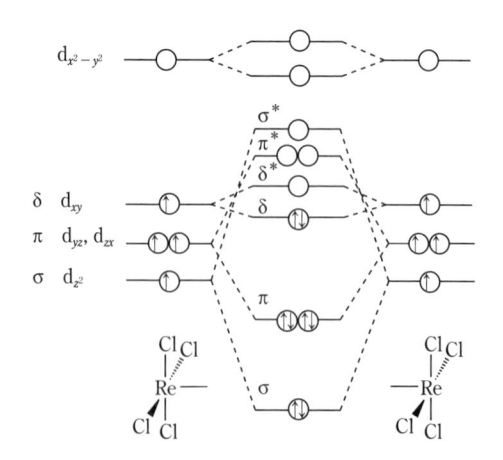

i) σ 結合 　　　　　ii) π 結合 　　　　　iii) δ 結合

4) この錯体における $[ReCl_4]^-$ フラグメントは平面四角形構造に近い．また s 軌道が強く混入した d_{z^2} 軌道のエネルギーが最も低い位置にあることから Re−Re 間の多重結合のエネルギー準位は下図に示したようになる．ここでモル吸光係数が約 2300 $dm^3\,mol^{-1}\,cm^{-1}$ であるので電荷移動遷移ではないと考えられる．この錯体における Re 中心は d^4 なので，二つの Re 中心で合計 8 個の d 電子をもっている．エネルギーの低い軌道から順に d 電子を配置していくと HOMO は δ 軌道であり，LUMO は δ* 軌道であるので，680 nm に観測される吸収は δ-δ* 遷移によるものである．

6・14 1) 塩化コバルト(Ⅱ)六水和物は水溶液中においてコバルト中心に OH_2 配位子が六つ配位した六配位八面体構造をとっているが, 濃塩酸との反応により Cl^- が四つ配位した四面体構造へと変換される. そのため, この反応は多面体構造変換反応である.

$$\begin{bmatrix} H_2O & Cl \\ H_2O\cdots Co\cdots OH_2 \\ H_2O & | \\ & Cl & OH_2 \end{bmatrix} \xrightarrow{H_2O} \begin{bmatrix} OH_2 \\ H_2O\cdots Co\cdots OH_2 \\ H_2O & | \\ & OH_2 & OH_2 \end{bmatrix} 2Cl \xrightarrow{Cl^-} \begin{bmatrix} Cl \\ |\\ Cl\cdots Co\cdots Cl \\ Cl \end{bmatrix}^{2-}$$

六配位八面体　　　　　六配位八面体　　　　　四面体
（固体中）　　　　　　（水溶液中）

2) 酸性条件になることで, ニッケル中心に配位している NH_3 配位子が OH_2 配位子に置き換わる反応が進行する. つまりアクア化反応である（例題6・8解説参照）.

$$[Ni(NH_3)_6]^{2+} \xrightarrow{1\,M\,HNO_3\,aq.} [Ni(NH_3)_{6-n}(OH_2)_n]^{2+}$$

3) NO_2^- は両座配位子であり, もともと N で配位していた NO_2 配位子が光反応により, O で配位することによる色の変化である. そのため, この反応は結合異性化（連結異性化）反応である.

$$\begin{bmatrix} NH_3 \\ H_3N\cdots Co\cdots NO_2 \\ H_3N & | \\ & NH_3 & NH_3 \end{bmatrix}^{2+} \xrightarrow{h\nu} \begin{bmatrix} NH_3 \\ H_3N\cdots Co\cdots ONO \\ H_3N & | \\ & NH_3 & NH_3 \end{bmatrix}^{2+}$$

6・15 1) 白金は第3周期遷移金属なので Pt(Ⅱ) は軟らかい酸といえる. 一方, チオシアン酸イオン（SCN^-）は硫黄および窒素で配位できるが, 硫黄の方が窒素より原子半径が大きいので軟らかい塩基である. 軟らかい酸は, 軟らかい塩基を好むので Pt(Ⅱ) は硫黄で配位する場合が多くなる.

2) i) Na_2PtCl_4 　　ii) 錯体 **A**: $Na[PtCl_3(NH_3)]$, 錯体 **B**: *cis*-$[PtCl_2(NH_3)_2]$
iii) ii) より錯体 **A** からシス錯体 **B** が生成する反応は以下のとおりであり, 錯体 **A** の Cl^- のトランス位にある Cl^- が NH_3 に置換されていることから Cl^- の方が NH_3 よりトランス効果が強いといえる.

$$\begin{bmatrix} Cl & Cl \\ \cdots Pt\cdots \\ Cl & Cl \end{bmatrix}^{2-} \xrightarrow{NH_3} \begin{bmatrix} Cl & Cl \\ \cdots Pt\cdots \\ H_3N & Cl \end{bmatrix}^{-} \xrightarrow{NH_3} \begin{bmatrix} H_3N & Cl \\ \cdots Pt\cdots \\ H_3N & Cl \end{bmatrix}$$

　　　　　　　　　　　　　　　　　A　　　　　　　　　**B**

つぎに *trans*-ジアンミンジピリジン白金から *trans*-ジクロロジピリジン白金が生成す

るためには，まず py よりも NH_3 の方が優先的に Cl^- に置換され，その後，Cl^- の方が NH_3 よりトランス効果が強いので残りの NH_3 が Cl^- に置換されることで生成する．以上より，トランス効果の強さは $Cl^- > NH_3 > py$ となる．

$$[\text{trans-ジアンミンジピリジン白金}]^{2+} \xrightarrow{Cl^-} [\cdots]^+ \xrightarrow{Cl^-} \text{trans-ジクロロジピリジン白金}$$

iv) NO_2^- のトランス効果は iii)で比較した三つの配位子よりも大きいために，トランス効果の順列は $NO_2^- > Cl^- > NH_3 > py$ となる．これを考慮に入れた合成法は以下のとおりである．まず出発原料である $[PtCl_4]^{2-}$ に py を反応させることで $[PtCl_3(py)]^-$ (**C**) が生成する．次に NO_2^- を反応させる場合には，py のトランス位の Cl^- および Cl^- のトランス位の Cl^- の二つの場合が考えられるが，Cl^- の方がトランス効果が強いので Cl^- のトランス位の Cl^- が優先的に置換されて *cis*-$[PtCl_2(py)(NO_2)]^-$ (**D**) が生成する．その後，錯体 **D** と NH_3 の反応では NO_2^- のトランス効果が最も強いので，NO_2^- のトランス位の Cl^- が NH_3 に置換されることで目的とする錯体が生成する．

$$[PtCl_4]^{2-} \xrightarrow{py} \mathbf{C} \xrightarrow{NO_2^-} \mathbf{D} \xrightarrow{NH_3} [\cdots]$$

3) 出発錯体の濃度が違っても反応速度がほぼ一定ということは，中心金属から配位子が脱離するときが律速ではなく，H_2O が配位するときが律速であると考えられる．そのため，会合的交替機構 (I_a) で進行していると考えられる．

4) 化学式は *cis*-$[PtCl_2(NH_3)_2]$ で平面四配位構造をとる．そのため，d 軌道分裂の様子は下記のとおりになる．Cl^- 配位子に代わり DNA 中のアデニン (A) やグアニン (G) の窒素が Pt に配位することで薬理作用が表れる．ちなみにトランス体にはこのような薬理作用はない．

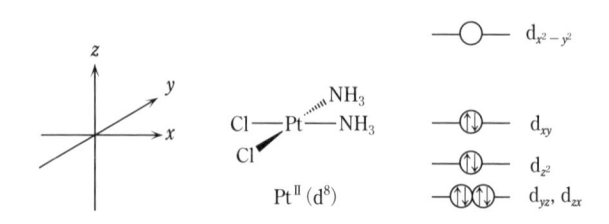

Pt^{II} (d^8)

$d_{x^2-y^2}$
d_{xy}
d_{z^2}
d_{yz}, d_{zx}

問題の解答と解説：6章

6・16 1) **キレート効果**: 同じ配位原子をもつ類似の単座と多座配位子（たとえば，アンモニアとエチレンジアミンなど）の場合，多座配位子をもつ錯体の方が単座配位子をもつ錯体に比べて安定になるという効果．これはエチレンジアミンの場合，中心金属から片方の配位窒素原子が脱離した場合でも，もう一方の配位窒素原子は中心金属と配位した状態を保っているため，脱離した窒素原子が中心金属の近傍にあることですぐに再配位可能であるため錯体が安定化する．また多座配位錯体の形成により，系全体のエントロピーが錯体形成前より増加することでも錯体が安定化すると考えられる．

2) **HSAB 則**: Lewis の酸および塩基において，イオン半径が小さく正電荷が大きいか負電荷が小さいものは硬く，反対にイオン半径が大きく正電荷が小さいか負電荷が大きいものは軟らかいという．硬い酸は硬い塩基と，軟らかい酸は軟らかい塩基と強く結合するという法則．

3) **Irving-Williams 系列**: 静電効果と配位子場安定化エネルギー(LFSE)を反映した M^{2+} イオンが形成する錯体の相対的な安定性の順列を示したもので，この順序は配位子の種類にほとんど影響されない．その順列を下記に示す．

$$Ba^{2+} < Sr^{2+} < Ca^{2+} < Mg^{2+} < Mn^{2+} < Fe^{2+} < Co^{2+} < Ni^{2+} < Cu^{2+} > Zn^{2+}$$

上記の M^{2+} イオンは同じ電荷であるため，イオン半径の減少とともに配位子との間に強い静電効果が働くので錯体が安定化する．Mn^{2+} は d^5 で高スピン錯体を形成するため LFSE はゼロであるが，Fe^{2+} から Ni^{2+} にかけて LFSE による安定化が大きくなる．しかし，Cu^{2+} の LFSE は Ni^{2+} に比べて小さいが，Jahn-Teller 効果により錯体がひずむことで余分の LFSE が得られるために最も安定性が高くなると考えられている．

4) **内圏機構**: 錯体間で酸化還元反応などが起こる際に配位子が二つの金属を架橋し，その架橋配位子を通して電子の移動が起こる機構のこと．たとえば，$[Co^{III}Cl(NH_3)_5]^{2+}$ と $[Cr^{II}(OH_2)_6]^{2+}$ の反応では，中間体として Co および Cr 中心が Cl^- で架橋された錯体が生成し，このときに架橋 Cl を通して電子移動が起こる．その後，Cl^- が完全に Co 中心から Cr 中心に移ることで $[Co^{II}(OH_2)(NH_3)_5]^{2+}$ と $[Cr^{III}Cl(OH_2)_5]^{2+}$ がそれぞれ生成する．このとき生成した $[Co^{II}(OH_2)(NH_3)_5]^{2+}$ は加水分解により，$[Co^{II}(OH_2)_6]^{2+}$ になる．

[参考] 内圏機構に対して，外圏機構というものがある．これは，配位子が架橋する

ことなく酸化還元反応が進行する機構である．外圏機構による例を以下に示す．この場合には，それぞれの配位圏に大きな変化は起こらず電子移動が進行する．

一般的に外圏機構よりも内圏機構の方が迅速に進行する．

6・17 1) a, e, t はそれぞれ軌道が，縮重なし，二重縮重，三重縮重していることを表す．また，添字の g（ドイツ語の gerade の略）とはその軌道を反転対称操作した場合に符号が変わらない場合であり，符号が反転するときは u (ungerade) と表す．中心金属原子の d 軌道に対応するものは t_{2g} と e_g である．

2) 正四面体金属錯体における分子軌道の対称性を考えたとき，反転中心がないため添字を使わない．

6・18 1) 配位子である phen は電荷をもたないため鉄は +2 価である．

2) 分光化学系列より，phen 配位子の方が en 配位子に比べて Δ_0 を大きく分裂させる．そのため，d 電子の配置は錯体 **a** が低スピン型 $(t_{2g})^6$ となり反磁性であるのに対して，錯体 **b** では高スピン型 $(t_{2g})^4(e_g)^2$ となり常磁性を示す．

3) 一般に，電子の占有している最もエネルギー準位が高い軌道（HOMO）が高いほど，酸化電位は小さくなる．錯体 **a** は低スピン錯体なので HOMO は t_{2g} 軌道であるのに対して，錯体 **b** は高スピン錯体であるので HOMO は e_g 軌道となる．よって，酸化電位が大きいのは錯体 **a** である．

6・19 フェロセンは 18 電子則を満たす錯体であり，その酸化は非結合性 a_1' 軌道から電子を取去ることに対応する．これに対して，コバルトセンは 19 電子錯体であり，酸化することにより反結合性 e_1'' 軌道から電子が取去られ，安定な 18 電子錯体となるためフェロセンよりも酸化を受けやすい．

6・20 1) 下図に示した O^- のみで配位した単座配位のもの，二つの酸素原子が中心金属にキレート配位した二座配位のもの，そしてそれぞれの酸素が別々の金属に架橋したものの 3 種類があげられる．

2) NO$_2^-$ 配位子は金属 M に N 原子で配位するニトロ（κN-ニトリト）と O 原子で配位するニトリト（κO-ニトリト）の 2 通りの配位形式がある.

$$M-N(=O)_2 \qquad M-O-N=O$$

ニトロ（κN-ニトリト）錯体　　ニトリト（κO-ニトリト）錯体

3) 下図に示したジメチルスルホキシドは中心金属 M に S 原子で配位する場合と O 原子で配位する場合がある. また SCN$^-$ 配位子は，N 原子で配位するイソチオシアナトの場合と S 原子で配位するチオシアナトの場合がある.

$$M-S(=O)Me_2 \qquad M-O=SMe_2 \qquad M-N=C=S \qquad M-S-C\equiv N$$

4) [Co(NO$_2$)(NH$_3$)$_5$]$^{2+}$（ニトロ錯体）と [Co(ONO)(NH$_3$)$_5$]$^{2+}$（ニトリト錯体）の可視紫外吸収スペクトルを測定する. ニトロ配位子の方が分光化学系列で上位にあるため d 軌道分裂の幅 Δ が大きくなる. そのため，短波長側に吸収があり黄色を示す方がニトロ錯体 [Co(NO$_2$)(NH$_3$)$_5$]$^{2+}$ で，長波長側に吸収があり橙色を示す方がニトリト錯体 [Co(ONO)(NH$_3$)$_5$]$^{2+}$ である.

遷移金属錯体において，d-d 遷移に相当するエネルギー（Δ）の光（$h\nu$）が吸収されるとき，Δ が小さい場合（下図 a）はエネルギーの低い赤色の光が吸収されるため，錯体はその補色の青色に見える. 一方，Δ が大きい場合（下図 b）はエネルギーの高い紫や青色の光を吸収するため，錯体はその補色の赤色に見える.

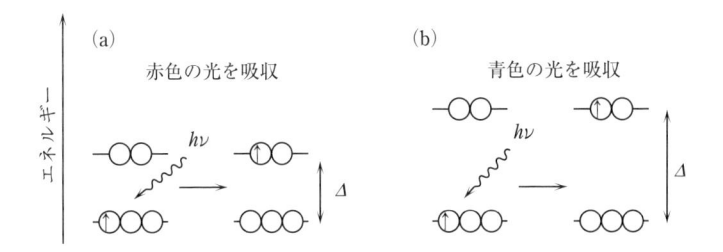

(a) 赤色の光を吸収　　(b) 青色の光を吸収

6・21　1) 過程 B において Rh^{I} から Rh^{III} に変化する.

錯体 **1**〜**6** におけるロジウムの酸化数と価電子総数を次ページ図中に示す. 錯体 **2** から **3** の過程 B の場合がロジウムの酸化数と価電子総数の両方が変化する. また錯体

6から**2**の過程も酸化数と価電子総数の両方が変化する．それぞれの過程は，触媒サイクルにおける酸化的付加および還元的脱離に対応している．

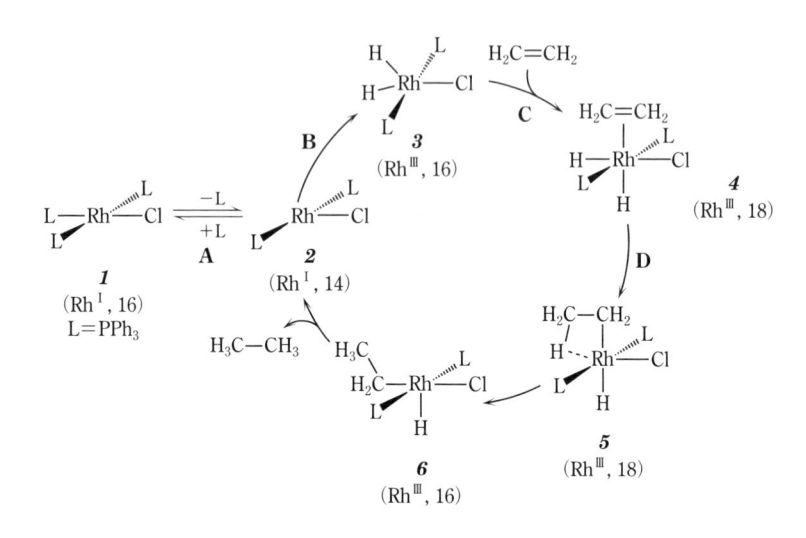

2) σ供与結合に関しては，エチレンのπ軌道から金属の空のd軌道への電子の供与（下図a）で，π逆供与結合に関しては，金属のd軌道からエチレンのπ*軌道へ電子を供与（下図b）することで形成される．

3) 2)で述べたように金属とエチレンの結合は，σ供与結合およびπ逆供与結合から成り立っている．σ供与結合が支配的な場合には，そのC＝C二重結合は遊離のエチレンのものと比べて若干長くなる．一方，π逆供与結合が支配的な場合には中心金属からエチレンのπ*軌道へ電子を供与しているためにC＝C二重結合が弱められ，遊離のエチレンと比べて，金属に配位しているエチレンの炭素−炭素二重結合の距離は長くなる．

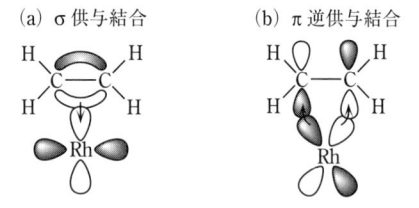

4) この反応において，錯体**2**の生成が重要である．錯体**2**は水素と反応して錯体**3**が生成し，目的とする水素化反応が進行することになる．一方，系中に過剰のトリフェニルホスフィン（L）が存在すると**1**⇌**2**の平衡が**1**の方に偏る．そのため，触媒反応は阻害される．

6·22 1) Fe(0) として計算すると，それぞれの鉄についての価電子は d 電子が 8 電子，シクロペンタジエニル（Cp）配位子から 5 電子，末端 CO 配位子から 2 電子，架橋 CO 配位子からおのおの 1 電子で計 2 電子，金属間結合から 1 電子となり合計で 18 電子となる．

2) 錯体 B〜E の構造はそれぞれ以下のとおりである．

3) 錯体 B, D, E の Fe は +2 価，錯体 C の Fe は 0 価である．

4) 反応 V では，まず 18 電子錯体であるメチル錯体 D が 16 電子種であるアセチル錯体になった後，その空いた配位座にトリフェニルホスフィンが配位することで，錯体 E が生成する．

5) 臭素には ^{79}Br（50.52 %）と ^{81}Br（49.48 %）の天然同位体が同程度の比で存在するために，錯体 B の質量スペクトルで，256 と 258 にほぼ同じ強度のピークが観測されることになる．

6) 錯体 C は Fe(0), d^8 であるのに対して，他の錯体は Fe(II), d^6 である．そのため d 電子の数が多い錯体 C の方が他の錯体に比べて鉄から CO 配位子への π 逆供与が強くなる．そのため，IR スペクトルにおいて CO のピークが低波数側に観測される．

7章

7・1 1) 同族元素が同様の構造をしていれば，融点，沸点は原子間相互作用の強さを反映する．1族元素の金属間結合は，s軌道どうしの重なり具合による．一般に，周期表を下に行くほど軌道どうしの重なりは悪くなり，金属間結合は弱くなる．その結果，融点も沸点も下がる．

2) 水銀，$-39\,°C$．水銀の電子構造は $[Xe]4f^{14}5d^{10}6s^2$ である．d軌道とf軌道，特にf軌道は遮蔽効率が低い．水銀の場合は4fと5d軌道に最大限の電子が入っており，そのため6s軌道の電子は核に強く引きつけられて安定化している．これを不活性電子対効果という．この効果のため，Hg−Hg金属間結合は特に弱まり，低い融点を示す．

3) NaとKの標準電極電位を見る限り，$K^+ + Na \longrightarrow K + Na^+$ の反応は起こらない．しかし実際の反応では標準電極電位に加えてKClとNaClの格子エネルギーも考慮する必要がある．KClよりもNaClの格子エネルギーの方が大きく，その差が酸化還元エネルギーの不利を上回れば，実際に反応は起こることになる．

7・2 1) A: ランタノイド　　B: ランタノイド収縮　　C: アクチノイド　　D: 希土類金属　　E: 18　　F: 17

2) 周期表で下の元素ほど大きな主量子数をもち，最外殻電子がより外側の軌道に存在するので，原子半径は大きくなる．

3) 同一周期内では族番号が増えても主量子数は変化しないが，最外殻電子の有効核電荷は増加するので，原子半径は減少する．

4) 4f軌道の電子は遮蔽効率が特に低いので，原子番号の増加に伴い，原子半径は順次大きく減少する．

5) この元素群はいずれも5f軌道に電子が詰まっていく過程の元素である．

6) 電子親和力とは，真空中で気体原子に電子を与えて陰イオンにするときに発生するエネルギーのことである．

7) Ar＜Ne＜He

引抜かれる電子はHeでは1s電子，Neでは2p電子，Arでは3p電子である．主量子数が大きいほど軌道のエネルギー準位は高いので，3p電子のイオン化エネルギーが一番小さく，ついで2p電子，そして1s電子のイオン化エネルギーが一番大きくなる．

8) 12族元素は ns^2 電子配置をもち，閉殻構造をとり安定化している．この元素に電子を与えると np 軌道に入る．左隣の元素に電子を与える場合，np より安定な ns 軌道に入るので電子親和力は大きくなる．また，右隣の元素に電子を与える場合は，同じ np 軌道に入るが，有効核電荷が大きくなっているので，その分，電子親和力は大きくなる．

7・3 1) 原子量→原子番号　　2) 1族元素→水素を除く1族元素
3) 11族→12族　　4) 軌道角運動量子数→主量子数
5) 正しい　　6) $[Ar]3d^4 4s^2 \rightarrow [Ar]3d^5 4s^1$

7) 正しい　　8) 正しい　　9) 下に行くほど→上に行くほど

7・4　1) CO　:C≡O:　　　　O$_2$　Ö=Ö

2)

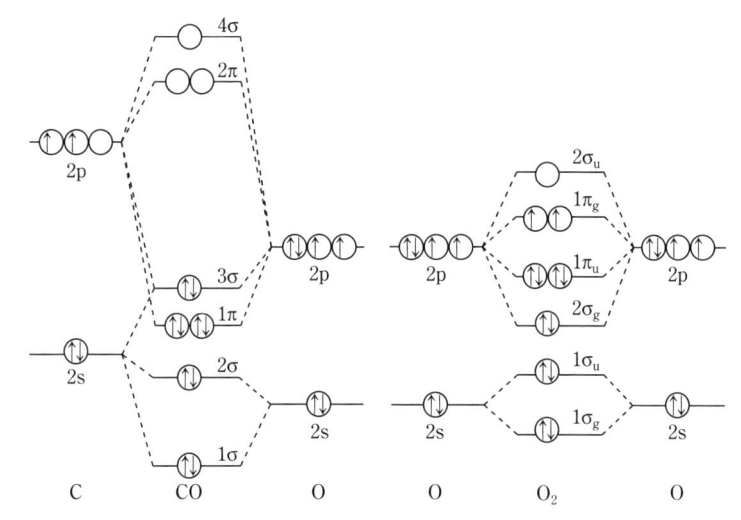

結合次数: CO 3, O$_2$ 2

3)

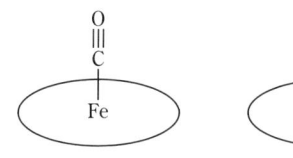

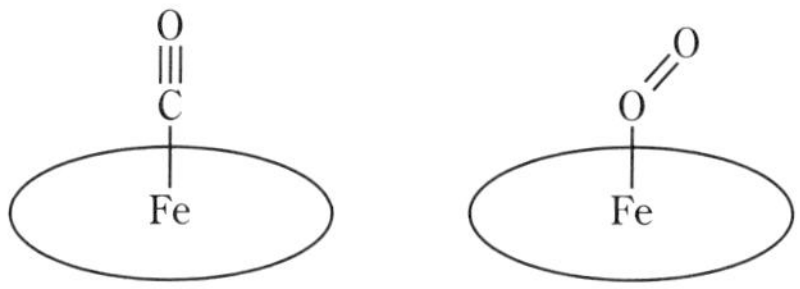

7・5

1) （BF$_3$、XeF$_4$、SF$_4$、SF$_6$の構造図）

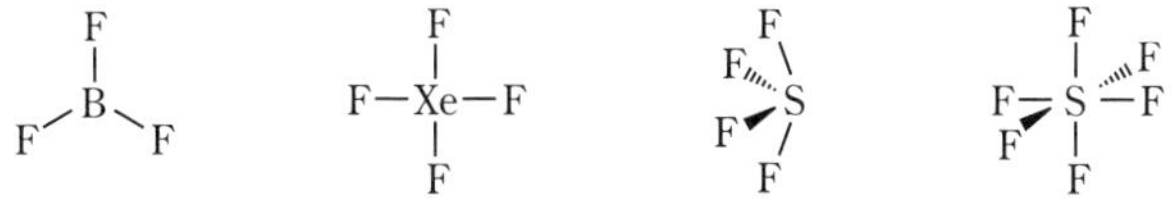

2) SF$_4$　　3) XeF$_4$, SF$_6$

4) BF$_3$　硬い酸: B原子はF原子と結合しているので容易に分極されないため.

7・6　1) BF$_3$は, 平面三角形構造. そのNH$_3$付加体F$_3$BNH$_3$は, B−N結合をもち, ホウ素および窒素原子まわりが四面体形となっている.

　　BF$_3$分子中のF原子は, B原子の分子平面に垂直な空のp軌道とπ結合を形成する. このπ結合の存在のため, BF$_3$分子は平面構造をとる.

(a), (b) 構造図

　NH₃ 付加体は, BF₃ 分子中の B 原子の空の p 軌道に NH₃ 分子の孤立電子対を受容することで生成する. B 原子および N 原子のまわりの四つの結合の電子対は, 互いの反発を最小にするように, 四面体形に配置される.
2) $BF_3 < BCl_3 < BBr_3$

　BF₃ 分子中の F 原子は, B 原子の分子平面に垂直な空の p 軌道と π 結合を形成しており, NH₃ 分子の孤立電子対を受容するためには, この π 結合が切れなくてはならない. この π 結合では, ハロゲン原子の原子半径が小さいほど p 軌道どうしの重なりが大きくなり, 原子半径の最も小さい F とつくられる π 結合が最も強くなる. このため, 原子半径の大きいハロゲンをもつ BX₃ がより Lewis 酸性が強くなる.

7・7
1) P₄ 構造図

2) P₄ 分子中の P-P 結合は単結合であるのに対し, P₂ 分子中の P-P 結合は三重結合であるため, P₄ 分子中の P-P 結合が長くなる.

3) 四面体形の N₄ 分子が生成するとき, 2 分子の N₂ 分子の三重結合の開裂と, 六つの単結合の生成が起こると考えられる. N-N 三重結合および単結合の平均結合エンタルピー B は, それぞれ 946 kJ mol⁻¹ と 163 kJ mol⁻¹ であるので, 二つの三重結合の結合エンタルピーの合計は 1892 kJ mol⁻¹, 六つの単結合の結合エンタルピーの合計は 978 kJ mol⁻¹ となり, ΔH は正になる.

$$2N_2 \longrightarrow N_4$$

また, この反応は 2 分子から 1 分子が生成する反応であるので, ΔS は負となり, よって $-T\Delta S$ は正となる. 標準反応 Gibbs エネルギー $\Delta_r G^\ominus = \Delta_r H^\ominus - T\Delta_r S^\ominus$ は正となり, N₄ 分子生成反応は, 自発的に進行しない.

4) 原子価殻電子対反発モデルでは, 分子あるいはイオン中で, 結合電子対や孤立電子対などの電子密度の高い領域が互いにできるだけ離れた位置をとると考え, これによって分子の形が決まる. 電子対による反発は, 孤立電子対どうし, 孤立電子対と結合電子対, 結合電子対どうしの順に小さくなると考える.

　NH₃ 分子では, 孤立電子対一つと結合電子対三つが正四面体形に配置する (次ページ図). 孤立電子対は見えないので, 分子の構造としては三方錐形となる. 孤立電子対

の反発が結合電子対の反発と比べて大きいため，H−N−H角は，正四面体角（109.5°）よりも小さくなる．

$$\text{H}-\overset{..}{\underset{|}{\text{N}}}\text{-H} \quad \text{H}$$

7・8 1) 例題5・1の解説にならい，$Cu^+ + e^- \longrightarrow Cu$ の標準電極電位 $E^\ominus$ を求めると，以下のようになる．

$$
\begin{array}{lll}
 & E^\ominus & \Delta G^\ominus = -nE^\ominus \\
\text{Cu}^{2+} + 2e^- \longrightarrow \text{Cu} & +0.34 \;\text{①} & -0.68 \\
-)\;\text{Cu}^{2+} + \;e^- \longrightarrow \text{Cu}^+ & +0.16 \;\text{①} & -0.16 \\
\hline
\text{Cu}^+ + \;e^- \longrightarrow \text{Cu} & \boxed{+0.52}\;\text{③} & -0.52
\end{array}
$$

$$E^\ominus = -\frac{\Delta G^\ominus}{n}$$

よって，+0.52 V となる．

2) $I^- > Br^- > Cl^-$

Cu^+ は軟らかい酸に分類され，軟らかい塩基と安定な錯体を形成する傾向がある．そのため，軟らかい塩基である I^- との錯形成定数が最も大きく，逆に，硬い塩基である Cl^- との錯形成定数は最も小さい．

3) 反応Aでは，エチレンジアミンと反応することにより，独立な分子数が増加する．これに対し，反応Bでは分子数が変化しない．反応Aは反応Bよりも大きな正の反応エントロピーをもつため，熱力学的に有利な反応となる．

4) ニッケル(II)錯体が d^8 電子状態をとるのに対し，銅(II)錯体は d^9 電子状態をとる．したがって，銅(II)錯体では Jahn-Teller 変形による安定化が大きく関与してくる．トリス(エチレンジアミン)銅(II)錯体では Jahn-Teller 変形による安定化が妨げられるため，3番目の配位子に関する形成定数 K_3 が著しく小さくなる．

7・9

1) **A**: $2H_2SO_4 \rightleftharpoons H_3SO_4^+ + HSO_4^-$

   B: $HCl + CH_3COOH \rightleftharpoons Cl^- + CH_3C(OH)_2^+$

   C: $[Fe(H_2O)_6]^{3+} + H_2O \rightleftharpoons [Fe(OH)(H_2O)_5]^{2+} + H_3O^+$

   D: $BF_3 + NH_3 \longrightarrow F_3BNH_3$

   E: $CH_3HgCl + HI \rightleftharpoons CH_3HgI + HCl$

   F: $ClO_3^- + 2H^+ + 2e^- \longrightarrow ClO_2^- + H_2O$

   G: $2HClO_2 \longrightarrow H^+ + HClO + ClO_3^-$

2) Lewis 酸: SO_3　　　Lewis 塩基: H_2O

3) 反応は生成物の向きに進行する．理由: CH_3Hg^+ が軟らかい酸なので，軟らかい塩基である I^- と安定な生成物を形成する．

4) 亜塩素酸（$HClO_2$）が還元される反応と，亜塩素酸が還元により生成する反応を記し，例題 5・1 の解説にならい $\Delta_r G^\ominus$ を求めると以下のようになる．

	$E^\ominus$	$\Delta G^\ominus$ (eV) $= -nE^\ominus$	$\Delta G^\ominus$ (J mol^{-1}) $= -nFE^\ominus$
$HClO_2 + 2H^+ + 2e^- \longrightarrow HClO + H_2O$	+1.67 ①	−3.34	$-3.34 \times F$
−) $ClO_3^- + 3H^+ + 2e^- \longrightarrow HClO_2 + H_2O$	+1.18 ①	−2.36 ②	$-2.36 \times F$
$2HClO_2 \longrightarrow HClO + H^+ + ClO_3^-$		−0.98 (eV)	$-0.98 \times F$ (J mol^{-1}) $= -94.6$ kJ mol^{-1}

よって，$\Delta_r G^\ominus = -94.6$ kJ mol^{-1}．$\Delta_r G^\ominus$ が負となるので，この反応は熱力学的に進行する．

7・10 1) ア）Ag^+　イ）Pb^{2+}　ウ）Cu^{2+}　エ）Bi^{3+}　オ）Fe^{3+}　カ）Cr^{3+}

2) (a) $PbCrO_4$　(c) $[Cu(NH_3)_4]^{2+}$　(d) $Bi(OH)_3$

3) 溶液を酸性にして溶液中の硫化物イオン S^{2-} の濃度を低く抑えることにより，溶解度積の大きい第2属に属する陽イオンの硫化物だけを選択的に沈殿させる．

4) 塩化アンモニウムとアンモニアの混合液とすることにより，pH 9.2 付近の緩衝液とする．

5) $2Cr(OH)_3 + 3H_2O_2 + 4OH^- \longrightarrow 2CrO_4^{2-} + 8H_2O$

7・11 1) すべてが酸化体の場合（[Red] = 0），その濃度（[Ox]）は C_{total} となる．同様に，すべてが還元体であるとき，その濃度は C_{total} に等しい．そこで，A_{ox} と A_{red} を C_{total} を用いて表すと，

$$A_{ox} = \varepsilon_{ox} C_{total}, \quad A_{red} = \varepsilon_{red} C_{total}$$

である．それぞれ

$$\varepsilon_{ox} = \frac{A_{ox}}{C_{total}}, \quad \varepsilon_{red} = \frac{A_{red}}{C_{total}}$$

となるので，これらを式(7・2)へ代入すると，

$$A = \frac{A_{ox}}{C_{total}}[Ox] + \frac{A_{red}}{C_{total}}[Red]$$

さらに $C_{total} = [Ox] + [Red]$ を代入すると，

$$A = \frac{A_{ox}[Ox] + A_{red}[Red]}{[Ox] + [Red]}$$

右辺の分母と分子を [Red] で割ると

$$A = \frac{A_{ox}\dfrac{[Ox]}{[Red]} + A_{red}}{1 + \dfrac{[Ox]}{[Red]}} \quad \text{すなわち，} \quad A = \frac{A_{ox}\eta + A_{red}}{1 + \eta} \text{ が導かれる．}$$

2) $A = \dfrac{A_{\text{ox}}\eta + A_{\text{red}}}{1+\eta}$ を η について解くと $\eta = \dfrac{A - A_{\text{red}}}{A_{\text{ox}} - A}$

となる．これを (7・1)式に代入すると (7・4)式が導かれる．
Ox と Red を異なる比率で混合した溶液中では

$$\text{Red} \rightleftharpoons \text{Ox} + ne^-$$

の化学平衡式に従い平衡状態が落ち着くまで（この場合は Ox と Red が 1:1 になるまで）酸化還元反応が進行する．

式(7・1) より，Ox と Red のモル比（$\eta = [\text{Ox}]/[\text{Red}]$）が 1:1 になったときの起電力 E が標準電極電位 $E^{\ominus\prime}_{\text{Ox/Red}}$ である．このとき，$A - A_{\text{red}} = A_{\text{ox}} - A$ なので，$A = (A_{\text{ox}} + A_{\text{red}})/2$ となるときの E を読み取ればよい．実際には，Ox と Red の混合比率を変えたり，平衡が落ち着くまで計時的に変化するさまざまな A と，そのときの E を読み取り，横軸に $\ln\dfrac{A - A_{\text{red}}}{A_{\text{ox}} - A}$ を，縦軸に E をプロットし，最小二乗法で求めた直線の y 切片が求める標準電極電位 $E^{\ominus\prime}_{\text{Ox/Red}}$ である．

7・12 1) Cl_2, Br_2, I_2 となるにつれ原子間距離が長くなり，軌道が広がるため軌道間の重なりが悪くなる．そのため結合エネルギーは弱くなるが，F_2 では原子間距離が短かすぎて，分子中の孤立電子対間の強い反発により結合が弱められる．

2) Hg^{2+} はイオン半径が大きく分極しやすいので"軟らかい（ソフトな）"酸に分類される金属陽イオンであり，硬い塩基である F^- よりも，軟らかい塩基である I^- の方が親和力が大きい．

7・13 1) $M_t = [\text{M}] + [\text{ML}_n]$, $L_t = [\text{L}] + n[\text{ML}_n]$

2) $\dfrac{L_t}{M_t + L_t}$ に 1) で求めた式を代入すると，$\dfrac{[\text{L}] + n[\text{ML}_n]}{[\text{M}] + [\text{ML}_n] + [\text{L}] + n[\text{ML}_n]}$ である．
金属イオンと配位子の濃度はゼロなので

$$\dfrac{L_t}{M_t + L_t} = \dfrac{n[\text{ML}_n]}{[\text{ML}_n] + n[\text{ML}_n]} = \dfrac{n[\text{ML}_n]}{(1+n)[\text{ML}_n]} = \dfrac{n}{1+n}$$

と表すことができる．

3) 右図より，

$\dfrac{L_t}{M_t + L_t} = 0.67$ のとき吸光度が最大で，

2) で得られた関係式より $\dfrac{n}{1+n} = 0.67$

となり，$n = 2$ である．

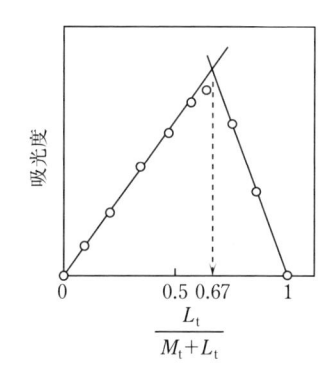

7・14 Lewis の定義では，電子対を受取るものが酸，供給するものが塩基である．Werner 型錯体における錯形成は，配位子の孤立電子対が遷移金属の d 軌道に供与されることで起こるため，遷移金属が Lewis 酸，配位子が Lewis 塩基となる．

7・15 1) 鉄の +2 価イオンは d 電子を 6 個もつ．八面体錯体における d 軌道はエネルギーレベルの低い t_{2g} 軌道（d_{xy}, d_{yz}, d_{zx}）とエネルギーレベルの高い e_g 軌道（d_{z^2}, $d_{x^2-y^2}$）に分裂するので低スピン錯体（t_{2g})^6 および高スピン錯体 (t_{2g})^4(e_g)^2 の 2 種類の錯体が可能となる．

2) 低スピン錯体 (t_{2g})^6 の場合には不対電子をもたないので反磁性，これに対して高スピン錯体 (t_{2g})^4(e_g)^2 の場合は不対電子が存在するため常磁性を示す．

3) 通常，O_2 分子は三重項をとる．しかし，鉄ポルフィリンに配位する場合には二つ存在する π^* 軌道の一方のみを 2 個の電子が占有し，もう一方の π^* 軌道は空軌道となる Δ 状態の一重項となり，二つの酸素原子のうちの片方の酸素原子だけが配位するモノハプト形式で鉄中心に配位する（下図）．このとき O_2 分子の 2 個の電子で占められた反結合

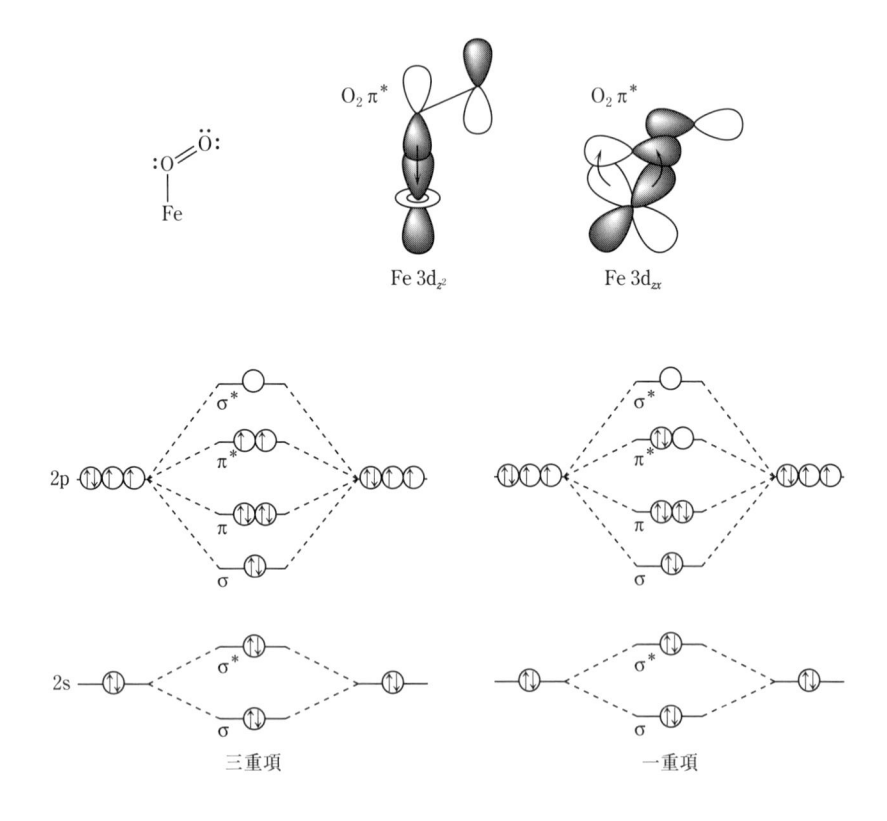

性 π* 軌道が σ 供与体として，鉄中心の d_{z^2} 軌道に電子を供与するとともに，O_2 分子の空の π* 軌道に鉄中心から電子対を受取る逆供与の形で結合を形成する．

4) $[Fe(CO)_5]$ は五配位錯体なので VSEPR 則から考えて三方両錐構造をとることが予想される．この錯体の鉄の酸化数は 0 であり，d 電子を 8 個もつ．$[Fe(CO)_5]$ の立体構造と三方両錐構造における d 軌道分裂は下図のようになり，d^8 電子配置が電子的にも安定となる．

7·16 1) 一つの配位原子だけをもつ配位子を単座配位子，複数の配位原子をもつ配位子を多座配位子またはキレート配位子という．キレート配位子をもつ錯体は単座配位子をいくつかもつ錯体よりも安定になる．これをキレート効果という．たとえば，アンモニア (NH_3) とエチレンジアミン ($H_2NCH_2CH_2NH_2$) の場合については，問題 7·8 問 3) の解答に記したように，エントロピーの効果が重要である．またキレート配位したエチレンジアミンの片方の配位窒素原子が中心金属からはずれた場合でも，もう片方の窒素原子が配位しており，はずれた窒素原子が金属中心に再配位しやすいため，速度論的にも錯体が安定化する．

2) 錯体 **A**: Mo^{IV}，d^2 電子配置，原子価電子数は $6+(1×4)+(2×4)=18$
錯体 **B**: Mo^0，d^6 電子配置，原子価電子数は $6+2+2+(2×4)=18$

3) 分子状水素錯体は H_2 分子中の H–H σ 結合の電子が中心金属に供与されてできる σ 結合（下図 a）と，H–H 反結合性の σ* 軌道への金属 d 軌道からの π 逆供与結合（下図 b）で成り立っている．分子状水素錯体からヒドリド錯体が形成されるためには，こ

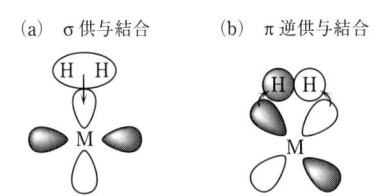

の π 逆供与が十分に強くなり水素どうしの結合が弱くなることが重要である．一方，一酸化炭素錯体の結合様式も σ 供与および π 逆供与から成り立っているが，CO 錯体の場合は π 逆供与の方がより重要な役割を果たしている．錯体 **B** では，中心金属上の電子

を一酸化炭素と水素分子で分け合う形となり,水素分子が十分にπ逆供与を受けることができないため分子状水素錯体が生成する.しかし,錯体 **A** ではそのような競合は起こらないためにヒドリド錯体になると考えられる.

4) NMR 分光法により,水素原子に帰属されるシグナルが 0 〜 −50 ppm に観測される場合には,ヒドリドとして配位していると考えてよい.また IR(赤外)分光法において,1500 〜 2250 cm^{-1} にシグナルが観測される場合も同様である.分子状水素錯体では,水素分子に帰属されるシグナルが 0 〜 −5 ppm に観測される.また H−D を用いたタングステン錯体の場合では,結合定数がジヒドリド錯体では,$^2J_{HD}$ < 2 Hz とかなり小さいのに対して,分子状水素錯体では,$^1J_{HD}$ = 34 Hz と大きく観測される.

5) リン上の置換基がフェニル基からエチル基に変わることで電子供与性が増した.そのため Mo 中心の電子密度が高くなり,結果として Mo 中心から水素分子への π 逆供与が強くなったため,ヒドリド錯体が得られたと考えられる.

索 引

あ

IUPAC
　――勧告による標準電極電位の符号　93
Irving-Williams系列　197
亜塩素酸イオン　150
アクア化反応　138
アクア錯体　137
アクア酸　72, 73
アクチノイド収縮　9
アセチレン　41
アネーション反応　138
アノード　92, 110, 183, 189
Avogadro数　104
アルカリ金属　147
α壊変　84
アンモニア水溶液　75

い, う

e_g（軌道）　143
硫黄原子　18
イオン化エネルギー　1, 9, 11, 55, 147
　――と軌道の関係　11
　第2周期の典型元素の――　21
イオン結晶　47, 50, 51
イオン固体　49
イオン積　75, 77
イオン半径　7, 49, 158
イオン半径比　51
異核二原子分子　33, 44
異性体　120
位　相　61

イソチオシアナト　199
一フッ化窒素　44
一酸化窒素　44
色（錯体の）　137, 139, 142

Wilkinson錯体　144
Werner型錯体　153
ウルツ鉱型構造　52

え, お

a_{1g}（軌道）　143
液間電位差　107, 108, 115
SHE（標準水素電極）　93
エチレンジアミン　150
エチレン配位子　144
X線回折　47, 60, 65
　単結晶――　60
　粉末――　60
HSAB則　67, 86, 116, 174, 197
HOMO（最高被占軌道）　15, 40
hcp（六方最密充填）　48
NHE（標準水素電極）　93
NMR分光法　210
エネルギー準位　31, 42
エネルギーバンド　58
MLCT（金属–配位子電荷遷移）　136
LFSE（配位子場安定化エネルギー）　135
LMCT（配位子–金属電荷遷移）　136
LUMO（最低空軌道）　15, 40
塩化カリウム　65
　――の格子エネルギー　55
塩化セシウム型構造　52, 63
塩化ナトリウム　65
塩化ナトリウム型構造　52
塩基解離定数　75, 76

塩基解離反応　67
塩基性　86
塩　橋　91, 107, 108
塩素酸イオン　150
end-on配位　148

黄リン　149
オキソ酸　67, 73, 75, 87
オクテット則　41
Ostwald法　112

か

外圏機構　197
会合的交替機構　143
回　折　60, 65
回折線の指数　59
回折法　60
回転軸　45
解離エネルギー　23
解離的交替機構　143
核結合エネルギー　83
拡散電位　108
核分裂　84
核融合　84
加成性　95
　Gibbsエネルギーの――　181
カソード　92, 110, 189
カソード電位　113
硬い塩基　72, 205
硬い酸　71, 149
活　量　76, 93, 119
活量係数　76
Galvani電池　90, 107, 113, 115, 117
カルボニル配位子　120, 128, 129
岩塩型構造（→塩化ナトリウム型構造）　52

索　引

間　隙
　　四面体―― 50
　　八面体―― 50
還　元 91
緩衝液 67, 80
緩衝能 82

き, く

基準振動 45
気体定数 103
起電力 90, 109, 119
軌道角運動量量子数 4
Gibbs エネルギー 55, 90
　　――の加成性 181
逆供与 129
逆格子 65, 172
逆格子ベクトル 65
逆スピネル型構造 130
吸光度 152, 153
鏡映面 45
共鳴構造 69, 75
共役塩基 72
共役酸 72
共有結合半径 7, 147, 158
キレート効果 154, 197
キレート配位子 154, 209
禁制遷移 120
金　属 58
金属カルボニル 140
金属結合半径 7, 147
金属-配位子電荷移遷 136

空間占有率 48
クラスa（金属イオン） 71
クラスb（金属イオン） 71
グラファイト 61
クロロ白金錯体 142
クーロン 94
Coulomb 引力 185
群軌道 127

け

形式電荷 25
結合異性 144
結合エンタルピー 149

結合角 42
　　――と軌道エネルギー 39
結合距離 32
結合次数 25, 35, 148
結合性（軌道） 32, 166
結合電子対 27, 204
結合様式 154
結晶場安定化エネルギー 131
結晶面 60
原子価殻電子対反発則 26, 28
原子価殻電子対反発モデル
　　　　　　　　150, 204
原子核 3
原子価電子数 154
原子スペクトル 1
原子半径 1, 7, 147, 202
原子番号 3
原子量 147

こ

格子エネルギー 47, 55, 57, 64
格子エンタルピー 55
格子定数 47
高スピン状態 121
構　造（錯体の） 120
構造因子 47, 59, 61
交替機構 143
5f 軌道 202
五酸化二リン 165
コバルトセン 143
孤立電子対 27, 204
混合原子価 120
混合原子価錯体 137
混成軌道 41

さ

最外殻電子 202
最高被占軌道（HOMO） 11, 15
最低空軌道（LUMO） 11, 15
最密充填構造 47, 62
錯形成定数 150
錯形成反応 153
酢　酸 82, 88
錯体の色 120
サーモクロミズム 193

酸・塩基
　　――の強さ 67
酸　化 91
酸解離定数 74, 77, 79, 80
酸解離反応 67
酸化還元滴定 90, 105, 116
酸化還元反応 91
酸化剤 90
酸化数 25, 90, 111, 154
三原子分子 39
三酸化二リン 165
酸性度 88
酸素酸 73
三ハロゲン化ホウ素 149
三フッ化ホウ素 68
散乱因子 61

し

g（gerade） 143
CFSE（結晶場安定化
　　エネルギー） 120, 131
Schoenflies 記号 41
紫外可視スペクトル 152
磁気モーメント 133
磁気量子数 4
σ供与結合 129
σ結合 194
自己プロトリシス 67
　　アンモニアの―― 82
　　水の―― 77
　　硫酸の―― 82, 150
自己プロトリシス定数 75, 82
支持電解質 108
ccp（立方最密充填） 48
指　数
　　回折線の―― 59
シス（cis）体 138
シスプラチン 143
磁　性 120
質量欠損 83
自発的
　　――に起こる反応 93
ジボラン 41
四面体間隙 50
遮蔽効果 7
遮蔽効率 202
遮蔽定数 6
周期表 147, 148

索 引

15族元素　149
自由度
　　並進，回転，振動の——　45
17族元素　153
18電子則　120, 129
16族元素　13
主量子数　2, 4, 202
昇華エンタルピー　55
常磁性　143
状態量　95

す

水素型原子　22
水素原子　1, 19
水平化効果　82, 83
水和エンタルピー　120, 133
スズ
　　——のLatimer図とFrost図
　　　　　　　　　　　　　　97
　　α形——　62
　　β形——　63
スピネル型構造　53, 54, 120, 140
スピンオンリー　133
スピンオンリーの式　139
スピン許容遷移　134
スピン禁制遷移　134
スピンクロスオーバー　120
スピンクロスオーバー現象　141
スピンクロスオーバー錯体　137
スピン状態　120
スピン転移　141
スピン量子数　4
Slaterの規則　7

せ

正 極　92
正四面体錯体　120
正スピネル型構造　130
生成エンタルピー　55
静電相互作用　185
正八面体錯体　128
絶縁体　58
絶対温度　103
節 面　37

閃亜鉛鉱型構造　52, 63, 64
遷移金属　122
占有度
　　——と構造の関係　27

た, ち

第一イオン化エネルギー　11
第一電子親和力　147
対称性（軌道の）　34
体心立方構造　47
多塩基酸　79
Daniell電池　90, 92, 118
単位格子　47
炭化カルシウム　62
単座配位子　209
炭素-14　88
単体金属　147

チオシアナト　199
チオシアン酸イオン　142
逐次形成定数　150
窒素酸化物　112
窒素分子　31
着 色　137, 139, 142
中性子線　60
中性子捕獲　84
超伝導体　58

て, と

Δ_O　123
Δ_T　125
t_{1u}（軌道）　143
t_{2g}（軌道）　143
d軌道　122
d軌道分裂　120, 122
低酸化数　154
低スピン状態　121
d-d遷移　134, 136
滴定率　81
鉄
　　——のLatimer図とFrost図
　　　　　　　　　　　　　　97
鉄錯体　143, 145
鉄ポルフィリン　154
δ結合　194

電位差計　107
電位図（→ Latimer図もみよ）
　　　　　　　　　　　　　　151
電位-pH図　110
電解質
　　支持——　108
電荷移動遷移　120, 136
電気陰性度　1, 17, 23, 147
　　Allred-Rochowの——　17
　　Paulingの——　17
　　Mullikenの——　17
電気素量　104
電気抵抗
　　——の温度依存性　58
電気的中性　76, 77, 81
電気分解　114
電気分解反応　90
電極電位　90, 107
点 群　41, 149
電子構造　4
電子親和力　1, 11, 13, 55, 147, 202
電子数
　　——の数え方　130
電子対反発エネルギー　126
電子配置　1, 18, 154
電子不足化合物　68
電子ボルト　94
伝導帯　58

銅イオン　114, 150
等核二原子分子　31, 42
動径分布関数　157
同族元素　147
当量点　117
トランス効果　120, 140
トランス（trans）体　138
トレランスファクター　64

な 行

内圏機構　197
ナトリウム　47
二原子分子　31, 33, 42
ニトリト錯体　199
ニトロ錯体　199

熱力学的平衡定数　76

Nernst 式　90, 106, 114
燃料電池反応　103

は

配位結合　126
配位子　126
配位子-金属電荷遷移　136
配位子場安定化エネルギー
　　　　　135
配位子場理論　126
π 逆供与　210
π 逆供与結合　129, 209
π 結合　194
Pauli の排他原理　7
白リン　149
波数ベクトル　65
八面体間隙　50
八面体錯体　121
波　長　152
白金錯体　142
白金電極　107, 114
発光スペクトル　2
Paschen 系列　1
Balmer 系列　1
反結合性（軌道）　32, 166
反磁性　143
反転中心　149
半導体　58, 64
　n 型──　58
　p 型──　59
バンド構造　47, 58
反応商　103
反応性　120
反応濃度比　103
半反応　92
半反応式　107

ひ

pH　67, 78, 88
pOH　78
光吸収強度　120
非結合性（軌道）　32
ヒドリド錯体　154
標準起電力　98, 103
標準 Gibbs エネルギー　103

標準状態　93
標準水素電位　93
標準電位　98, 151
標準電極電位　90, 93, 100, 118, 151
　アルカリ金属の──　147

ふ, へ

ファク（fac）体　138
Faraday 定数　94
van der Waals 半径　20, 158
VSEPR（原子価殻電子対反発）則
　　　　　25, 26
VSEPR モデル　150
フェロセン　143
不活性電子対効果　202
負　極　92
不均化反応　90, 96, 97, 102, 114, 117, 181, 182
　──と Frost 図　102
不純物半導体　58
不対電子数　133
フッ化水素　38
フッ素分子　34
沸　点　147
Bragg の法則　60
Bragg 反射　59, 172
Pourbaix 図　111
Brønsted 塩基　67, 70
Brønsted 酸　67, 72
Brønsted-Lowry の酸・塩基
　　　　　75
Frost 図　90, 95
　──の縦軸　101
　クロムの──　115
　3d 系列の元素の──　100
　スズの──　97
　鉄の──　97
　マンガンの──　96
　リンの──　112
分　圧　178, 183
分光化学系列　120, 126
分子間力　58
分子軌道　25
　──の結合性　32
分子軌道エネルギー準位図
　　　　　148
分子軌道理論　33

分子構造　25
分子状水素　154
分属試薬　151
Hund の規則　126
閉殻構造　202
平衡イオン間距離　57
平衡定数　103
　熱力学的──　76
平面四配位錯体　120
β⁻ 壊変　84, 88
ヘリウム　43
ヘリウム-4　83, 88
ペロブスカイト型構造　54
ペロブスカイト型酸化物　64
Henry の法則　178

ほ

方位量子数　4
放射壊変　85
放射化学　67
放射性元素　85
蛍　石　62
蛍石型構造　52
HOMO（最高被占軌道）　15, 40
Pauling の規則　73, 87
Born-Haber サイクル　55, 64
Born-Mayer 式　57, 62

ま 行

Madelung 定数　57, 64
マンガン
　──の Frost 図　96
　──の Latimer 図　90
水分子　28, 45
密　度　47
Miller 指数　65
メル（mer）体　138
面指数　60
面心立方格子　48
面心立方構造　49, 62
モノハプト形式　208

や 行

軟らかい塩基　72, 205
軟らかい酸　71, 149, 205
Jahn-Teller 効果　120, 132, 134
Jahn-Teller 変形　205

u (ungerade)　143
誘起効果
　—— と Lewis 塩基性　70
有効核電荷　1, 7, 20, 148, 202
有効磁気モーメント　132
融点　147

陽イオン
　—— の定性分析　151
溶解度積　110, 182, 206

ら 行

Lyman 系列　1
Latimer 図　90, 94, 151
　スズの ——　97
　鉄の ——　97
　リンの ——　112
Laporte 禁制　136
ランタノイド　1, 24
ランタノイド収縮　9

リチウム分子　35
立体効果　70
立方最密充填　48
立方晶　53
硫酸
　—— の酸解離定数　79
Rydberg 定数　2
Rydberg の式　1

両座配位子　195
量子数　1
両性物質　68

Lewis 塩基　67, 68, 151
Lewis 塩基性　70
Lewis 構造　25, 148, 149
Lewis 構造式　25
Lewis 酸　67, 68, 149, 151, 153
Lewis 酸性　70
ルチル型構造　52
LUMO（最低空軌道）　15, 40

レニウム　141
連結異性　144
連続変化法　153

六配位八面体錯体　120
　—— における絶対配置　138
六フッ化硫黄　41
ロジウム　144
六方最密充填　48

出題校別索引

大阪市立大院理 …… 42, 63, 67, 115, 128, 143, 148
大阪大院理 …… 39, 72, 86, 116, 142, 153
大阪府立大院理 …… 42, 43, 68, 120, 128
岡山大院自然科学 …… 115
関西大院工 …… 42, 69
関西大院理工 …… 20
関西学院大院理工 …… 31, 42, 64, 126, 143
九州大院理 …… 20, 42, 69, 74, 87, 114, 117, 128
京都大院工 …… 64, 65, 80, 86, 90, 148, 150
京都大院理 …… 22, 65, 88, 107
群馬大院工 …… 17, 19, 21, 25, 26, 64, 75, 86, 90, 103, 140, 151
慶應義塾大院理工 …… 141
神戸大院理 …… 19, 44, 141, 147, 149
静岡大院理 …… 87, 88, 113, 128, 137, 142
上智大院理工 …… 3, 24, 42, 120
筑波大院数理 …… 20, 41, 42, 63, 105, 143, 153

東京工業大院工 …… 45
東京工業大院総合理工 …… 20, 42, 62, 73, 74, 86, 140, 150
東京工業大院理 …… 9
東京大院工 …… 116, 136, 145, 154
東京大院理 …… 44, 63, 137
東京理科大院総合化学 …… 41, 113
同志社大院工 …… 23, 57, 63, 132, 153
東北大院理 …… 42, 49, 51, 69, 73, 86, 113, 141, 144, 149
名古屋大院工 …… 6, 21, 24, 38, 40, 44, 55, 79, 142
名古屋大院理 …… 19, 41, 71, 86, 110, 117, 128, 132, 138, 143, 144
兵庫県立大院物質理 …… 53, 64, 115
広島大院理 …… 22, 41, 114
北海道大院理 …… 20, 22, 42, 44, 47, 58, 59, 62, 87, 100, 118, 130, 140, 142, 147
横浜国立大院工 …… 118
立命館大院理工 …… 64, 152
早稲田大院先進理工 …… 20, 41, 42, 87, 117

化学演習シリーズ 7

なか ざわ　ひろし
中 沢　浩
1952 年 神奈川県に生まれる
1975 年 東京理科大学理学部 卒
1981 年 広島大学大学院理学研究科
　　　　　　　　　博士課程 修了
大阪市立大学名誉教授
専攻　錯体化学, 有機金属化学
理 学 博 士

ひろ つ まさ かず
廣 津 昌 和
1969 年 山口県に生まれる
1992 年 岡山大学理学部 卒
1997 年 岡山大学大学院自然科学研究科
　　　　　　　　　博士課程 修了
現 神奈川大学理学部 教授
専攻　錯体化学
博士(理学)

にし おか たか のり
西 岡 孝 訓
1967 年 奈良県に生まれる
1990 年 大阪市立大学理学部 卒
1992 年 大阪市立大学大学院理学研究科
　　　　　　　　前期博士課程 修了
現 大阪公立大学大学院理学研究科 准教授
専攻　錯体化学, 有機金属化学
博士(理学)

み やけ ひろ ゆき
三 宅 弘 之
1966 年 茨木市に生まれる
1990 年 大阪市立大学理学部 卒
1992 年 大阪市立大学大学院理学研究科
　　　　　　　　前期博士課程 修了
現 大阪公立大学大学院理学研究科 准教授
専攻　錯体化学, 超分子化学
博士(理学)

しの だ さと し
篠 田 哲 史
1970 年 京都市に生まれる
1993 年 京都大学理学部 卒
1995 年 京都大学大学院理学研究科
　　　　　　　　　修士課程 修了
現 大阪公立大学大学院理学研究科 教授
専攻　錯体化学, 分子認識化学
博士(理学)

いた ざき ま すみ
板 崎 真 澄
1976 年 岡山県に生まれる
1999 年 明治大学理工学部 卒
2004 年 東京工業大学大学院総合理工学
　　　　　　　研究科博士後期課程 修了
現 大阪公立大学大学院理学研究科 講師
専攻　有機金属化学, 有機合成化学
博士(理学)

第 1 版 第 1 刷 2012 年 10 月 1 日 発行
第 5 刷 2022 年 6 月 21 日 発行

無 機 化 学 演 習
── 大学院入試問題を中心に ──

© 2012

編 著 者　　中　沢　　浩
発 行 者　　住　田　六　連
発　行　株式会社 東京化学同人
東京都文京区千石 3 丁目 36-7 (〒112-0011)
電話 03-3946-5311・FAX 03-3946-5317
URL: http://www.tkd-pbl.com/

印　刷　中央印刷株式会社
製　本　株式会社松岳社

ISBN978-4-8079-0796-0
Printed in Japan
無断転載および複製物 (コピー, 電子データなど) の無断配布, 配信を禁じます。

化学演習シリーズ
大学院入試問題を中心に

物理化学演習 I   高橋博彰 著
定価 3190 円(本体 2900 円)

物理化学演習 II   染田清彦 編著
定価 3520 円(本体 3200 円)

有機化学演習 I   湊　宏 著
定価 3190 円(本体 2900 円)

有機化学演習 II   務台 潔 著
定価 4510 円(本体 4100 円)

有機化学演習 III   豊田真司 著
定価 3410 円(本体 3100 円)

無機・分析化学演習   竹田満洲雄 ほか 著
定価 4180 円(本体 3800 円)

無機化学演習   中沢 浩 編著
定価 3080 円(本体 2800 円)

生化学演習   八木達彦 著
定価 4400 円(本体 4000 円)

2022年6月現在(定価は10％税込)

元素の周期表 (2022)

族	1	2	3	4	5	6	7	8	9	10	11	12	13	14	15	16	17	18
1	水素 1H 1.008																	ヘリウム 2He 4.003
2	リチウム 3Li 6.94	ベリリウム 4Be 9.012											ホウ素 5B 10.81	炭素 6C 12.01	窒素 7N 14.01	酸素 8O 16.00	フッ素 9F 19.00	ネオン 10Ne 20.18
3	ナトリウム 11Na 22.99	マグネシウム 12Mg 24.31											アルミニウム 13Al 26.98	ケイ素 14Si 28.09	リン 15P 30.97	硫黄 16S 32.07	塩素 17Cl 35.45	アルゴン 18Ar 39.95
4	カリウム 19K 39.10	カルシウム 20Ca 40.08	スカンジウム 21Sc 44.96	チタン 22Ti 47.87	バナジウム 23V 50.94	クロム 24Cr 52.00	マンガン 25Mn 54.94	鉄 26Fe 55.85	コバルト 27Co 58.93	ニッケル 28Ni 58.69	銅 29Cu 63.55	亜鉛 30Zn 65.38*	ガリウム 31Ga 69.72	ゲルマニウム 32Ge 72.63	ヒ素 33As 74.92	セレン 34Se 78.97	臭素 35Br 79.90	クリプトン 36Kr 83.80
5	ルビジウム 37Rb 85.47	ストロンチウム 38Sr 87.62	イットリウム 39Y 88.91	ジルコニウム 40Zr 91.22	ニオブ 41Nb 92.91	モリブデン 42Mo 95.95	テクネチウム 43Tc (99)	ルテニウム 44Ru 101.1	ロジウム 45Rh 102.9	パラジウム 46Pd 106.4	銀 47Ag 107.9	カドミウム 48Cd 112.4	インジウム 49In 114.8	スズ 50Sn 118.7	アンチモン 51Sb 121.8	テルル 52Te 127.6	ヨウ素 53I 126.9	キセノン 54Xe 131.3
6	セシウム 55Cs 132.9	バリウム 56Ba 137.3	ランタノイド 57~71	ハフニウム 72Hf 178.5	タンタル 73Ta 180.9	タングステン 74W 183.8	レニウム 75Re 186.2	オスミウム 76Os 190.2	イリジウム 77Ir 192.2	白金 78Pt 195.1	金 79Au 197.0	水銀 80Hg 200.6	タリウム 81Tl 204.4	鉛 82Pb 207.2	ビスマス 83Bi 209.0	ポロニウム 84Po (210)	アスタチン 85At (210)	ラドン 86Rn (222)
7	フランシウム 87Fr (223)	ラジウム 88Ra (226)	アクチノイド 89~103	ラザホージウム 104Rf (267)	ドブニウム 105Db (268)	シーボーギウム 106Sg (271)	ボーリウム 107Bh (272)	ハッシウム 108Hs (277)	マイトネリウム 109Mt (276)	ダームスタチウム 110Ds (281)	レントゲニウム 111Rg (280)	コペルニシウム 112Cn (285)	ニホニウム 113Nh (278)	フレロビウム 114Fl (289)	モスコビウム 115Mc (289)	リバモリウム 116Lv (293)	テネシン 117Ts (293)	オガネソン 118Og (294)

原子量(質量数12の炭素(^{12}C)を12とし、これに対する相対値とする)

s-ブロック元素 d-ブロック元素 p-ブロック元素

ランタノイド: セリウム 58Ce 140.1 | プラセオジム 59Pr 140.9 | ネオジム 60Nd 144.2 | プロメチウム 61Pm (145) | サマリウム 62Sm 150.4 | ユウロピウム 63Eu 152.0 | ガドリニウム 64Gd 157.3 | テルビウム 65Tb 158.9 | ジスプロシウム 66Dy 162.5 | ホルミウム 67Ho 164.9 | エルビウム 68Er 167.3 | ツリウム 69Tm 168.9 | イッテルビウム 70Yb 173.0 | ルテチウム 71Lu 175.0

アクチノイド: トリウム 90Th 232.0 | プロトアクチニウム 91Pa 231.0 | ウラン 92U 238.0 | ネプツニウム 93Np (237) | プルトニウム 94Pu (239) | アメリシウム 95Am (243) | キュリウム 96Cm (247) | バークリウム 97Bk (247) | カリホルニウム 98Cf (252) | アインスタイニウム 99Es (252) | フェルミウム 100Fm (257) | メンデレビウム 101Md (258) | ノーベリウム 102No (259) | ローレンシウム 103Lr (262)

f-ブロック元素

ここに示した原子量は実用上の便宜を考えて、国際純正・応用化学連合(IUPAC)で承認された最新の原子量に基づき、日本化学会原子量専門委員会が独自に作成したものである。同位体存在度の不確定さは、自然に、あるいは人為的に起こりうる変動または実験誤差のために、元素ごとに異なる。したがって、個々の原子量の値は、正確度が保証された有効数字の桁数が大きく異なる。各々の原子量を引用する場合には、このことに留意することが望ましい。なお、本表の原子量の信頼性はリチウム、亜鉛の場合を除き有効数字の末位で±1以内である(両元素については脚注参照)。また、安定同位体がなく、天然で特定の同位体組成を示さない元素については、その元素の放射性同位体の質量数の一例を()内に示した。したがって、その値を原子量として扱うことはできない。
* 亜鉛に'Znが抽出され、リチウム同位体比の大きな変動した物質が存在するために、リチウムの原子量は大きな変動幅をもつ。したがって本表では例外的に3桁の値を示した。